全国高等职业教育规划教材

数控技术及应用

主　编　田林红

副主编　史亚贝

参　编　高功臣　宣　峰　田达奇

　　　　杨　笋　邱冰涛　李　仁

机械工业出版社

本书主要讲解数控机床的组成与工作原理，数控机床编程与操作，计算机数控装置，数控机床伺服系统、位置检测装置、数控机床中的 PLC 控制，数控机床的电气控制，数控机床的机械结构，数控机床的使用、维护及故障诊断等内容。

本书可作为高等职业院校机械、机电、数控专业的教材，也可作为从事机床数控技术的工程技术人员、研究人员的参考用书。

本书配套授课电子课件，需要的教师可登录 www.cmpedu.com 免费注册、审核通过后下载，或者联系编辑索取（QQ：1239258369，电话：010-88379739）。

图书在版编目（CIP）数据

数控技术及应用/ 田林红主编. —北京：机械工业出版社，2015.6
全国高等职业教育规划教材
ISBN 978-7-111-51993-5

Ⅰ.①数… Ⅱ.①田… Ⅲ.①数控机床 – 高等职业教育 – 教材
Ⅳ.①TG659

中国版本图书馆 CIP 数据核字（2015）第 254629 号

机械工业出版社（北京市百万庄大街 22 号　邮政编码 100037）
责任编辑：刘闻雨　　武　晋　版式设计：霍永明
责任校对：张晓蓉　　　　　责任印制：乔　宇
唐山丰电印务有限公司印刷
2016 年 2 月第 1 版第 1 次印刷
184mm×260mm·16.5 印张·407 千字
0001—3000 册
标准书号：ISBN 978-7-111-51993-5
定价：39.90 元

全国高等职业教育规划教材机电专业
编委会成员名单

出 版 说 明

《国务院关于加快发展现代职业教育的决定》指出：到 2020 年，形成适应发展需求、产教深度融合、中职高职衔接、职业教育与普通教育相互沟通，体现终身教育理念，具有中国特色、世界水平的现代职业教育体系，推进人才培养模式创新，坚持校企合作、工学结合，强化教学、学习、实训相融合的教育教学活动，推行项目教学、案例教学、工作过程导向教学等教学模式，引导社会力量参与教学过程，共同开发课程和教材等教育资源。机械工业出版社组织全国 60 余所职业院校（其中大部分是示范性院校和骨干院校）的骨干教师共同策划、编写并出版的"全国高等职业教育规划教材"系列丛书，已历经十余年的积淀和发展，今后将更加紧密地结合国家职业教育文件精神，致力于建设符合现代职业教育教学需求的教材体系，打造充分适应现代职业教育教学模式的、体现工学结合特点的新型精品化教材。

"全国高等职业教育规划教材"涵盖计算机、电子和机电三个专业，目前在销教材300 余种，其中"十五""十一五""十二五"累计获奖教材 60 余种，更有 4 种获得国家级精品教材。该系列教材依托于高职高专计算机、电子、机电三个专业编委会，充分体现职业院校教学改革和课程改革的需要，其内容和质量颇受授课教师的认可。

在系列教材策划和编写的过程中，主编院校通过编委会平台充分调研相关院校的专业课程体系，认真讨论课程教学大纲，积极听取相关专家意见，并融合教学中的实践经验，吸收职业教育改革成果，寻求企业合作，针对不同的课程性质采取差异化的编写策略。其中，核心基础课程的教材在保持扎实的理论基础的同时，增加实训和习题以及相关的多媒体配套资源；实践性较强的课程则强调理论与实训紧密结合，采用理实一体的编写模式；涉及实用技术的课程则在教材中引入了最新的知识、技术、工艺和方法，同时重视企业参与，吸纳来自企业的真实案例。此外，根据实际教学的需要对部分课程进行了整合和优化。

归纳起来，本系列教材具有以下特点：

1）围绕培养学生的职业技能这条主线来设计教材的结构、内容和形式。

2）合理安排基础知识和实践知识的比例。基础知识以"必需、够用"为度，强调专业技术应用能力的训练，适当增加实训环节。

3）符合高职学生的学习特点和认知规律。对基本理论和方法的论述容易理解、清晰简洁，多用图表来表达信息；增加相关技术在生产中的应用实例，引导学生主动学习。

4）教材内容紧随技术和经济的发展而更新，及时将新知识、新技术、新工艺和新案例等引入教材。同时注重吸收最新的教学理念，并积极支持新专业的教材建设。

5）注重立体化教材建设。通过主教材、电子教案、配套素材光盘、实训指导和习题及解答等教学资源的有机结合，提高教学服务水平，为高素质技能型人才的培养创造良好的条件。

由于我国高等职业教育改革和发展的速度很快，加之我们的水平和经验有限，因此在教材的编写和出版过程中难免出现问题和疏漏。我们恳请使用这套教材的师生及时向我们反馈质量信息，以利于我们今后不断提高教材的出版质量，为广大师生提供更多、更适用的教材。

机械工业出版社

前　言

本书是在多年使用的"数控技术及应用"课程讲义的基础上，结合编者工程实践经验，根据高等职业教育的特点和教学大纲精神编写而成的。在编写过程中，从高职教育的实际出发，以理论知识必需、够用为度，同时注重工程实践能力的培养。全书结构严谨，内容取材新颖，力求反映目前企业中普遍应用的数控技术。

本书参考学时为 60~80 学时，共 9 章内容，各院校可根据实际情况决定讲解内容的取舍。第 1 章绪论，介绍数控机床的组成、原理及分类；第 2 章介绍数控机床编程与操作知识，包括 FANUC 数控系统、华中数控系统、SIEMENS 数控系统的操作；第 3 章介绍计算机数控（CNC）装置的软硬件结构、典型 CNC 系统及应用；第 4 章介绍数控机床的主轴与进给伺服系统，通过列举实例说明其应用；第 5 章介绍脉冲编码器、光栅等位置检测装置；第 6 章介绍数控机床中的 PLC 控制，着重介绍 FANUC 公司的 PMC 及 SIEMENS 公司的 PLC 应用；第 7 章数控机床的电气控制，分析了数控车床、数控铣床、加工中心的电气控制原理；第 8 章介绍数控机床的机械结构，对主传动系统、进给传动系统等结构原理进行讲述；第 9 章介绍了数控机床的使用与维护。本书每章后面均有以 FANUC 数控系统、SIEMENS 数控系统、华中"世纪星"HNC-21T/M 系统组成的多个实训项目，项目可操作性强，可多方面培养学生的动手操作能力。同时附有填空、判断、选择、简答等复习思考题。

本书可以满足高职高专机电一体化专业的教学要求，同时可作为高职及电大等层次的教学用书和广大自学者及工程技术人员参考用书。

本书由河南工业职业技术学院田林红主编，提出全书总体构思及编写大纲，对全书统稿，并编写第 4、9 章；河南工业职业技术学院史亚贝任副主编，编写第 8 章；河南工业职业技术学院邱冰涛编写第 1 章，宣峰编写第 3 章，高功臣编写第 5 章，田达奇编写第 6 章，李仁编写第 7 章；河南省经济管理学校杨笋编写第 2 章。

限于编者的水平，书中难免有不当之处，敬请专家、同仁和广大读者批评指正。

编　者

目　录

第1章 绪 论

🎯 **知识目标**

1. 掌握数控机床的组成及工作原理。
2. 了解数控机床的发展。

🏅 **能力目标**

1. 会正确判断数控机床的类型。
2. 会利用各种资源收集和整理有关数控机床知识的文献资料。

1.1 数控机床的组成及工作原理

1.1.1 数控机床的组成

数控机床由控制介质、输入/输出装置、数控装置（CNC 装置）、伺服驱动装置、位置检测装置、辅助控制装置、机床本体等部分组成，图 1-1 所示为数控机床组成。

1. 控制介质

对机床进行控制，就必须在人与机床之间建立某种联系，这种联系的中间媒介物就是控制介质，又称为信息载体。在数控机床加工时，控制介质是存储数控加工所需要的全部动作和刀具相对于工件位置等信息的信息载体。数控机床中常用的控制介质有磁盘、存储卡、光盘等。

2. 输入/输出装置

输入装置的作用是将程序载体上的数控代码传递并存入数控系统内。数控程序可通过键盘用手工方式（MDI 方式）输入，或者通过阅读机、光驱等输入装置存储到载体上。目前，随着 CAD/CAM、CIMS 技术的发展，越来越多的机床采用计算机串行通信方式进行程序的传输。

为了便于加工程序的编辑修改、模拟显示，数控系统通过显示器为操作人员提供必要的信息界面。较简单的显示器只有若干个数码管（LED），只能显示字符；如果配有 CRT 或液晶显示器（LCD），可以显示图形或进行图形的仿真加工。

3. 数控装置（CNC 装置）

数控装置是计算机数控系统的核心，由硬件和软件两部分组成。它接收输入装置送来的指令信号，经过数控装置的系统软件或逻辑电路进行编译、运算和逻辑处理后，输出各种信号和指令，控制机床的各个部分，使其进行规定的、有序的动作。

4. 伺服驱动装置

伺服驱动装置是数控系统和机床本体之间的电传动联系环节，主要由伺服电动机、驱动

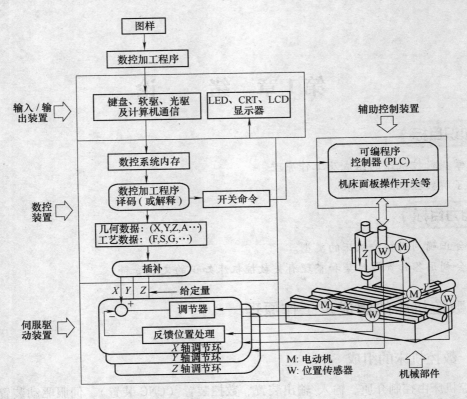

图 1-1　数控机床组成

控制系统等组成。伺服电动机是系统的执行元件，驱动控制系统则是伺服电动机的动力源。数控系统发出的指令信号与位置反馈信号比较后作为位移指令，经过驱动控制系统的功率放大后，驱动电动机运转，通过机械传动装置带动工作台或刀架运动。常用的伺服电动机有步进电动机、直流伺服电动机和交流伺服电动机。

5. 位置检测装置

位置检测装置将数控机床各坐标轴的实际位移量检测出来，经反馈系统输入到机床的数控装置后，与设定位移量进行比较，然后将其差值转换放大后控制执行部件的进给运动，以提高系统精度。

6. 辅助控制装置

辅助控制装置处理开关量指令信号，使机床的机械、液压、气动等辅助装置完成规定动作，主要包括主轴的变速、自动换刀、工作台自动交换、零件的夹紧和放松、液压控制系统、润滑装置、切削液装置、排屑装置、保护装置等。

7. 机床本体

机床本体是机床加工运动的机械部分，主要包括支承部件（床身、立柱等）、主运动部件（主轴箱）、进给运动部件（工作台、滑板、刀架及相应的传动机构）等。数控机床采用高性能主传动及主轴部件，进给传动采用高效传动件，具有刀具自动交换和管理系统。机床本身具有很高的动、静刚度，运动摩擦因数小，传动部件之间的间隙小，采用全封闭罩壳等措施，从而满足了数控机床加工特点和实现自动化控制。

2

1.1.2　数控机床的工作原理

首先根据零件图样及加工要求，以规定的数控代码形式编制成加工程序并存储在控制介质上，通过输入装置将程序输入到数控装置，数控系统根据输入的指令，经过译码、运算和逻辑处理后，向伺服系统发出指令，驱动机床各运动部件，并控制其他必要的辅助动作，最后加工出符合要求的零件。图 1-2 所示为数控机床的加工过程。

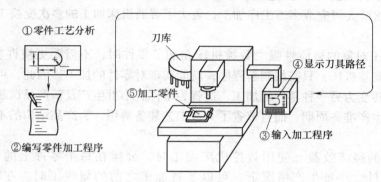

①零件工艺分析
刀库
④显示刀具路径
⑤加工零件
②编写零件加工程序
③输入加工程序

图 1-2　数控机床加工过程

1.1.3　数控机床的控制对象

1. 主运动

数控机床的主运动主要完成零件加工任务，其动力占整台机床动力的 70% ~ 80%。基本控制的实现主轴的正转、反转和停止，可自动换档及无级调速；对加工中心和一些数控车床而言，还必须具有准停控制和 C 轴控制功能。

2. 进给运动

数控机床的进给运动是通过进给伺服系统来实现的，这是数控机床区别于通用机床的重要方面之一。伺服控制的目的是实现对机床工作台或刀具的位置控制。伺服系统中所采取的一切措施，都是为了保证进给运动的位置精度。

3. 输入/输出（I/O）

数控系统对加工程序处理后输出的控制信号，除了对进给运动轨迹进行连续控制外，还要对机床的各种状态进行控制，包括主轴的正转、反转及停止，冷却和润滑装置的启动和停止，刀具自动交换，工件的夹紧和放松及分度工作台转位等。

1.1.4　数控机床的特点

1. 数控机床的加工特点

（1）加工精度高　由于数控机床是按数字形式给出的指令进行加工的，刀具或工作台最小移动量普遍达到 0.001mm。数控装置可以对传动过程中由于间隙、热变形等因素导致的误差进行补偿，从而获得较高且稳定的加工精度。数控机床的传动系统与机床结构都具有很高的刚度和热稳定性。数控机床的自动加工方式避免了人为操作误差，同一批加工零件的尺寸一致性好，产品合格率高，加工质量稳定。

（2）生产率高　数控机床能够有效地减少机动时间与辅助时间，因而生产率比一般机床能提高 2~3 倍，甚至十几倍。主要体现在以下几个方面：第一，数控机床主轴转速和进给量比普通机床的范围大，每一道工序都能选用最佳的切削用量，且具有良好的刚性结构，允许大切削用量的强力切削，有效地缩短了加工时间；第二，数控机床移动部件采用了自动加减速措施，快进、快退和定位的时间要比一般机床少得多；第三，数控机床在更换加工零件后，不需要重新调整机床，减少了零件安装调整时间；第四，带有刀库和自动换刀装置的加工中心，一次装夹可完成多道工序加工，省去了普通机床加工的多次变换工种、工序及划线等工序。

（3）对加工对象的适应性强　数控机床在加工零件时，不需要更换许多夹具和模具，更不需要重新调整机床，只需编制新程序，就能实现对零件的加工。因此，可以很快地从一种零件的加工转变为另一种零件的加工，这就为单件、小批生产及新产品试制提供了极大的便利，缩短了生产准备周期，而且节省了大量工艺装备费用，为产品结构的不断更新提供了有利条件。

（4）良好的经济效益　使用数控机床加工时，分摊在每个零件上的设备费用是较贵的，但在单件、小批生产情况下，可以节省加工之前的划线工时。在零件安装到机床上之后可以减少调整、加工和检验时间，减少了直接生产费用。另一方面，由于数控机床加工零件时不需要手工制作模型及零件夹具，节省了工艺装备费用。同时，由于数控机床的加工精度稳定，减少了废品率，生产成本进一步下降，因此能够获得良好的经济效益。

（5）减轻劳动强度　数控机床是按编制好的程序对零件进行自动加工的，操作者除了对机床进行适时调整和关键工序的中间测量外，不需要进行繁重的重复性手工操作，劳动强度与紧张程度均大大减轻，劳动条件也得到相应的改善，实现了由体力型转为智力型的操作。

（6）易于实现生产管理自动化　数控机床能够实现一机多工序加工，简化生产过程的管理，减少管理人员。数控机床采用数字信息与标准代码输入/输出，通过与计算机联网实现生产管理自动化。

2. 数控机床的操作与使用特点

数控机床采用计算机控制，伺服驱动系统具有很高的技术含量，机械部分的精度要求高。因此，要求数控机床的操作、维修及管理人员具有较高的文化水平和综合技术素质。

当零件形状简单时可采用手工编制程序。当零件形状比较复杂时，手工编程较困难且容易出错，必须采用计算机自动编程。因此，操作人员除了具有一定的工艺知识和普通机床的操作经验之外，还应非常了解数控机床的结构特点及工作原理。在程序编制方面进行专门的培训，考核合格后才能上机操作。

数控机床的维修人员要有较高的理论知识和维修技术，要了解数控机床的机械结构，懂得数控机床的电气控制原理，还应掌握比较宽泛的机、电、气、液、光等专业知识，这样才能综合分析，判断故障根源，实现高效维修，保证数控机床的良好运行。数控机床维修人员和操作人员一样，必须进行专门的培训。

3. 数控机床的应用范围

普通机床、专用机床、数控机床都有各自的应用范围，图 1-3 所示为数控机床的应用范

4

围，从图 1-3a 可看出，当零件不太复杂，生产批量较小时，宜采用通用机床；如生产批量很大，宜采用专用机床；数控机床用于加工复杂零件。从图 1-3b 可看出，在多品种、中小批量生产情况下，采用数控机床的综合费用更为合理。

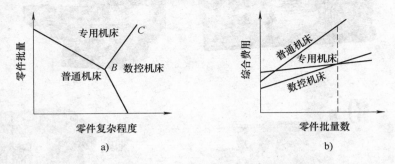

图 1-3　数控机床的应用范围

最适合数控加工的零件包括：
（1）多品种、小批量生产的零件。
（2）形状结构比较复杂的零件。
（3）需要频繁改型的零件。
（4）价格昂贵、不允许报废的关键零件。
（5）需要最少周期的急需零件。
（6）批量较大、精度要求高的零件。

1.2　数控机床的分类

1.2.1　按工艺用途分类

1. 金属切削类数控机床

与传统加工相对应的数控机床有数控车床、数控铣床、数控钻床、数控磨床、数控齿轮加工机床等。此外还有装有刀库和自动换刀装置的加工中心，它可以避免零件多次安装造成的定位误差，减少了机床的台数和占地面积，大大提高了生产率和加工质量。图 1-4 所示为金属切削类数控机床。

2. 金属成形类数控机床

常见的应用于金属板材加工的数控机床有数控折弯机、数控剪板机和数控压力机等。图 1-5 所示为金属成形类数控机床。

3. 特种加工类数控机床

除了金属切削加工以外，数控技术也用于特种加工，如电火花线切割机床、电火花成形机床、等离子切割机床、火焰切割机床及激光加工机床等。图 1-6 所示为特种加工类数控机床。

近年来，其他机械设备中也大量采用了数控技术，如数控多坐标测量机、自动绘图机及工业机器人等。

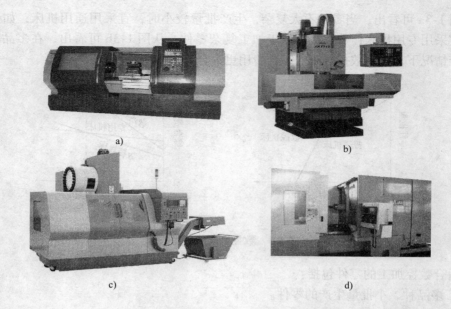

图 1-4　金属切削类数控机床

a）数控车床　b）数控铣床　c）立式加工中心　d）卧式加工中心

图 1-5　金属成形类数控机床

a）数控折弯机　b）数控剪板机

图 1-6　特种加工类数控机床

a）数控线切割机床　b）数控等离子切割机床

1.2.2 按运动轨迹分类

1. 点位控制系统

点位控制系统只要求控制机床的移动部件从一点到另一点的准确定位，图1-7所示为点位控制系统，对于两点之间的运动轨迹并无严格要求，在定位移动过程中不进行切削加工。为提高生产率，点位控制系统采用高速运行、低速趋近、慢速精确定位的运动方式，以减少因运动部件的惯性过大产生冲击而引起的误差。图1-7a所示为点位控制系统的运动轨迹，具有点位控制功能的数控机床主要有数控钻床、数控冲床（图1-7b）等。

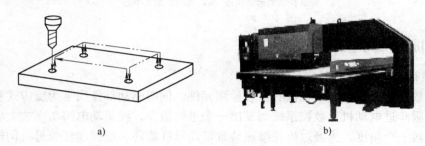

图1-7 点位控制系统
a) 点位控制的运动轨迹 b) 数控冲床

2. 直线控制系统

直线控制系统是指除了控制点与点之间的准确定位外，还要控制相关点之间的移动速度和轨迹，运动路线与机床坐标轴平行或成固定夹角，通常用于加工矩形、台阶形等零件。具有直线控制功能的数控机床主要有数控车床、数控铣床、数控磨床等。图1-8a所示为直线控制的运动轨迹，图1-8b所示为数控磨床。

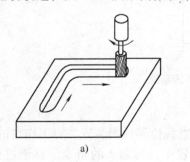
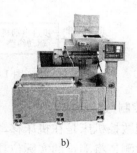

图1-8 直线控制系统
a) 直线控制的运动轨迹 b) 数控磨床

3. 轮廓控制数控机床

轮廓控制数控机床又称连续控制数控机床，它能够对两个或两个以上运动坐标的位移和速度同时进行控制。它不仅要控制机床移动部件的起点和终点坐标，而且要控制整个加工过程的每一点的速度和位移量，运动轨迹是任意斜率的直线、圆弧等。这类机床主要有数控车床、数控铣床、数控线切割机、加工中心等。图1-9a所示为轮廓控制的运动轨迹，图1-9b所示为龙门式加工中心。

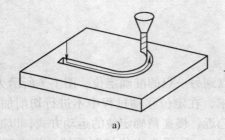

a)   b)

图1-9　轮廓控制系统
a）轮廓控制的运动轨迹　b）龙门式加工中心

1.2.3　按伺服控制系统分类

1. 开环控制数控机床

开环控制数控机床的控制系统没有位置检测元件，伺服驱动部件通常为反应式步进电动机或混合式伺服步进电动机。数控系统每发出一个进给指令，经驱动电路功率放大后，驱动步进电动机旋转一个角度，再经过齿轮减速装置带动丝杠旋转，通过丝杠螺母机构转换为移动部件的直线位移。移动部件的移动速度与位移量是由输入脉冲的频率与脉冲数所决定的。此类数控机床的信息流是单向的，即进给脉冲发出去后，实际移动值不再反馈回来，所以称为开环控制数控机床。开环控制系统具有结构简单、工作稳定、调试方便、维修方便、价格低廉等优点，一般应用在精度和速度要求不高、驱动力矩不大的场合。图1-10所示为开环控制数控机床系统。

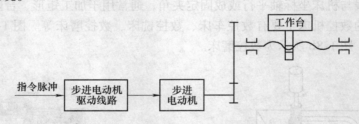

图1-10　开环控制数控机床系统

2. 闭环控制数控机床

闭环控制数控机床是在机床移动部件上直接安装直线位移检测装置，对工作台的实际位移进行直接检测，将测量的实际位移值反馈到数控装置中，与输入的指令位移值进行比较，用差值对机床进行控制，使移动部件按照实际需要的位移量运动，最终实现移动部件的精确运动和定位。在整个控制环内，由于机械传动环节的摩擦特性、刚性和间隙均为非线性，且机械传动链的动态响应时间与电气响应时间相比又非常大，造成系统设计复杂和调整困难。从理论上讲，闭环系统的运动精度主要取决于检测装置的检测精度，与传动链的误差无关，这种控制方式主要用于精度要求较高的数控机床。图1-11所示为闭环控制数控机床系统，图中A是速度测量元件（如测速发电机），C是直线位移测量元件。

3. 半闭环控制数控机床

半闭环控制数控机床是在伺服电动机的转轴或数控机床的传动丝杠上装有角位移测量装

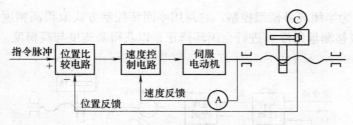

图 1-11 闭环控制数控机床系统

置（如光电编码器等），通过检测丝杠的转角，间接地检测移动部件的实际位移，然后反馈到数控装置中去，并对误差进行修正。工作台位移没有包括在控制回路中，因而称为半闭环控制数控机床。图 1-12 所示为半闭环控制数控机床系统。

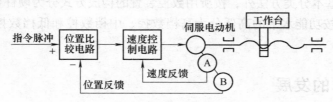

图 1-12 半闭环控制数控机床系统

图 1-12 中，A 为速度传感器，B 为角度传感器。通过 A 和 B 可间接检测出伺服电动机的转速，从而推算出工作台的实际位移量，将此值与指令值进行比较，用差值来实现控制。由于检测装置安装在伺服电动机或丝杠端部，这样可以消除机械传动环节对系统稳定性的影响，而机械传动误差可采用补偿方法解决，由此可获得满意的精度。大多数数控机床采用半闭环控制。

4. 混合控制数控机床

混合控制数控机床结合了以上三类数控机床的特点，特别适用于大型或重型数控机床，这是因为大型或重型数控机床需要较高的进给速度与相当高的精度，其转动惯量与力矩大，如果只采用全闭环控制，机床传动链和工作台全部置于控制闭环中，调试比较复杂。混合控制系统又分为开环补偿型和半闭环补偿型。

图 1-13 所示为开环补偿型控制。它的基本控制选用步进电动机的开环伺服机构，另外附加一个校正电路，用装在工作台上的直线位移测量元件 C 的反馈信号校正机械系统的误差。

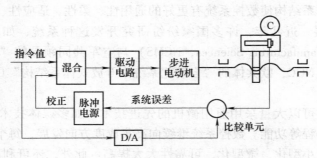

图 1-13 开环补偿型控制

图 1-14 所示为半闭环补偿型控制。它是用半闭环控制方式取得高精度控制，再用装在工作台上的直线位移测量元件 C 进行全闭环修正，以获得高速度与高精度。

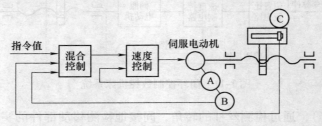

图 1-14 半闭环补偿型控制

除了以上三种基本分类方法外，按所用数控装置的构成方式分为硬件数控和计算机数控（又称软件数控）；按功能水平的高低分为高档数控、中档数控和低档数控（又称经济型数控）等。

1.3 数控技术的发展

1.3.1 数控系统的发展趋势

从 1952 年美国麻省理工学院研制出第一台试验性数控系统到现在，数控系统由最初的电子管式起步，经历了以下几个发展阶段：分立式晶体管式→小规模集成电路式→大规模集成电路式→小型计算机式→超大规模集成电路→微机式的数控系统。到 20 世纪 80 年代，总体的发展趋势是：数控装置由 NC 装置向 CNC 装置发展；广泛采用 32 位 CPU 组成多微处理器系统；提高了系统的集成度，缩小体积，采用模块化结构，便于裁剪、扩展和功能升级，满足不同类型数控机床的需要；驱动装置向交流、数字化方向发展；CNC 装置向人工智能化方向发展；采用新型的自动编程系统；增强通信功能；数控系统的可靠性不断提高。总之，数控机床技术不断发展，功能越来越完善，使用越来越方便，可靠性越来越高，性能价格比也越来越高。

1. 新一代数控系统采用开放式体系结构

20 世纪 90 年代以来，由于计算机技术的飞速发展，推动了数控机床技术的更新换代。世界上许多数控系统生产厂家利用 PC 机的软件和硬件资源，开发开放式体系结构的新一代数控系统。开放式体系结构使数控系统有更好的通用性、柔性、适应性、扩展性，并向智能化、网络化方向发展。近几年，许多国家纷纷研究开发这种系统，如美国科学制造中心（National Center of Manufacturing Sciences，NCMS）与空军共同领导的"下一代工作站、机床控制器体系结构"NGC，欧共体的"自动化系统中开放式体系结构"OSACA，日本的 OS-EC 计划等。

开放式体系结构可以大量采用通用微机的先进技术，如多媒体技术，实现声控自动编程、图形扫描自动编程等功能。数控系统继续向高集成度方向发展，每个芯片上可以集成更多晶体管，系统更加小型化、微型化，可靠性大大提高。此外，还可利用多 CPU 的优势实现故障自动排除，增强通信联网能力。

开放式体系结构的新一代数控系统，其硬件、软件和总线规范都是对外开放的，由于有充足的软件、硬件资源可供利用，不仅使数控系统制造商和用户进行的系统集成得到有力的支持，也为用户的二次开发带来了极大的方便，促进了数控系统多档次、多品种的开发和广泛应用；它既可通过升档或剪裁构成各种档次的数控系统，又可通过扩展，构成不同类型的数控系统。这种数控系统可随 CPU 升级而升级，结构上不必变动。

2. 新一代数控系统控制性能大大提高

数控系统在控制性能上向智能化发展。随着人工智能在计算机领域的渗透和发展，数控系统引入了自适应控制、模糊系统和神经网络的控制机理，不但具有自动编程、前馈控制、模糊控制、学习控制、自适应控制、工艺参数自动生成、三维刀具补偿、运动参数动态补偿等功能，而且人机界面极为友好，并具有故障诊断专家系统使自诊断和故障监控功能更趋完善。智能化的主轴交流驱动和智能化进给伺服装置，能自动识别负载并自动优化调整参数。直线电动机驱动系统也已投入使用。

1.3.2 数控机床的发展趋势

随着制造业对数控机床的大量需求，以及计算机技术和先进制造技术的飞速发展，数控机床的应用范围不断扩大，并且不断向运行高速化、加工高精度化、功能复合化、控制智能化、体系开放化、驱动并联化、交互网络化、多轴化、绿色化等方向发展。

1. 性能发展方向

（1）高速、高精、高效　速度、精度和效率是机械制造技术的关键性能指标。由于采用了高速 CPU 芯片、多 CPU 控制系统，以及带高分辨率绝对式检测元件的交流数字伺服系统，同时采取了改善机床动态、静态特性等有效措施，机床的高速、高精、高效化等性能已大大提高。近年来，普通级数控机床的加工精度已由 $\pm 10\mu m$ 提高到 $\pm 5\mu m$，精密级加工中心的加工精度则从 $\pm (3 \sim 5) \mu m$ 提高到 $\pm (1 \sim 1.5) \mu m$。

（2）柔性化　柔性化包含两个方面：第一是数控系统本身的柔性。数控系统采用模块化设计，功能覆盖面大，可裁剪性强，便于满足不同用户的需求。第二是群控系统的柔性。同一群控系统能依据不同生产流程的要求，使物料流和信息流自动进行调整，从而最大限度地发挥群控系统的效能。柔性化的重点是以提高系统的可靠性、实用化为前提，以易于联网和集成为目标；注重加强单元技术的开拓、完善；CNC 单机向高精度、高速度和高柔性方向发展；数控机床及其构成的柔性制造系统能方便地与 CAD、CAM、CAPP、MTS 连接，向信息集成方向发展；网络系统向开放化、集成化和智能化方向发展。

（3）工艺复合性和多轴化　工艺复合性是指零件在一台机床上一次装夹后，通过自动换刀、旋转主轴头或转台等各种措施，完成多工序、多表面的复合加工。多轴化是指以减少工序、辅助时间为目的的复合加工。为适应制造自动化的发展，向柔性制造单元（FMC）、柔性制造系统（FMS）和计算机集成制造系统（CIMS）提供基础设备，要求数字控制制造系统不仅能完成通常的加工功能，而且还要具备自动测量、自动上下料、自动换刀、自动更换主轴头（有时带坐标变换）、自动误差补偿、自动诊断、联网等功能。

新一代数控加工工艺的主要发展方向如下：

1）柔性制造单元 FMC、柔性制造系统 FMS 及无图样制造技术。

2）围绕数控技术在快速成形、并联机构机床、机器人化机床、多功能机床等整机方面的运用,虚拟轴数控机床用软件的复杂性代替传统机床机构的复杂性,开拓了数控机床发展的新领域。

3)以计算机辅助管理和工程数据库、因特网等为主体的信息支持技术和智能化决策系统,对机械加工中的信息进行存储和实时处理。应用数字化网络技术,使得机械加工整个系统趋于资源合理支配并高效地应用。

4)由于采用了神经网络控制技术、模糊控制技术、数字化网络技术,使得机械加工向虚拟制造的方向发展。

(4)实时智能化　早期的实时系统通常针对相对简单的理想环境,其作用是如何调度任务,以确保任务在规定期限内完成。而人工智能则试图用计算模型实现人类的各种智能行为。

智能化的内容包括在数控系统中的如下方面:

1)为追求加工效率和加工质量方面的智能化,如自适应控制、工艺参数自动生成。

2)为提高驱动性能及使用连接方便方面的智能化,如前馈控制、电动机参数的自适应运算、自动识别负载、自动选定模型、自整定等。

3)简化编程、简化操作方面的智能化,如智能化的自动编程、智能化的人机界面等。

4)智能诊断、智能监控方面的内容,方便系统的诊断及维修等。

2. 功能发展方向

(1)用户界面图形化　图形用户界面极大地方便了非专业用户的使用,人们可以通过显示窗口和菜单进行操作,便于蓝图编程和快速编程、三维彩色立体动态图形显示、图形模拟、图形动态跟踪仿真、不同方向的视图和局部显示比例缩放。

(2)科学计算可视化　科学计算可视化可用于高效处理数据和解释数据,使信息交流不再局限于用文字和语言表达,而是可以直接使用图形、图像、动画等可视信息。在数控技术领域,可视化技术可用于CAD/CAM,如自动编程设计、参数自动设定、刀具补偿、刀具管理数据的动态处理和显示,以及加工过程的可视化仿真演示等。

(3)插补和补偿方式多样化　有多种插补方式,如直线插补、圆弧插补、圆柱插补、空间椭圆曲面插补、螺纹插补、极坐标插补等;多种补偿功能,如间隙补偿、垂直度补偿、象限误差补偿、螺距和测量系统误差补偿、与速度相关的前馈补偿、温度补偿、平滑接近和退出及刀具半径补偿等。

(4)内装高性能PLC　内装高性能PLC控制模块,可直接用梯形图或高级语言编程,具有在线调试和在线帮助功能。编程工具中包含用于车床、铣床的标准PLC用户程序实例,用户可在标准PLC用户程序基础上进行编辑修改,方便地建立自己的应用程序。

(5)多媒体技术应用　多媒体技术集计算机、声像和通信技术于一体,使计算机具有综合处理声音、文字、图像和视频信息的能力。在数控技术领域,应用多媒体技术可以做到信息处理综合化、智能化,在实时监控系统和生产现场设备的故障诊断、生产过程参数监测等方面有着重要的应用。

3. 体系结构的发展

(1)集成化　采用高度集成化CPU芯片和大规模可编程集成电路FPGA、EPLD、CPLD及专用集成电路ASIC芯片,可提高系统的集成度和软件运行速度。应用FPD平板显示技术,可提高显示器性能。通过提高集成电路密度、减少互连长度和数量来降低产品价格,改进性能，减小组件尺寸，提高系统的可靠性。

（2）模块化　硬件模块化易于实现数控系统的集成化和标准化。根据不同的功能需求，将基本模块，如 CPU、存储器、位置伺服、PLC、输入/输出接口、通信等模块，做成标准的系列化产品，通过积木方式进行功能裁剪和模块数量的增减，构成不同档次的数控系统。

（3）网络化　机床联网可实现远程控制和无人化操作。通过机床联网，可在任何一台机床上对其他机床进行编程、设定、操作、运行，机床的界面可同时显示在多台机床的屏幕上。

（4）通用型开放式闭环控制模式　采用通用计算机组成总线式、模块化、开放式、嵌入式体系结构，便于裁剪、扩展和升级，可组成不同档次、不同类型、不同集成程度的数控系统。由于制造过程是一个具有多变量控制和加工工艺综合作用的复杂过程，包含诸如加工尺寸、形状、振动、噪声、温度和热变形等各种变化因素，因此，要实现加工过程的多目标优化，必须采用多变量的闭环控制，将计算机实时智能控制技术、网络技术、多媒体技术、CAD/CAM、伺服控制、自适应控制、动态数据管理及动态刀具补偿、动态仿真等高新技术融于一体，构成严密的制造过程闭环控制体系，从而实现集成化、智能化、网络化。

1.4　以数控机床为基础的自动化生产系统

随着微电子技术与计算机技术的飞速发展，最新技术成果不断被应用到机械制造业中。这些技术都是以数控机床为基础，再结合高级自动化技术，进一步提高了数控技术的技术经济效益。

1.4.1　计算机直接控制技术

计算机直接控制（Direct Numerical Control，DNC）系统，又称为群控系统，是指一台计算机控制多台数控机床。计算机做到自动编辑程序，通过电缆送到数台数控机床的数控系统中。中央计算机有足够的内存，可以统一存储与管理大量的零件程序。利用分时操作系统，中央计算机可以同时完成一群数控机床的管理与控制。DNC 系统可以分为间接型 DNC 系统、直接型 DNC 系统和计算机网络 DNC 系统三种。

最初，DNC 系统数控机床本身不带单独的数控装置，所有的控制及运算全部由中央计算机来完成。但是每一台数控机床脱离开主计算机就无法工作，因此一旦中央计算机发生故障，则多台数控机床全部停止工作。目前的 DNC 系统中，每台数控机床都带有各自的数控装置，并与中央计算机联网，实现分级控制。当然，每台数控机床与上位机的通信能力是非常强的。随着 DNC 技术的发展，中央计算机不仅能进行零件自动编程，控制数控机床的加工过程，还可以控制工件的传输、刀具的更换与管理等，形成一个以计算机为中心的指挥系统。

1.4.2　柔性制造单元及柔性制造系统

柔性制造单元（Flexible Manufacturing Cell，FMC）由中央控制计算机、加工中心与自动交换工件装置组成。FMC 根据需要自动更换刀具和夹具，适合加工形状复杂的零件。FMC 可以作为柔性制造系统（Flexible Manufacturing System，FMS）的基本单元。

典型的柔性制造系统一般由加工系统、物流系统和控制与管理系统三个子系统组成。三个子系统的有机结合，构成了一个制造系统的能量流（通过制造工艺改变工件的形状和尺寸）、物料流（主要指工件流和刀具流）和信息流（制造过程的信息和数据处理）。FMS 能根据制造任务或生产环境的变化迅速进行调整，适用于多品种、中小批量生产。

柔性制造系统具有以下几个特点：

1）采用 DNC 方式控制两台或两台以上的数控加工中心。

2）在机床上利用交换工作台或工业机器人等装置，实现零件的自动上料与下料。

3）在各台机床之间有工件的自动输送系统，如有轨小车、高频制导小车、光电制导小车。也有工业机器人和各种传送带等自动传送设备，由计算机来对物流进行自动控制。

4）配有管理信息系统（Management Information System，MIS），提供刀具或机床的使用情况和运行的状态以及生产控制的计划等信息。

5）FMC 一般都有供各台加工中心使用的刀库，这些刀库中的每一把刀都带着各种信息，如补偿值、使用时间等，由专用工业机器人或专用机械手负责调用、更换等工作。

由于柔性制造系统具有以上的特点，因而它不仅可以节省上料、下料与调整的时间，而且还可以在无人看管的条件下实现自动生产。有的系统把自动化仓库也并入 FMS，在传送工件这条线的空间位置做一些料位，形成局部的立体自动化仓库，把待加工或加工完了而未及时运走的零件放入仓库中。

1.4.3 计算机集成制造系统

计算机集成制造系统（Computer Integrated Manufacturing System，CIMS），是在信息技术、自动化技术、计算机技术及制造技术的基础上，通过计算机及软件，将制造工厂生产、经营的全部活动（包括市场调研、生产决策、生产计划、生产管理、产品开发、产品设计、加工制造及销售经营等）以及与整个生产过程有关的物料流与信息流实现计算机系统化管理，把各种分散的自动化系统有机地结合在一起，构成一个优化的、完整的生产系统，从而能够获得更高的整体效益，缩短产品开发制造周期，提高产品质量和生产率。

CIMS 的核心是一个公用数据库，对信息资源进行存储与管理，并与各计算机系统进行通信。CIMS 有三个计算机系统。

第一个计算机系统是进行产品设计与工艺设计的计算机辅助设计与计算机辅助制造系统，即 CAD/CAM 系统。这个系统使机械制造自动化技术发展为设计、制造一体化。它可以对产品进行三维几何造型，然后对产品性能进行分析与仿真，还可以自动绘制零件图，编制各种文件，为零件自动编制程序，甚至进行工艺设计。

第二个计算机系统是计算机辅助生产计划与计算机生产控制系统（CAP/CAC）。此系统对加工过程进行计划、调度与控制。FMS 是这个系统的主体，当它与 CAD/CAM 系统连接起来时，数控机床就可以用 DNC 方式从 CAD/CAM 系统获得零件的加工程序，从而实现产品从设计到生产出产品零件的无图样加工。

第三个系统是工厂自动化系统，它实现产品自动装配与测试、材料自动运输与处理等。

在这三个计算机系统外围，还有对市场预测、编制产品发展规划、分析财政状况、进行生产管理和人员管理的计算机管理系统。

实训项目 有关数控机床知识的收集与整理

到工厂及数控加工实训室参观各类数控设备的结构，观察其加工零件时的运动过程；去图书馆、阅览室了解机械及数控加工等方面的书籍与杂志，上网查询数控机床的最新发展动向和技术。

复习思考题

1. 填空题

1）按伺服系统分类，数控机床分为_____、_____和_____。

2）闭环控制系统的检测装置安装在_____上。

3）数控机床的控制对象有_____、_____和_____。

4）柔性制造系统一般由_____、_____和_____系统组成。

2. 选择题

1）数控机床由（   ）组成。

A. 硬件、软件、机床、程序

B. I/O、数控装置、伺服系统、机床主体及反馈装置

C. 数控装置、主轴驱动、主机及辅助设备

D. I/O、数控装置、控制软件、主机及辅助设备

2）数控机床的驱动执行部分是（   ）。

A. 控制介质与阅读装置　　　　　　　B. 数控装置

C. 伺服系统　　　　　　　　　　　　D. 机床本体

3）测量与反馈装置的作用是（   ）。

A. 提高机床的安全性　　　　　　　　B. 提高机床的使用寿命

C. 提高机床的定位精度、加工精度　　D. 提高机床的灵活性

4）通常所说的数控系统是指（   ）。

A. 主轴驱动和进给驱动系统　　　　　B. 数控装置和驱动装置

C. 数控装置和主轴驱动装置　　　　　D. 数控装置和辅助装置

3. 判断题

1）半闭环、闭环数控机床带有检测反馈装置。　　　　　　　　　　　　（　　）

2）FMC 是柔性制造系统的简称。　　　　　　　　　　　　　　　　　（　　）

3）具有刀库、刀具交换装置的数控机床称为加工中心。　　　　　　　　（　　）

4）数控铣床的控制轴数与联动轴数相同。　　　　　　　　　　　　　　（　　）

5）在伺服系统中，检测元件精度要高于加工精度一个等级。　　　　　　（　　）

6）CIMS 的核心是一个公用数据库。　　　　　　　　　　　　　　　　（　　）

4. 简答题

1）数控机床的组成及各部分作用是什么？

2）数控机床具有哪些加工特点？

3）按伺服系统分类，数控机床有哪几种形式？各有何特点？

4）简述现代数控机床的发展趋势。

第2章 数控机床编程与操作

知识目标

1. 掌握数控加工程序编制的基本指令。
2. 熟悉数控机床操作面板与操作方法。

能力目标

1. 能编写简单工件的数控加工程序。
2. 能正确进行机床的操作。

2.1 数控编程的概念

2.1.1 数控编程

在用数控机床加工工件前，必须将工件的加工顺序、工件与刀具的相对运动轨迹数据、工艺参数（主运动和进给运动速度、背吃刀量等）及辅助动作（变速、换刀、切削液启停、工件夹紧、松开等）等信息，用规定的文字、数字、符号组成代码，按一定格式编写成加工程序，然后通过控制介质输入到数控系统，再由数控系统控制机床自动加工。从工件图样到编制工件加工程序和制作控制介质的全部过程，称为程序编制。数控编程有两种方法：手工编程和自动编程。图2-1所示为数控程序仿真界面。

a) b)

图2-1 数控程序仿真界面

a) 手工车削编程 b) 自动铣削编程

手工编程的各个步骤均由人工来完成，适用于加工几何形状不太复杂的工件。自动编程采用计算机辅助编程，需要一套专门的编程软件，适用于加工内容比较多、加工型面比较复杂的工件。

2.1.2 编程内容和步骤

1. 分析工件图样，确定工艺过程

分析工件材料、形状、尺寸、精度，毛坯形状和热处理要求等。通过分析来确定工件加工工艺与加工路线等。

2. 数值计算

根据工件图样的几何尺寸、加工路线及坐标系，计算出刀具运动的数据。计算的复杂程度取决于工件的复杂程度和数控系统的功能。

3. 编写加工程序

根据计算刀位数据和工艺参数，编程人员按照数控系统规定的功能指令代码及程序格式要求，编写加工程序。

4. 程序输入

程序输入有手动数据输入、介质输入和通信输入等方式。有的数控系统是多任务操作系统，存储量大，可在控制机床加工工件的同时输入程序。

5. 程序校对

编程人员对编制的程序不但要进行语法规则检查，而且要对控制机床运动正确性进行检查。通常的校对方法有运动轨迹仿真、空运行等。

6. 首件加工

程序校验结束后，必须在机床上进行首件试切。如果加工出来的工件不符合加工精度，需要修改程序后再试，直到符合要求为止。

2.2 数控程序编制基础

2.2.1 数控机床坐标系

1. 数控机床坐标系与运动方向的规定

数控机床的动作由数控系统发出的指令来控制，为了确定机床运动方向和移动距离，在机床上建立一个坐标系，即机床坐标系。每台机床有一个固定的坐标系。

（1）机床坐标系 数控机床采用统一标准的右手直角坐标系。图 2-2 所示为机床坐标系，三个坐标轴 X、Y 和 Z 互相垂直，各坐标轴的方向符合右手法则。在图中，大拇指的指向为 X 轴正方向，食指的指向为 Y 轴正方向，中指的指向为 Z 轴正方向。

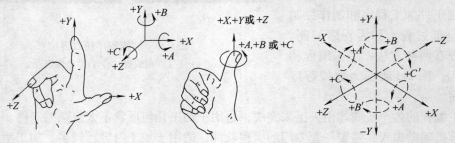

图 2-2 机床坐标系

（2）机床坐标轴和运动方向 为了编程的方便和统一，总是假定工件是静止的，刀具相对于静止的工件而运动。同时规定，坐标轴的正方向总是指向增大工件和刀具之间距离的方向。

Z 轴　*Z* 轴平行于传递切削动力的主轴轴线。对于车床、磨床等，主轴带动工件旋转，如图 2-3 所示。对于铣床、钻床和镗床等，主轴带动刀具旋转，如图 2-4 所示。对于没有主轴的机床，如数控龙门刨床，规定垂直于工件装夹面的坐标轴为 *Z* 轴，如图 2-5 所示。*Z* 坐标的正方向规定为增大刀具与工件距离的方向。

X 轴　*X* 轴是水平的，它平行于工件的装夹面且与 *Z* 轴垂直。在工件旋转的机床（车床、磨床）上，*X* 轴的方向在工件的径向上，且平行于横滑板，刀具离开工件旋转中心的方向为 *X* 轴正方向，如图 2-3 所示。在刀具旋转的机床（铣床、镗床、钻床）上，如 *Z* 轴垂直时，面对刀具主轴向立柱看，向右为 *X* 轴的正方向，如图 2-4 所示。如果 *Z* 轴是水平的（卧式），当从主轴向工件方向看时，向右为 *X* 轴的正方向，如图 2-6 所示。

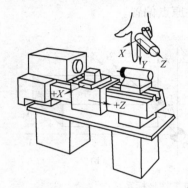

图 2-3　数控车床坐标系

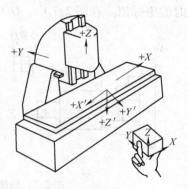

图 2-4　立式数控铣床坐标系

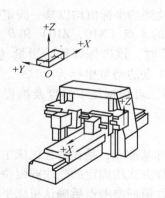

图 2-5　数控龙门刨床坐标系

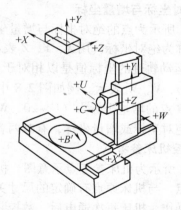

图 2-6　卧式数控镗铣床坐标系

Y 轴　*Y* 轴的正方向根据 *X* 轴和 *Z* 轴的正方向，按照标准笛卡儿直角坐标系来判断。

回转轴　围绕 *X*、*Y*、*Z* 轴旋转的圆周进给坐标轴分别用 *A*、*B*、*C* 表示。根据右手法则，以大拇指指向 *X*、*Y*、*Z* 坐标轴的正方向，则其余手指的转向是 *A*、*B*、*C* 的正方向，如图 2-2 所示。

附加坐标轴　如果数控机床的运动多于 *X*、*Y*、*Z* 三个轴，用 *U*、*V*、*W* 分别表示平行于 *X*、*Y*、*Z* 轴的第二组直线运动，若还有第三组直线运动则用 *P*、*Q*、*R* 表示。

工件的运动　对于工件移动而刀具不动的机床，用带 "′" 的字母表示工件的正向运动。例如 +*X*′、+*Y*′、+*Z*′ 表示工件相对于刀具正向运动的坐标，+*X*、+*Y*、+*Z* 表示刀具相对于工件正向运动的坐标，两者表示的运动方向相反，编程人员不用考虑带 "′" 的运动方向。

2. 机床坐标系与工件坐标系

图 2-7 所示为机床坐标系与工件坐标系，机床原点是机床固有的点（在图 2-7 中，O 点为机床原点），以该点为原点与机床的主要坐标轴建立的直角坐标系，称为机床坐标系（XOZ 坐标系）。机床坐标系是制造机床时用以确定各零部件相对位置而建立的。

工件坐标系是编程人员以工件图样上的某一点为坐标原点建立的坐标系，编程时用来确定编程尺寸。工件坐标系的原点称为工件原点或编程原点，工件原点最好选在工件图样的基准上或工件的对称中心上。例如图 2-7 中，$X_1O_1Z_1$ 为工件坐标系，O_1 为工件原点。当工件装夹在机床上后，工件原点与机床原点之间的距离称为工件原点偏置，偏置值可以预存到数控装置中，在加工时，工件原点偏置可以自动加到机床坐标系上，使数控系统按照机床坐标系确定加工时的坐标值。在图 2-7 中，OO_1 为工件原点偏置。

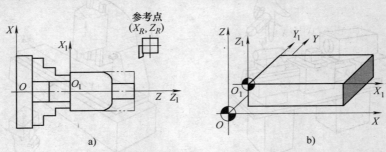

图 2-7 机床坐标系与工件坐标系

3. 绝对坐标与增量坐标

图 2-8 所示为点的绝对坐标与增量坐标，刀具运动轨迹的坐标值均以某一固定原点而标注的坐标称为绝对坐标，用 X、Y、Z 表示，如图 2-8 中的 A 点（X10，Z10）和 B 点（X30，Z80）；而运动轨迹的坐标值是以相对于前一位置来计算时，该坐标即称为增量（或相对）坐标，用 U、V、W 表示。例如图 2-8 中，B 点相对于 A 点的增量坐标为（U20，W70），A 点相对于 B 点的增量坐标为（U−20，W−70）。编程时，可根据加工精度及编程方便等因素来选用绝对坐标或增量坐标，有时两者可以混用。

4. 数控机床参考点

图 2-9 所示为机床参考点示意图。机床参考点 R 也称基准点，是在数控机床工作区内确定的一个点，与机床原点有确定的尺寸关系，各轴以硬件方式用固定的凸块或限位开关实现回参考点操作。机床每次通电后，数控装置通过移动部件返回参考点后确认机床坐标系原点

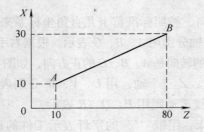

图 2-8 点的绝对坐标与增量坐标

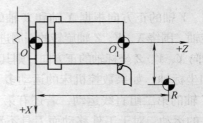

图 2-9 机床参考点示意图
O − 机床原点 O_1 − 工件原点 R − 机床参考点

的位置，数控机床也就建立了机床坐标系。通过执行返回参考点的操作，还可以消除各坐标轴由于漂移而产生的位移误差。

2.2.2 数控加工程序结构与格式

1. 程序的结构

一个完整的加工程序是由程序编号、程序内容和程序结束段三部分组成的。程序内容由若干程序段组成；每个程序段由若干个数据字组成；每个数据由地址符（英文字母、特殊字符）和若干数字组成。下面以一段程序为例来分析其结构。

程序编号：O8888；

程序内容：N10 G90 G92 X100.0 Z100.0；

　　　　　N20 M03 S100；

　　　　　N30 M06 T0101；

　　　　　N40 G00 X50.0 Z50.0；

　　　　　…

程序结束段：N100 M30；

（1）程序编号　每一个完整的程序都必须有一个程序编号，以便从数控装置的存储器中检索。程序编号由地址符"O""P"或"%"和跟随地址符后面的数字组成。FUNAC 系统、华中数控系统采用"O"作为地址符，SIEMENS 802D 数控系统开始的两个符号必须是字母，其后的符号可以是字母、数字或下划线。德国的 SMK8M 数控系统使用"%"作为地址符。

（2）程序内容　N10～N40 段为程序内容，由遵循一定结构、格式规则的若干个程序段组成，主要描述工件的加工过程。它代表机床的一个位置或一个动作，每一程序段用";"结束。

（3）程序结束段　N100 段是程序结束段。程序以程序结束指令 M02 或 M30 作为整个程序结束的符号。程序结束符应位于最后一个程序段。

2. 程序段格式

常见的程序段格式有固定顺序格式、分隔符顺序格式和字地址格式三种。而目前常用的是字地址格式，它由语句号字、数据字和程序段结束符号组成。每个字之前都标有地址码用以识别地址，即由字母和数字组成的各种功能字，因此不需要的字或与上一程序段相同的字都可省略。该格式的优点是程序简短、直观，以及容易检验、修改，目前广泛用于车、铣等数控机床。字地址程序段格式如下：

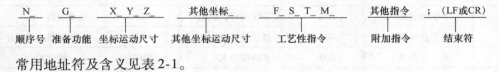

常用地址符及含义见表 2-1。

表 2-1　常用地址符及其含义

功　能	地　址　符	含　义
工件程序号	O、P、%	程序编号
程序段号	N	程序段编号
准备功能	G	指令动作方式

功 能	地 址 符	含 义
尺寸字	X，Y，Z	坐标轴的移动命令
	U，V，W	
	A，B，C	
	R	圆弧的半径
	I，J，K	圆心相对于起点坐标的增量
进给功能	F	进给速度的指定
主轴功能	S	主轴旋转速度的指定
刀具功能	T	刀具编号的指定
辅助功能	M	机床辅助装置开、关控制的指定
暂停	P、K	暂停时间的指定
重复次数	L	子程序的重复次数，固定循环的重复次数

2.2.3 数控编程基本功能

数控机床进行工件加工的各种操作和运动特征，在加工程序中是用指令的方式指定的。这些指令包括 G 指令，M 指令，以及 F、S、T 功能。

1. 准备功能 G 指令

准备功能 G 指令是使数控机床完成某种操作的指令，用来规定刀具和工件的相对运动轨迹、机床坐标系、坐标平面、刀具补偿和坐标偏置等多种加工动作。G 指令由字母 G 和其后的数字组成，从 G00～G99 共有 100 种代码，常用代码见表 2-2。

表 2-2 常用准备功能 G 代码

G 代码	功 能	G 代码	功 能	G 代码	功 能
G00	点定位	G41	刀具补偿－左	G61	准确定位 2（中）
G01	直线插补	G42	刀具补偿－右	G62	快速定位（粗）
G02	顺时针方向插补	G43	刀具偏置－正	G63	攻螺纹
G03	逆时针方向插补	G44	刀具偏置－负	G68	刀具偏置，内角
G04	暂停	G49	刀具偏置 0/＋	G69	刀具偏置，外角
G06	抛物线插补	G50	刀具偏置 0/－	G80	固定循环注销
G08	加速	G51	刀具偏置＋/0	G81～G89	固定循环
G09	减速	G52	刀具偏置－/0	G90	绝对编程
G17	XY 平面选择	G53	直线偏移，注销	G91	增量编程
G18	XZ 平面选择	G54	直线偏移 X	G93	时间倒数，进给率
G19	YZ 平面选择	G55	直线偏移 Y	G94	每分钟进给
G33	螺纹切削，等螺距	G56	直线偏移 Z	G95	主轴每转进给
G34	螺纹切削，增螺距	G57	直线偏移 XY	G96	恒线速度
G35	螺纹切削，减螺距	G58	直线偏移 XZ		
G40	刀具补偿/刀具偏置注销	G59	直线偏移 YZ		

2. 辅助功能 M 指令

辅助功能 M 指令是控制机床或系统开、关功能的一种指令，主要用于完成机床加工时的辅助动作。M 指令由字母 M 和其后的数字组成，从 M00~M99 共有 100 种，其功能见表 2-3。

表 2-3 辅助功能 M 代码

M 代码	功 能	M 代码	功 能	M 代码	功 能
M00	程序停止	M13	主轴顺时针方向，切削液开	M48	注销 M49
M01	计划停止	M14	主轴逆时针方向，切削液开	M49	进给率修正旁路
M02	程序结束	M15	正运动	M50	3 号切削液开
M03	主轴顺时针方向	M16	负运动	M51	4 号切削液开
M04	主轴逆时针方向	M19	主轴定向停止	M55	刀具直线位移，位置 1
M05	主轴停止	M30	纸带结束	M56	刀具直线位移，位置 2
M06	换刀	M31	互锁旁路	M60	更换工件
M07	2 号切削液开	M36	进给范围 1	M61	工件直线位移，位置 1
M08	1 号切削液开	M37	进给范围 2	M62	工件直线位移，位置 2
M09	切削液关	M38	主轴速度范围 1	M71	工件角度位移，位置 1
M10	夹紧	M39	主轴速度范围 2	M72	工件角度位移，位置 2
M11	松开	M40~M45	如有需要作为齿轮的换档，此外不指定		

3. F、S、T 指令

（1）进给速度 F 指令　用来指定坐标轴移动进给的速度。F 指令为续效指令（模态指令），一经设定后如未被重新指定，则先前所设定的进给速度继续有效。该指令一般有以下两种表示方法：

1）代码法。F 指令后面的数字不表示进给速度的大小，而是机床进给速度数列的序号。根据 F 后所跟数字的位数，分为一位数代码法、二位数代码法和三位数代码法。每种 F 代码表示多少进给速度需要通过查看详细格式分类规定或查表来确定。代码法在低档（经济型）数控系统中采用较多。

2）直接指定法。F 指令后的数字表示进给速度，如"F150"表示进给速度为150mm/min。这种方法比较直观。

（2）主轴转速 S 指令　用来指定主轴转速，用字母 S 及后面的 1~4 位数字表示，有恒转速（单位为 r/min）和恒线速（单位为 m/min）两种指令方式。S 指令只设定主轴转速的大小，并不能使主轴旋转，必须有 M03（主轴正转）或 M04（主轴反转）辅助指令时，主轴才能按指定转速旋转。S 指令为续效指令。

（3）刀具号 T 指令　T 指令用于选择所需的刀具，同时还可用来指定刀具补偿号。一般加工中心程序中 T 代码后的数字直接表示所选择的刀具号码，如"T12"表示 12 号刀；数控车床程序中 T 代码后的数字既包含所选择的刀具号，也包含刀具补偿号，如"T0102"表示选择 01 号刀，调用 02 号刀补参数。

需要说明的是：大多数控编程代码是通用的，但是各个数控系统制造厂家往往自定了一些编程规则，不同的系统有不同的指令方法和含义。具体应用时一定要参阅该数控机床的编程说明书，遵守编程手册的规定。否则，编制的程序不能正确运行。

2.2.4　常用基本指令

1. 常用的 G 指令

（1）绝对编程指令 G90　绝对值方式编程时，程序段中的轨迹坐标都是相对于某一固定编程坐标系原点所给定的绝对尺寸。

（2）增量编程指令 G91　用增量值编程时，程序段中的轨迹坐标都是相对于前一位置坐标的增量尺寸。

（3）设定工件坐标系指令 G92

指令格式：G92__ X__ Y__ Z__；

当用绝对值编程时，首先需要建立一个坐标系，用来确定绝对坐标原点（又称编程原点）设在距刀具现在位置多远的地方，即确定刀具起始点在坐标系中的坐标值。这个坐标系就是工件坐标系。必须注意：执行 G92 指令时，机床不动作，即 X、Y、Z 轴均不移动。

（4）快速点定位运动指令 G00

指令格式：G00__ X__ Y__ Z__；

G00 是指令刀具以点位控制方式从刀具所在点快速运动到下一个目标点。在刀具移动时对运动轨迹与运动速度没有严格的要求，应用中要防止刀具与工件发生碰撞。以图 2-10 为例，刀具从初始点 A 运动到目标点 B。

绝对值编程方式：G00 X30.0 Z30.0；或 G90 G00 X30.0 Z30.0；

增量值编程方式：G00 U20.0 W20.0；或 G91 G00 X20.0 Z20.0；

（5）直线插补指令 G01

指令格式：G01 X__ Y__ Z__ F__；

直线插补也称为直线切削，它的特点是刀具以直线插补运算联动方式由某坐标点移动到另一坐标点，移动速度由进给功能指令 F 来设定。机床执行 G01 指令时，在该程序段中必须含有 F 指令。

【例 2-1】　以图 2-10 为例，刀具从初始点 A 运动到目标点 B。

绝对值编程方式：G01 X30.0 Z30.0 F100；或 G90 G00 X30.0 Z30.0 F100；

增量值编程方式：G01 U20.0 W20.0 F100；或 G91 G00 X20.0 Z20.0 F100；

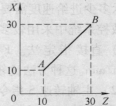

图 2-10　G00、G01 指令应用图例

（6）平面选择指令 G17、G18、G19　分别用来指定程序段中刀具的圆弧插补平面和刀具半径补偿平面，如图 2-11 所示。

（7）圆弧插补指令 G02、G03　使刀具在指定平面内按给定的进给速度加工出圆弧曲线。判断圆弧方向的原则是沿垂直于圆弧所在平面的坐标轴由正方向向负方向看，观察刀具相对于工件的转动方向是顺时针还是逆时针，若顺时针方向，用顺圆弧插补 G02 指令，反之用逆圆弧插补 G03 指令。圆弧插补方向如图 2-11 所示。

程序段格式：

$$\left\{\begin{matrix}G17\\G18\\G19\end{matrix}\right\}\left\{\begin{matrix}G02\\G03\end{matrix}\right\}X\_\_\ Y\_\_\ Z\_\_\left\{\begin{matrix}I\_\_\ J\_\_\ K\_\_\\R\end{matrix}\right\}\ F\_\_\ ;$$

其中，X、Y、Z 为圆弧的终点坐标值，可以用绝对值编程，也可以用增量值编程，坐标值不变的坐标轴可以省略。I、J、K 是圆心相对于圆弧起点（有的数控系统为圆弧起点相对于圆心）的坐标增量值，增量为 0 的坐标轴可以省略。F 为刀具移动速度。若用圆弧半径 R 编程时，当圆弧所对的圆心角小于等于 180°时，R 取正值，反之取负值。若圆弧是一个封闭整圆，则只能用 I、J、K 编程。

以图 2-12 为例，设刀具起点在 A 点，沿 A→B→C 路径切削。绝对编程程序如下：
…
N100 G17 G02 X30.0 Y0.0 I0.0 J−30.0 F80；
N110 G03 X100.0 Y0.0 I35.0 J0.0；
…
或
…
N100 G17 G02 X30.0 Y0.0 R30 F80；
N110 G03 X100.0 Y0.0 R35；
…

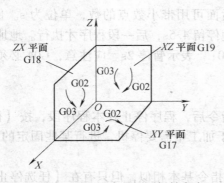

图 2-11　平面设定及圆弧插补方向

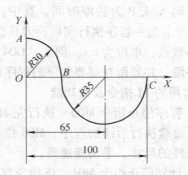

图 2-12　G02、G03 编程举例

（8）刀具半径补偿指令 G41、G42、G40　该指令用于刀具半径方向的补偿。它使刀具中心偏离编程轮廓一个刀具半径值，这样当刀具在半径尺寸发生变化时，可以在不改变程序的情况下，通过改变刀具半径偏移量，即可加工出所要求的工件尺寸。图 2-13a 所示为刀具半径左补偿 G41，即假设工件不动，沿刀具进给方向看去，刀具中心在工件轮廓的左侧；图 2-13b 所示为刀具半径右补偿 G42，即假设工件不动，沿刀具进给方向看去，刀具中心在工件轮廓的右侧；G40 为取消刀具半径补偿。

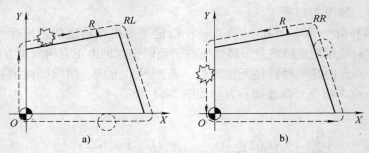

图 2-13　刀具半径补偿

a）刀具半径左补偿　b）刀具半径右补偿

（9）刀具长度补偿指令 G43、G44、G49　该指令一般用于刀具轴向（Z 方向）的补偿。它使刀具在 Z 轴方向上的实际位移量比程序给定值增加或减少一个偏移量。这样刀具在长度方向的尺寸发生变化时，可以在不改变程序的情况下，通过改变刀具偏移量，加工出所要求的工件尺寸。G43 为刀具长度正补偿，G44 为刀具长度负补偿，G49 为取消刀具长度补偿。

（10）G04 暂停指令　G04 指令的功能是使刀具做短暂的无进给加工，以获得平整而光滑的表面。主要用于如下几种情况：

1）横向切槽、倒角、车顶尖孔时，为使表面平整，用暂停指令使刀具在加工表面位置停留几秒钟后再退刀。

2）加工不通孔时，刀具进给到孔底位置，用暂停指令使刀具做非进给光整切削，然后再退刀，保证孔底平整。暂停指令的指令格式如下：

$$\text{G04} \begin{Bmatrix} \text{X}\underline{\quad} \\ \text{P}\underline{\quad} \end{Bmatrix};$$

地址码 X 或 P 为暂停时间。其中，X 后面可用带小数点的数，单位为 s。例如"G04 X4.5;"表示前一程序执行完后，刀具在原地停留 4.5s，后一段程序才执行。地址 P 后面不允许用小数点，单位为 ms。例如"G04 P2000;"表示暂停 2s。应注意，G04 必须单独编写一个程序段，并紧跟在需要暂停的程序段后。

2. 常用的 M 指令及其功能

（1）程序停止指令 M00　执行完 M00 指令后，程序停止在本程序段，按【循环启动】键，便可继续执行后续的程序。M00 指令用于加工中需要停机，进行某些固定的手动操作，如测量工件的尺寸、手动变速等。

（2）计划停止指令 M01　该指令与 M00 指令基本相似，但只有在【任选停止】键按下时，M01 指令才有效。否则，机床仍不停止，继续执行后续的程序段。M01 指令常用于工件关键性尺寸的停机抽样检查等。

（3）程序结束指令 M02　当全部程序结束后，用此指令可使主轴、进给及切削液全部停止，并使机床复位。

（4）主轴正反转、停止指令 M03、M04、M05　M03 为主轴正转指令，M04 为主轴反转指令，M05 为主轴停止指令。

26

（5）冷却装置开启和关闭指令 M07、M08、M09 M07 指令表示雾状切削液开，M08 表示液状切削液开，M09 表示关闭切削液。

（6）换刀指令 M06 M06 为自动换刀指令，用于加工中心换刀前的准备工作。

2.3 FANUC 系统数控车床的操作

2.3.1 数控车床结构

数控车床主要由床身、主轴箱、刀架、刀架滑板、尾座、防护罩、液压系统、冷却系统、润滑系统、电气控制系统等组成。电气控制系统中的数控系统能控制伺服电动机驱动刀具做连续的横向和纵向进给运动，加工出符合要求的各种工件。数控车床主要用于轴类和盘类回转体工件加工，能自动完成内外圆、柱面、锥面、圆弧、螺纹等工序的切削加工。

图 2-14 所示为 SSCK20A 型数控车床。该机床采用 BEIJING-FANUC 0i 数控系统，主轴无级调速范围为 45～2400r/min，采用整体铸造床身，内部结构为拱形肋，脊与导轨面垂直，下部包砂造型铸造。这种结构可大大提高床身的刚性，增加机床的稳定性和抗振性，从而提高机床精度。床身向后倾斜45°，具有倾斜床身排屑流畅的优点，同时也具有水平床身刀架受切削力较好的优点。床身导轨和滑鞍导轨采用一体铸造；滑鞍、滑板导轨摩擦面均粘

图 2-14 SSCK20A 型数控车床

贴聚四氟乙烯抗磨软带，大大降低了与导轨间的摩擦因数，从而增加了导轨的耐磨性和精度保持性，还可提高刀架的快速移动速度，以及延长机床的使用寿命。

机床的主轴箱采用交流调速电动机和相匹配的主驱动系统，电动机经带轮直接驱动主轴。螺纹切削时，主轴每转进给量是通过与主轴1:1传动的主轴脉冲编码器来实现的。主轴前、后轴承均采用预加载荷的超精密级角接触球轴承，能同时承受径向载荷和轴向载荷；在高速运转时，主轴温升低，热变形小，适合进行高速精加工。

机床的 X 轴滚珠丝杠与伺服电动机用单向弹性膜片联轴器联接，传动无间隙。Z 轴滚珠丝杠与伺服电动机通过同步带实现传动，采用外置编码器，与滚珠丝杠采用弹性联轴器联接，直接反馈滚珠丝杠的位移信号，避免同步带传动造成的误差。

2.3.2 数控车床控制面板

图 2-15 所示为数控车床操作面板，由系统操作面板（CRT/MDI 操作面板）和机床操作面板（用户操作面板）组成。图 2-15 中上半部分是系统操作面板，下半部分是机床操作面板。另外，在控制面板的左侧面还有一个手摇控制面板，面板上的功能开关和按键均有特定的含义。对于系统操作面板来说，只要采用的是 BEIJING-FANUC 0i Mate-TB 数控系统，则面板都是相同的；但对于机床操作面板而言，由于生产厂家的不同而有所不同。

1. 机床操作面板

图 2-16 所示为机床操作面板。

图 2-15　数控车床操作面板

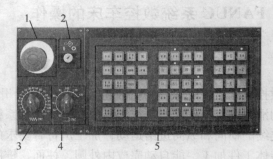

图 2-16　机床操作面板

1—急停按钮　2—程序保护开关　3—进给倍率修调开关
4—主轴倍率修调开关　5—相关按钮

（1）【急停】按钮　为红色蘑菇头状。机床在运行过程中，当出现程序有错误将发生碰撞等紧急情况下，立即压下【急停】按钮，机床紧急停止。当消除故障后，顺时针旋转【急停】按钮进行复位，机床可继续操作。

（2）【程序保护】开关　是一钥匙开关，用以防止破坏内存程序，防止非操作人员编辑内存程序。

（3）【进给倍率修调】开关　在自动方式下可以通过【进给倍率修调】开关改变进给速度，修调率为 0 ~ 120%。

（4）【主轴倍率修调】开关　可以通过【主轴倍率修调】开关改变主轴的转速，使之按照 50% ~ 120% 的倍率变化。

（5）相关按钮　相关按钮名称如图 2-17 所示。当按下某一按钮时，按钮上方对应的指示灯亮。

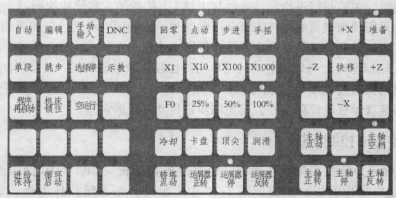

图 2-17　相关按钮名称

1）【自动】按钮。按下【自动】按钮，系统按照存储的程序进行加工，并对存储程序的顺序号进行检索。

2）【编辑】按钮。按下【编辑】按钮，把工件程序读入 NC 控制系统，并对编入的程序进行修改、插入和删除。

3）【手动输入】按钮。按下【手动输入】按钮，通过 NC 控制系统操作面板上的键盘把数据送入数控系统。

4）【DNC】按钮。按下【DNC】按钮，由外部输入/输出设备读取加工程序，控制机床运行。

5）【单段】按钮。按下【单段】按钮，系统在执行一段程序后就停止，再按一次【循环启动】按钮，执行下一程序段后又停止。

6）【跳步】按钮。按下该按钮后，程序中带有"/"标记的程序段直接跳过不执行。

7）【选择停】按钮。按下该按钮，自动方式下执行的程序中如有 M01 指令，自动运转停止。在自动运行中，当需要对工件的尺寸进行检验或者插入必要的手工操作时，需用此按钮功能。

8）【示教】按钮。按下该按钮，选择存储器中预先存储的程序运行，可以在显示屏上观察其运行过程。

9）【程序再启动】按钮。按下该按钮，指定程序段的序号，以便当刀具损坏或休息后在指定的程序段重新启动加工操作。

10）【机床锁住】按钮。按下该按钮，机床锁住功能有效，此时机床刀架不能移动，机床不能执行进给运动，但机床的执行和显示都正常，可用于检查程序正确性。

11）【空运行】按钮。按下该按钮，空运行功能有效，此时程序中的 F 码无效，机床按快速进给速度运行，用于工件从工作台上卸下时，检查机床的运动轨迹。

12）【进给保持】按钮。按下该按钮，暂停执行程序，可进行点动、步进和手动换刀、重新装夹刀具、测量工件尺寸等手动操作。要使机床继续工作，须按下【循环启动】按钮。

13）【循环启动】按钮。在自动运行方式下，可通过按下该按钮来启动加工程序自动运行或图形模拟运行。程序运行中暂停（包括【进给保持】按钮暂停、【单段】按钮暂停、程序中的 M00 和 M01 指令暂停）以后，也需要按【循环启动】按钮继续运行。

14）【回零】按钮。按下该按钮，再按【点动】按钮，刀架可回到机床的参考点位置。

15）【点动】按钮。按下该按钮，用【+X】或【-X】及【+Z】或【-Z】按钮使滑板沿 X 轴或 Z 轴正、负方向移动。手动回零通常一次移动一个轴。

16）【步进】按钮。用于手动微调刀具进给，以确定刀尖点的正确位置或试切削。在该状态下，按动一次手动轴向移动按钮【+X】或【-X】及【+Z】或【-Z】，则在该轴向步进一步。

17）【手摇】按钮。按下该按钮，手摇控制面板起作用，按手轮进给轴选择开关（手摇 X 和手摇 Z），选择机床要移动的一个轴，然后选择机床移动的倍率，就可以旋转手轮使机床沿所选轴移动。

18）【X1】、【X10】、【X100】和【X1000】按钮。增量倍率修调按钮，当系统工作在【步进】按钮按下时，用于调整每次步进的步进距离，即增量值。每一步可以是最小输入增量单位的 1 倍、10 倍、100 倍和 1000 倍。

19）【F0】、【25%】、【50%】和【100%】按钮。快速移动倍率按钮，改变刀架的快移速度。此组按钮可以改变 G00 的快速移动、固定循环期间的快速移动、手动快速移动及手动返回参考点的快速移动。

20）【冷却】按钮。按下该按钮可手动开/关切削液泵。

21）【卡盘】按钮。按下该按钮可手动进行卡盘的夹紧和松开。【卡盘】按钮与脚踩开关有同等效用，用于工件的装夹和拆卸。

22）【顶尖】按钮。用于手动操作顶尖的调整。

23）【润滑】按钮。按下该按钮，机床所有需要润滑的位置自动润滑。

24）【转塔点动】按钮。按下该按钮，在手动方式下实现转塔刀架换刀。

25）【运屑器正转】、【运屑器反转】和【运屑器停】按钮。用于控制运屑器的运动。

26）【准备】按钮。机床处于超程报警状态，在手动状态，按下【准备】按钮，再按下与超程方向相反的点动按钮，使机床脱离极限而回到工作区间，再按下【RESET】键，机床就可以正常工作。

27）【+X】、【-X】、【+Z】和【-Z】按钮。轴向移动按钮，可以进行手动点动进给和手动步进进给，每次只能控制一个坐标轴的运动。

28）【快移】按钮。与【+X】、【-X】、【+Z】和【-Z】按钮同时按下时，刀架快速移动。

29）【主轴点动】、【主轴空档】、【主轴正转】、【主轴反转】和【主轴停】按钮。可控制主轴点动、空档、正转、反转和停转。

2. 系统操作面板

系统操作面板如图 2-15 中的上半部分，主要包括 CRT 显示器、软键和 MDI 键盘。

（1）CRT 显示器　显示机床的各种参数和功能信息，为 9in 单色 CRT 显示器。

（2）软键　在 CRT 显示器正下方，共有 7 个按钮。它们必须与 MDI 键盘的功能键配合使用。软键的功能不确定，其含义显示于当前 CRT 屏幕下方正对应软键的位置。

（3）MDI 键盘　主要包括 10 个部分，如图 2-18 所示。

1）地址/数字键。有 24 个，由数字、字母和符号键组成。

2）功能键。有 6 个，用于切换各种不同的功能显示画面。

①【POS】键显示位置画面。

②【PROG】键显示程序画面。

③【OFFSET SETTING】键显示刀偏/设定（SETTING）画面。

④【SYSTEM】键显示系统画面。

⑤【MESSAGE】键显示信息画面。

⑥【CUSTOM GRAPH】键显示用户（CUSTOM）宏画面（会话式宏画面）/图形（GRAPH）画面。

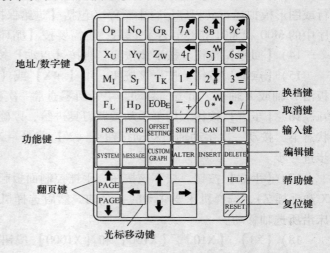

图 2-18　MDI 键盘

3）光标移动键。有【↑】、【→】、【←】、【↓】键分别表示光标的不同移动方向。

（4）翻页键　有 2 个，【PAGE↑】用于在屏幕上朝后翻一页，【PAGE↓】用于在屏幕上朝前翻一页。

（5）换档键【SHIFT】　有些键上有两个字符，可通过按【SHIFT】键来选择字符。

（6）取消键【CAN】　用于删除已输入到输入缓冲器的最后一个字符或符号。

（7）输入键【INPUT】　用于输入参数和补偿值。

（8）编辑键　有3个，【ALTER】键用于程序替换；【INSERT】键用于程序插入；【DELETE】键用于程序删除。

（9）帮助键【HELP】　用来显示如何操作机床，或者发生报警时提供报警的详细信息。

（10）复位键【RESET】　可使CNC复位，用以消除报警等。

3. 系统功能菜单

（1）【POS】键下的菜单　有绝对坐标、相对坐标、当前位置显示、手轮、监视画面。

（2）【PROG】键下的菜单

①MEM方式。当前程序、下一个程序、文件目录、进程操作等显示画面。

②编辑方式。程序显示、目录、图形会话等显示画面。

③MDI方式。程序显示、程序输入、当前程序段、下一个程序段等显示画面。

④HNDL、JOG或者REF方式。程序显示、当前程序段、下一个程序段等显示画面。

⑤TJOG或者THDL方式。程序显示、程序目录显示画面。

⑥各种方式软键【BG-EDT】方式。程序显示、程序目录、图形会话编程等显示画面。

（3）【OFFSET SETTING】　刀具偏置与设定、工件坐标系设定、宏变量显示、刀具寿命管理设定、工件偏移等画面。

（4）【SYSTEM】　参数显示与诊断、系统配置、螺距误差补偿、伺服参数、主轴参数等画面。

（5）【MESSAGE】　报警信息、报警履历画面。

（6）【CUSTOM GRAPH】　刀具轨迹图形、用户宏画面。

2.3.3　数控车床操作

1. 起动与回参考点

（1）起动　将数控车床电气柜总开关转到"ON"位置，机床进入等待状态，报警提示1003外部报警（未准备），按下机床操作面板上的【准备】键，机床起动完成。

（2）回参考点　机床开机后首先必须进行回参考点的操作，因为断电后数控系统失去对各坐标位置的记忆，所以在接通电源后，必须让各坐标值回参考点。具体操作步骤如下：

1）在机床操作面板上按下【回零】按钮。

2）按下快速移动倍率开关（在【25%】、【50%】、【100%】三个按钮中任选一个）。

3）首先，使 X 轴回参考点。按下【+X】按钮，使滑板沿 X 轴正向移向参考点。在移动过程中，操作者应按住【+X】按钮，直到回零参考点指示灯闪亮，再松开按钮。否则 X 轴不能正确返回参考点。

4）再使 Z 轴回参考点。按下【+Z】按钮，使滑板沿 Z 轴正向移向参考点。在移动过程中，操作者应按住【+Z】按钮，直到回零参考点指示灯闪亮，再松开按钮，Z 轴返回参考点。

注意：若开机后机床已经在参考点位置，应该先按下【点动】按钮，用移动按钮【-X】和【-Z】先使刀架移开参考点约100mm左右，然后再回零。

2. MDI 运行

MDI 运行用于简单的测试操作，运行过程如下：

1）按机床操作面板上的【手动输入】按钮。

2）按系统操作面板上的【PROG】键，选择程序画面。

3）编制要执行的程序，并在最后一个程序段中指定 M99 或 M30。

4）用系统操作面板上的光标移动键将光标移动到程序头。

5）按下【循环启动】按钮，自动运行开始。

6）自动运行结束，返回到程序的开头。

7）按下【RESET】键，自动运行结束并返回到复位状态。

3. 编程实例

图 2-19 所示为车削零件示例，其中图 2-19a 所示为零件图，材料为 45 钢，零件的外形轮廓有直线、圆弧和螺纹。欲在某数控车床上进行精加工，编制精加工程序。

1）依据图样要求，确定工艺方案及走刀路线。按先主后次的加工原则，确定其走刀路线。首先切削零件的外轮廓，方向为自右向左加工，具体路线为：先倒角（$C1$）→切削 $\phi48\text{mm}$→切削锥度部分→切削 $\phi62\text{mm}$→倒角（$C1$）→切削 $\phi80\text{mm}$→切削圆弧部分→切削 $\phi80\text{mm}$，再切槽，最后车削螺纹。

2）选用刀具并画出刀具布置图。根据加工要求需选用三把刀具。1 号刀为外圆车刀，2 号刀为 3mm 的切槽刀，3 号刀为螺纹车刀。刀具布置如图 2-19b 所示。对刀时采用对刀仪，以 1 号刀为基准。3 号刀刀尖相对于 1 号刀刀尖在 Z 向偏置 15mm，由 3 号刀的程序进行补偿，其补偿值通过控制面板手动输入，以保持刀尖位置的一致。

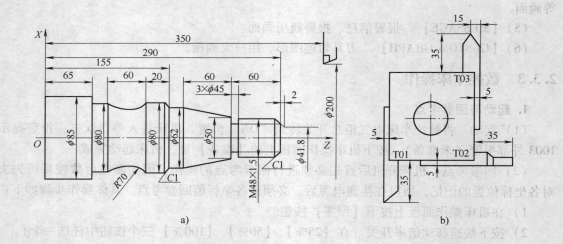

图 2-19 车削零件示例

a）零件图 b）刀具布置图

3）确定工件坐标系。由工件图样尺寸分布情况确定工件坐标系原点 O 取在工件内端面（图 2-19a）处，刀具零点坐标为（200，350）。

4）确定切削用量。切削用量应根据工件材料、硬度、刀具材料及机床等因素来综合考虑，一般由经验确定。各刀具切削用量情况见表 2-4。

表 2-4　切削用量表

切削用量 切削表面	主轴转速 $n/$（r/min）	进给速度 $f/$（mm/r）
车外圆	630	0.15
切槽	315	0.16
车螺纹	200	1.50

5）编制精加工编程。该系统可以采用绝对值和增量值混合编程，绝对值用 X、Z 地址，增量值用 U、W 地址，采用小数点编程。程序如下：

程序	说明
O0020;	
N01 G50 X200.0 Z350.0;	工件坐标系设定
N02 S630 T0101 M03;	用 1 号刀，主轴正转
N03 G00 X41.8 Z292.0 M08;	倒 $C1$ 角
N04 G01 X48.0 Z289.0 F0.15;	车 ϕ48 mm 外圆
N05 W－59.0;	退刀
N06 X50.0;	车削锥度部分
N07 X62.0 W－60.0;	车 ϕ62mm 外圆
N08 Z155.0;	退刀
N09 X78.0;	倒角
N10 X80.0 W－1.0;	车 ϕ80mm 外圆
N11 W－19.0;	车削圆弧
N12 G02 W－60.0 I63.25 K－30.0;	车 ϕ80mm 外圆
N13 G01 Z65.0;	
N14 X90.0 M09;	退刀
N15 G00 X200.0 Z350.0 M05;	换 2 号刀，快速趋近切槽起点
N16 X51.0 Z230.0 S315 T0202 M03;	切槽
N17 G01 X45.0 F0.16 M08;	延时
N18 G04 X5.0;	退刀
N19 G00 X51.0 M09;	退刀
N20 G00 X200.0 Z350.0 M05;	换 3 号刀，快速趋近车螺纹起点
N21 G00 X52.0 Z296.0 S200 T0303 M03;	车螺纹循环，循环 4 次
N22 G01 X47.2 Z296.0 F0.15 M08;	
N23 G01 Z231.5;	
N24 G00 X50.0;	
N25 G00 Z292.0;	
N26 G01 X46.6;	
N27 G01 Z231.5;	
N28 G00 X50.0;	
N29 G00 Z292.0;	
N30 G01 X46.2;	
N31 G01 Z231.5;	

```
N32 G00 X50；
N33 G00 Z292.0；
N34 G01 X45.8；
N35 G01 Z231.5；
N36 G00 X200.0 Z350.0 M09；          退至起点
N37 M30；                            程序停止并返回
```

2.4　华中系统数控铣床的操作

2.4.1　数控铣床结构

数控铣床是高精度、高性能、带有 CNC 控制软件系统的三坐标机床，具有直线插补、圆弧插补、三坐标联动空间直线插补功能，还有刀具补偿、固定循环和用户宏程序等功能，能完成铣削、镗削、钻削、攻螺纹及自动工作循环等工作，可用于加工各种形状复杂的凸轮、样板和模具工件。

下面以武汉华中数控股份有限公司（简称"华中数控公司"）研制生产的 ZJK7532 – 1 型数控钻铣床为例进行讲解。ZJK7532 – 1 型数控钻铣床是一种经济型数控铣床，如图 2-20 所示。ZJK7532 – 1 型数控钻铣床主要由通用 PC 机、控制接口柜、机床操作面板、冷却供液系统和机床本体等部分组成。各进给轴用步进电动机驱动，是典型的开环控制机床，通用 PC 机上安装华中数控公司开发的 HCNC – M 控制软件。

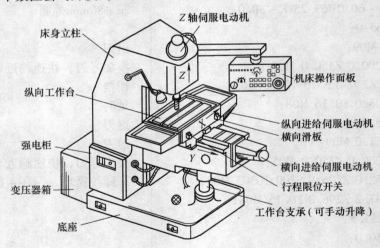

图 2-20　ZJK7532 – 1 型数控钻铣床

ZJK7532 – 1 型数控钻铣床的主传动由主电动机经三级齿轮传动，采用传统的齿轮箱及机械换档变速。换档变速应在机床停止运转时，靠人工手动完成。主轴转速范围为 85 ~ 1600r/min，共有 6 级变化。X、Y、Z 各进给轴均由步进电动机直接驱动丝杠，完成各个方向的进给运动。Z 轴运动是整个铣头（包括主电动机及主传动系统）一起进行的。滑鞍的纵、横向导轨面均采用了贴塑面，提高了导轨的耐磨性，消除了低速爬行现象。

2.4.2 数控铣床控制面板

ZJK7532 – 1 型数控钻铣床的机床操作面板如图 2-21 所示。通过各操作开关按钮可实现所需控制功能。

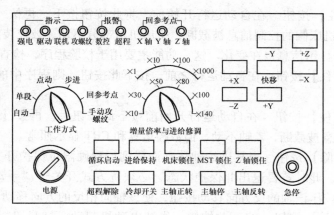

图 2-21　钻铣床的操作面板

（1）【电源开关】　合上机床强电柜的总电源开关后，必须用钥匙打开此开关，数控系统的驱动电源和主电动机电源才能接通。

（2）【急停】按钮　机床操作过程中出现紧急情况时，按下此按钮，进给及主轴运行立即停止，CNC 进入急停状态。紧急情况解除后，顺时针方向转动按钮即可退出急停状态。

（3）【工作方式】开关　此开关可用于选择机床操作，使其处于自动、单段、点动、步进（增量）、回参考点和手动攻螺纹六种方式中的一种。

（4）【增量倍率与进给修调】开关　MDI 方式及自动运行方式下可通过此开关设定进给速度修调倍率（共有 "×10" "×30" "×50" "×80" "×100" "×140" 六档）。若程序指令为 F200，倍率开关处于 "×30" 档，则实际进给速度为 $200 \text{mm/min} \times 30\% = 60 \text{mm/min}$。

步进方式下，可通过此开关设定增量进给倍率（共有 "×1" "×10" "×100" "×1000" 四档）。若此开关处于 "×100" 档，则每按 "轴移动方向" 按钮一次，滑板在相应的方向上移动 0.1mm（即 100 个设定单位）。系统最小设定单位为 0.001mm。

（5）"轴移动方向" 按钮（【+X】、【-X】、【+Y】、【-Y】、【+Z】、【-Z】）　在手动或步进方式下，按下此六个按钮之一，相应轴将分别在相应的方向上产生位移。手动方式时，滑板做连续位移直到松开为止，其实际移动速度等于系统内部设定的快移速度乘以进给速度修调倍率。

在步进方式下，每按下后再释放按钮一次，该滑板即在对应方向上产生一固定的位移，其位移量等于轴的最小设定单位乘以增量倍率。

（6）【快移】按钮　在手动方式下，若同时按【快移】按钮和某个轴移动方向按钮，则对应轴将忽略进给速度修调倍率的设定，以系统内部设定的快移速度位移。

（7）【循环启动】按钮　在自动加工功能菜单下，当选择并调入需要运行的加工程序后，再置工作方式开关于 "自动" 方式，然后按下此按钮（按钮灯亮），即开始自动执行程序指令。机床进给轴以程序指令的速度移动。

（8）【进给保持】按钮　在自动运行过程中，按下此按钮（按钮灯亮），机床运动轴减速停止，程序执行暂停，但加工状态数据保持，若再按下【循环启动】按钮，则系统继续运行。注意，若暂停期间主轴停转的话，继续运行前，必须先起动主轴；否则有引发事故的可能。

（9）【机床锁住】按钮　在自动运行开始前，将此按钮按下，再按【循环启动】按钮执行程序，则送往机床侧的控制信息被截断，机床机械部分不动。数控装置内部照常进行控制运算，同时 CRT 显示信息也在变化。这一功能主要用于校验程序，检查语法错误。

（10）【MST 锁住】按钮　在自动运行之前，按下此按钮，则程序中的所有 M、S、T 指令均无效。

（11）【Z 轴锁住】按钮　在自动运行开始前按下此按钮后，再按【循环启动】按钮，则往 Z 轴的控制信息被截断，Z 轴不动，但数控运算和 CRT 显示照常。

（12）【超程解除】按钮　当某进给轴移动而碰到行程硬限位保护开关时，系统即处于超程报警保护状态，此时若要退出此保护状态，必须置方式开关于"手动"方式，在按住此按钮的同时，再按压该轴的反方向移动按钮，使该轴向相反的方向移动。

（13）【冷却开关】按钮　按下此按钮，供液电动机起动，打开切削液，再按此按钮，切削液停止。

（14）【主轴正转】按钮　按下此按钮，主轴电动机正转，同时按钮内指示灯点亮。

（15）【主轴停】按钮　按下此按钮，主轴电动机运转停止，同时按钮内指示灯点亮。

（16）【主轴反转】按钮　按下此按钮，主轴电动机反转，同时按钮内指示灯点亮。

此外，在面板左上方，还有一些指示灯指示系统的各种状态，如电源有无的指示、是否联机的指示、报警状态的指示和回参考点的指示等。

2.4.3　数控铣床操作

1. 手动回参考点

参考点是机床坐标系的参照点，也是用于对各机械位置进行精度校准的点。当机床因意外断电、紧急制动等原因停机而重新起动时，严格地讲应该是每次开机起动后，都应该先对机床各轴进行手动回参考点的操作，重新进行一次位置校准。手动回参考点的操作步骤如下：

1）确保机床通电且与 PC 机联机完成（已启动控制软件），将机床操作面板上的【工作方式】开关置于"回参考点"的位置上。

2）分别按【+X】、【+Y】、【+Z】轴移动方向按钮一下，则系统即控制机床自动往参考点位置处快速移动，当即将到达参考点附近时，各轴自动减速，再慢慢趋近直至到达参考点后停下。

3）到达参考点后，机床面板上回参考点指示灯点亮。此时，显示屏上显示参考点在机床坐标系中的坐标为（0，0，0）。

本机床参考点与机床各轴行程极限点（机床原点）是接近重合的，参考点就在行程极限点内侧附近。如果在回参考点之前，机器已经在参考点位置之外，则必须先手动移至内侧后，再进行回参考点的操作，否则会引发超程报警。

当【工作方式】开关不在"回参考点"位置上时，各轴往参考点附近移动时将不会自动减速，到达时就可能滑出参考点或行程极限的边界之外，并引发超程报警。

2. 手动连续进给和增量进给

将面板上的【工作方式】开关拨到"点动"位置后，按轴移动方向按钮【+X】、【-X】、【+Y】、【-Y】、【+Z】、【-Z】之一，各轴将分别在相应的方向上产生连续位移，直到松开按钮为止。若要调节移动速度，可旋转【增量倍率与进给修调】开关，则实际移动速度等于系统内部设定的快移速度乘以进给速度修调倍率。若同时按下快移按钮和某个轴移动方向按钮，则对应轴将忽略进给速度修调倍率的设定，以系统内部设定的快移速度连续位移。

将面板上的【工作方式】开关拨到"步进"位置，将【增量倍率与进给修调】开关设定于"×1""×10""×100""×1000"四档之一的位置。每次按压/松开轴移动方向按钮一次，滑板在相应的轴方向上产生指定数量单位的位移。通过调整改变增量进给倍率值，可得到所期望的精确位移。

当需要用手动方法产生较大范围的精确移动时，可先采用手动连续进给（点动）的方法移近目标，再改用增量进给的方法精确调整到指定目标处。点动和步进既可用于空行程移动，也可进行铣削加工。

3. MDI 操作

MDI 是指命令行形式的程序执行方法，它可以从计算机键盘接受一行程序指令，并能立即执行。采用 MDI 操作可进行局部范围的修整加工及快速精确的位置调整。MDI 操作的步骤如下：

1）在基本功能主菜单下，按〈F4〉功能键切换到 MDI 子菜单下。

2）再按〈F6〉键进入 MDI 运行方式，图 2-22 为 MDI 操作屏幕画面。画面的正文显示区显示的是系统当前的模态数据。命令行出现光标，等待键入 MDI 程序指令。

3）可用键盘在光标处输入整段程序，如"G90 G01 X10.0 Y10.0 Z10.0 F100;"，也可一个功能字一个功能字地输入，输完后按〈Enter〉键，则各功能字数据存入相应的地址，且显示在正文区对应位置处。若系统当前的模态与欲输入的指令模态相同，则可不输入。在按〈Enter〉键之前如果发现输入数据有误，可用退格键、编辑键修改。若按〈Enter〉键后发现某功能字数据有误，则可重新输入该功能字的正确数据并回车进行更新。若需要清除所输入的全部 MDI 功能数据，可按功能键〈F1〉。

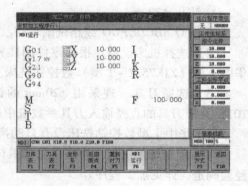

图 2-22　MDI 操作屏幕画面

4）全部指令数据输入完毕后，将操作面板上的【工作方式】开关置于"自动"档；然后按操作面板上的【循环启动】按钮，即可开始执行 MDI 程序功能。若 MDI 程序运行中途需要停止运行，可按功能键〈F1〉。

如果在进行 MDI 运行时，已经有程序正在自动运行，则系统会提示不能实施 MDI 运行。当一个 MDI 程序运行完成后，系统自动清除刚执行的功能数据，等待输入下一个运行程序段。

4. 编程实例

毛坯为 100mm×60mm×10mm 板材，5mm 深的外轮廓已粗加工过，周边留 2mm 余量，要求加工出图 2-23 所示的外轮廓及 ϕ20mm 的孔。工件材料为铝。

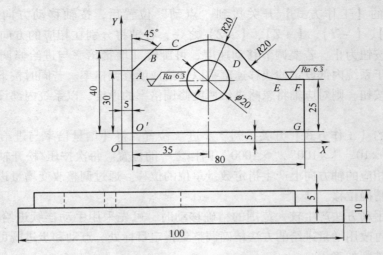

图 2-23 铣削外轮廓工件

（1）工艺路线的确定 根据图样要求、毛坯及前道工序加工情况，确定工艺方案及加工路线。

1）以底面为定位基准，两侧用压板压紧，固定于铣床工作台上。

2）工步顺序。

① 钻孔 ϕ20 mm。

② 按 $O'ABCDEFGO'$ 线路铣削轮廓。

（2）选择机床设备 根据零件图样要求，选用经济型数控铣床即可达到要求。故选用华中 I 型（ZJK7532 - 1 型）数控钻铣床。

（3）选择刀具 现采用 ϕ20mm 的钻头，定义为 T02；ϕ5mm 的平底立铣刀，定义为 T01；并把刀具的直径输入刀具参数表中。

由于华中 I 型数控钻铣床没有自动换刀功能，按照零件加工要求，只能手动换刀。

（4）确定切削用量 切削用量的具体数值应根据该机床性能、相关的手册并结合实际经验确定，详见加工程序。

（5）确定工件坐标系和对刀点 在 XOY 平面内确定以 O 点为工件原点，Z 方向以工件表面为工件原点，建立工件坐标系，如图 2-23 所示。

采用手动对刀方法，把 O 点作为对刀点。

（6）编写程序（用于华中 I 型铣床） 按该机床规定的指令代码和程序段格式，把加工零件的全部工艺过程编写成程序清单。该工件的加工程序如下：

1）加工 ϕ20mm 孔程序（手工安装好 ϕ20mm 钻头）

%1337；

N0010 G92 X5 Y5 Z5；　　　　　　　　　　设置对刀点

N0020 G91；　　　　　　　　　　　　　　相对坐标编程

N0030 G17 G00 X40 Y30；　　　　　　　　在 XOY 平面内加工

N0040 G98 G81 X40 Y30 Z - 5 R10 F150；　钻孔循环

N0050 G00 X5 Y5 Z50；

N0060 M05；

N0070 M02；

2）铣轮廓程序（手工安装好 ϕ5mm 立铣刀，不考虑刀具长度补偿）

%1338；

N0010 G92 X5 Y5 Z50；

N0020 G90 G41 G00 X－20 Y－10 Z－5 D01；

N0030 G01 X5 Y－10 F150；

N0040 G01 Y35 F150；

N0050 G91；

N0060 G01 X10 Y10 F150；

N0070 G01 X11.8 Y0；

N0080 G02 X30.5 Y－5 R20；

N0090 G03 X17.3 Y－10 R20；

N0100 G01 X10.4 Y0；

N0110 G03 X0 Y－25；

N0120 G01 X－90 Y0；

N0130 G90 G00 X5 Y5 Z10；

N0140 G40；

N0150 M05；

N0160 M30；

2.5　西门子 SINUMERIK 802D 系统操作

2.5.1　西门子 SINUMERIK 802D 系统操作面板

图 2-24 所示为 SINUMERIK 802D 数控系统操作面板，机床操作面板如图 2-25 所示。系统操作面板各按键功能见表 2-5，机床操作面板各按键功能见表 2-6。

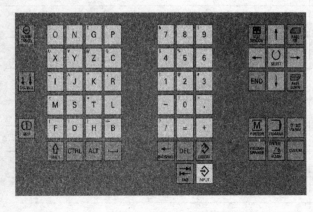
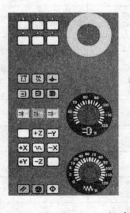

图 2-24　SINUMERIK 802D 数控系统操作面板　　　　图 2-25　SINUMERIK 802D 机床操作面板

表 2-5　SINUMERIK 802D 数控系统操作面板各按键功能

按　键	名　称	功　能　简　介
ALARM CANCEL	报警应答键	报警出现时，按此键可以消除部分报警
1...n CHANNEL	通道转换键	在设定参数时，按此键可以选择或转换参数
HELP	信息键	显示当前操作状态信息
SHIFT	上档键	双重功能转换
CTRL	控制键	功能组合键
ALT	ALT 键	功能组合键
⌴	空格键	在编辑程序时，按此键插入空格
BACKSPACE	删除键（退格键）	自右向左删除字符
DEL	删除键	自左向右删除字符
INSERT	插入键（INSERT）	插入方式
TAB	制表键	
INPUT	回车/输入键	接受一个编辑值、打开或关闭一个文件及目录
POSITION	加工操作区域键	进入机床操作区域
PROGRAM	程序操作区域键	进入程序操作区域
OFFSET PARAM	参数操作区域键	进入参数操作区域
PROGRAM MANAGER	程序管理操作区域键	进入程序管理操作区域
SYSTEM ALARM	报警、系统操作区域键	报警或系统操作区域显示（上档键＋按键）
PAGE UP PAGE DOWN	翻页键	向上、向下翻页
↑ ← → ↓	方向键	光标方向移动
SELECT	选择/转换键	一般用于单选、多选框
J 5	字母、数字键	上档键转换对应字符
∧	返回键	返回到上一级菜单
>	菜单扩展键	进入同一级的其他菜单画面
	未使用	
	未使用	

40

表 2-6　SINUMERIK 802D 数控系统机床操作面板按键功能

按　键	名　称	功　能　简　介
⬤	紧急停止	按下【紧急停止】按钮，使机床移动立即停止
[⌐∣⌐]	增量选择	在单步或手轮方式下，用于选择移动距离
[〰]	手动方式（JOG）	手动方式，连续移动
[⊥]	回零方式	在此方式下运行回参考点
[→]	自动方式	进入自动加工模式
[▣]	单段方式	运行程序时每次执行一条数控指令
[▤]	手动数据输入（MDA）	单程序段执行模式
[⊐∣⊃]	主轴正转	主轴开始正转
[⊐∣⊘]	主轴停止	主轴停止转动
[⊐∣⊂]	主轴反转	主轴开始反转
[〜]	快速按钮	手动方式，同时按此键和一个坐标轴点动键，快速点动
+X +Z +Y -X -Z -Y	点动按钮	坐标轴点动控制
[／]	复位按钮	系统复位，当前程序中断执行
[◎]	循环停止	当前执行的程序中断执行，系统停止执行
[◇]	循环启动	系统开始执行程序，进行加工
(◯)	主轴倍率修调	调节主轴倍率
(◯)	进给倍率修调	调节自动运行时的进给速度倍率

2.5.2　机床操作

1. 开机和回参考点

（1）开机　数控机床加工的第一步是接通 CNC 装置和机床电源，检查【紧急停止】按钮是否松开。系统启动之后，机床自动处于回参考点模式，在其他模式下，按 [⊥] 按钮进入回参考点模式。

（2）回参考点　回参考点操作步骤如下

1）Z 轴回参考点。按下按钮 ⊞Z，Z 轴回到参考点，Z 轴的回零指示灯从 ◯ 变为 ◑。

2）X 轴回参考点。按下按钮 ⊞X，X 轴回到参考点，X 轴的回零指示灯从 ◯ 变为 ◑。

3）Y 轴回参考点。按下按钮 ⊞Y，Y 轴回到参考点，Y 轴的回零指示灯从 ◯ 变为 ◑。

2. 手动控制运行

可以通过机床控制面板上的 ⊞（手动方式）按钮选择 JOG 运行方式。操作相应的 ⊞X、⊟X、⊞Y、⊟Y、⊞Z、⊟Z（点动按钮），可以使坐标轴 X、Y 或 Z 运行。需要时可以使用进给修调开关调节速度。如果同时按下按钮 ⊞（快速按钮）和坐标轴点动按钮，则所选的坐标轴以快进速度运行。

按下按钮 ⊞（增量选择），以步进增量方式运行时，坐标轴以所选择的步进增量运动。设定的增量值在状态区域中。再按一次点动按钮就可以取消步进增量方式。

实训项目　机床面板操作及数控代码编程

1. 实训目的

1）熟悉数控机床的坐标系。

2）熟悉数控机床的基本操作。

3）掌握数控程序编制的格式、规则与方法。

2. 实训内容

熟悉 SINUMERIK 802S/C 和 FANUC 标准机床面板的基本操作，编制包含直线、圆弧插补的数控程序并输入到数控系统，观察机床的运行轨迹，培养学生操作机床的能力，掌握数控程序的编制方法。

3. 实训步骤

1）现场了解数控机床的组成和功能。

2）接通电源，启动系统，进行手动"回零""点动""步进"操作。

3）用 MDI 功能控制机床运行（程序指令"G91 X－10.0 Y－10.0 Z－20.0;"），观察程序轨迹及机床坐标变化。

4. 程序编制

自己编制一个程序，通过空运行观察运动轨迹，进一步增强程序编制和机床操作的熟练程度。

5. 实训考核

实训结束以后，通过提问、答辩、实测等方式对学生进行考核，考核学生的数控机床基本操作能力，检查学生对基本程序编制的熟练程度，根据综合考核情况打分。

6. 撰写实训报告

1）数控机床的组成与工作原理。

2）绘出运行程序的仿真轨迹，并标出轨迹各段所对应的程序段号。

3）总结实训体会，包括实训过程中遇到的问题和解决办法。

复习思考题

1. 填空题

1）数控编程的方法有_____和_____。

2）F100 表示_____，S100 表示_____。

3）刀具补偿形式有_____和_____。

4）FANUC 系统中，_____键显示位置画面，_____键显示程序画面。

5）一般机床操作面板分_____和_____两部分。

2. 选择题

1）数控机床需要考虑工件与刀具相对运动，编写程序时应采用（   ）的原则。

A. 工件移动   B. 刀具移动   C. 根据实际情况而定   D. 按坐标系确定

2）铣削 XY 平面上的圆弧时，圆弧起点在（30, 0），终点在（-30, 0），半径为 50mm，圆弧起、终点的旋转方向为顺时针，则铣削圆弧的指令为（   ）。

A. G18 G90 G03 X-30.0 Y0.0 R-50.0 F50

B. G17 G90 G02 X-30.0 Y0.0 R50.0 F50.0

C. G17 G90 G02 X-30.0 Y0.0 R-50.0 F50

D. G18 G90 G02 X30.0. Y0.0 R50.0 F50.0

3）G41 指令的含义是（   ）。

A. 直线插补   B. 圆弧插补   C. 刀具半径右补偿   D. 刀具半径左补偿

4）一般取产生切削力的主轴轴线为（   ）。

A. X 轴   B. Y 轴   C. Z 轴   D. C 轴

3. 判断题

1）SSCK20A 型数控车床主轴可以无级调速。   （   ）

2）FANUC 系统中程序保护开关是防止误操作机床。   （   ）

3）在华中数控系统中，按下〈F10〉功能键可实现扩展功能与基本功能之间的转换。

（   ）

4）华中数控系统 MDI 工作方式与西门子系统 MDA 工作方式类似。   （   ）

5）SINUMERIK 802D 数控系统开机后，回零指示灯处于亮的状态。   （   ）

4. 简答题

1）数控加工编程的一般步骤是什么？

2）M01 指令与 M00 指令有何区别？分别在何种情况下使用？

3）什么是机床参考点？机床返回参考点如何操作？

4）数控机床一般有哪些工作方式？分别有哪些用途？

5）为何要设置机床锁住按钮？

6）机床的超程报警是怎样产生的？如何解除？

7）数控机床一般有几种倍率修调开关？分别在何种情况下使用？

第3章 计算机数控（CNC）装置

3.1 CNC 系统的组成和功能

3.1.1 CNC 系统的组成

数控系统主要靠存储程序来实现各种机床的控制。图 3-1 所示为数控系统结构框图，整个数控系统由程序、I/O 设备、计算机数控（CNC）装置、可编程序控制器单元、主轴控制单元和速度控制单元等部分组成，习惯上称为 CNC 系统。

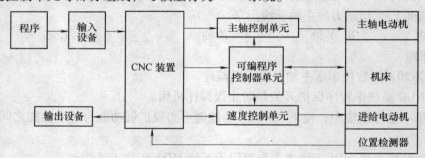

图 3-1 数控系统结构框图

CNC 系统的核心是 CNC 装置。CNC 装置实质上是一种专用计算机，它除具有一般计算机的结构外，还具有与机床控制有关的功能模块和接口单元。CNC 装置由硬件和软件组成。硬件是基础，软件是灵魂。软件必须在硬件的支持下运行，离开软件则硬件无法工作。硬件的集成度、位数、运算速度、指令和内存容量等决定了数控装置的性能，而高水平的软件又可弥补硬件性能的某些不足。

3.1.2 CNC 装置的工作内容

1. 输入

输入 CNC 装置的有零件程序、控制参数和补偿量等数据。输入的形式有键盘输入、磁盘输入、连接上级计算机的 DNC 接口输入、网络输入等。CNC 装置在输入过程中还要完成无效码删除、代码校验和代码转换等工作。输入信息存放在 CNC 装置的内存储器中。

2. 译码

不论系统工作在 MDI 方式还是存储器方式，都是将零件程序以程序段为单位进行处理，把其中的各种零件轮廓信息、加工速度信息和其他辅助信息，按照一定的语法规则翻译成计算机能够识别的数据，存放在指定的内存单元中。译码过程中，还要对程序段进行语法检查，发现错误立即报警。

3. 刀具补偿

刀具补偿包括刀具长度补偿和刀具半径补偿，其作用是把零件轮廓轨迹转换成刀具中心轨迹。先进的 CNC 装置，在刀具的运动中引入一些相关点，从而解决了工件的转接和过切削情况，这就是刀具补偿。

4. 进给速度处理

编程时程序中给出的速度为合成速度，要根据合成速度计算各运动坐标轴的分速度；同时还要限制机床的最低和最高速度，并对自动加减速进行控制处理。

5. 插补

插补的任务是在一条给定起点和终点的曲线上进行"数据点的密化"。在每个插补周期内，根据指令进给速度计算出一个微小的直线数据段。插补计算的实时性很强，只有尽量缩短每一次运算的时间，才能提高进给速度。

6. 位置控制

位置控制是在伺服系统位置环上进行的，可由软件或硬件完成。主要任务是将指令位置和实际反馈位置相比较，用差值控制伺服电动机；还要完成位置回路的增益调整、坐标方向的螺距误差补偿和反向间隙补偿，以提高机床的定位精度。

7. I/O 处理

I/O 处理主要包括 CNC 装置面板开关信号处理，机床电气信号的输入/输出（如换刀、换档、冷却等）处理。

8. 显示

通过实现人机交互，用于零件程序、参数、刀具位置、机床状态、报警显示等。CNC 装置中还有刀具加工轨迹的静态和动态图形模拟仿真显示。

9. 诊断

CNC 装置都具有自诊断功能，随时检查数控装置中出现的问题。有的还配备各种离线诊断程序，以检查存储器、外围设备、I/O 接口等。此外，还可以采用远程网络与诊断中心的计算机相连，对 CNC 装置进行诊断、故障定位。

3.1.3　CNC 装置的功能

数控系统有多种系列，功能各异，通常包括基本功能和选择功能。基本功能是数控系统必须具备的，而选择功能由用户根据实际用途进行选择。CNC 系统的功能主要反映在准备功能 G 指令代码和辅助功能 M 指令代码上。

1. 控制功能

CNC 系统能控制的轴数和能同时控制（联动）的轴数是其主要性能之一。控制轴有移动轴和回转轴，有基本轴和附加轴，通过轴的联动完成轮廓的加工。数控车床只需二轴联动；数控铣床则需要三轴联动或二轴半联动；加工中心为多轴控制与多轴联动。控制轴数及联动轴数越多，CNC 系统的功能就越强，系统越复杂，编程越困难。

2. 准备功能

准备功能用来指定机床运动方式，包括基本移动、平面选择、坐标设定、刀具补偿、固定循环等，用 G 字母与数字组合来表示。ISO 标准中有 100 种，但目前许多机床已用到超过 G99 以外的代码。

3. 插补功能

数控装置都有直线和圆弧插补功能，高档数控装置还具有抛物线插补、螺旋线插补、极坐标插补、正弦插补、样条插补等功能。

4. 进给功能

根据加工工艺要求，进给功能用 F 指令代码指定数控机床加工的进给速度。

（1）切削进给速度　以每分钟进给的毫米数指定刀具的进给速度，如"F100"表示每分钟的进给速度为 100mm。对于回转轴，表示每分钟进给的角度。

（2）同步进给速度　以主轴每转进给的毫米数规定进给速度，如 0.02mm/r。只有主轴上装有位置检测装置的机床才能指定同步进给速度，常用于螺纹的切削加工。

（3）进给倍率　操作面板上设置了进给倍率开关，可以从 0～200% 之间变化。使用倍率开关不用修改程序就可以改变进给速度，在发生意外时可将进给倍率调整为 0，从而停止进给。

5. 主轴功能

（1）转速的编码方式　用地址符 S 后加两位或四位数字表示，单位分别为 r/min 或 mm/min。

（2）指定恒定线速度　保证在进行不同直径外圆加工时，具有相同的切削线速度。

（3）主轴定向准停　使主轴在径向的某一位置准确停止，自动换刀的机床必须具备这一功能。

6. 辅助功能

辅助功能用来指定主轴的旋转和停止、切削液的开与关等，用 M 指令代码表示，是开关量信号。不同数控装置的辅助功能差别很大，而且有许多是自定义的。

7. 刀具功能

刀具功能可对加工中所需的刀具进行选择，以地址符 T 后加两位或四位数字表示刀号或刀补号。

8. 补偿功能

补偿功能是指通过输入到 CNC 系统存储器的补偿量，根据编程轨迹重新计算刀具的运动轨迹和坐标尺寸，从而加工出符合要求的工件。补偿主要有以下几种形式：

（1）刀具尺寸补偿　有刀具长度补偿、刀具半径补偿和刀尖圆弧补偿。这些功能可以补偿刀具磨损及换刀后准确对刀，简化编程。

（2）丝杠的螺距误差、反向间隙及热变形补偿　事先检测出丝杠的螺距、反向间隙及热变形误差，输入到 CNC 系统中，在实际加工中进行补偿，提高数控机床的加工精度。

9. 图形显示功能

可以配置单色或彩色 CRT 或 LCD，通过接口实现字符和图形的显示。

10. 自诊断功能

为了迅速查明故障的类型和部位，以减少停机时间，设置了各种诊断程序。不同的 CNC 系统设置的诊断程序是不同的，诊断的水平也不同。

11. 通信功能

为了适应柔性制造系统（FMS）和计算机集成制造系统（CIMS）的需求，具有 RS232C 通信接口，有的还备有 DNC 接口，有的则通过制造自动化协议（Manufacture Automation Protocol，MAP）接入通信网络。

12. 人机交互图形编程功能

复杂零件的 NC 程序都要通过计算机辅助编程，尤其是利用图形进行自动编程，提高编程效率。编程人员只需送入图样上的几何尺寸，CNC 装置就能自动地计算出交点、切点和圆心坐标，生成加工程序。有的可根据引导图和菜单进行对话式编程。

3.2　CNC 装置的硬件结构

CNC 装置是在硬件和系统软件的支持与控制下进行工作的。根据控制功能复杂程度的不同，硬件可分为单微处理器和多微处理器结构；按照 CNC 装置中电路板的插接方式可分为大板式和功能模块式结构；按照硬件的制造方式可分为专用型和通用型结构；按照 CNC 装置的开放程度可分为封闭式、PC 嵌入 NC 式、NC 嵌入 PC 式和软件开放式结构。

3.2.1　单微处理器结构及其特点

1. 单微处理器结构

单微处理器结构是指在 CNC 装置中只有一个微处理器（CPU），工作方式是集中控制，分时处理数控系统的各项任务。有些 CNC 装置中虽用了两个 CPU，但能够控制系统总线的只有一个，通过总线与存储器、输入/输出等各种接口相连。其他的 CPU 则作为专用的智能部件，它们不能控制总线，也不能访问存储器，是一种主从结构。图 3-2 所示为单微处理器结构框图。

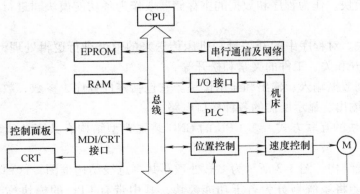

图 3-2　单微处理器结构框图

47

单微处理器结构的 CNC 装置可划分为计算机部分、位置控制部分、I/O 接口及外围设备。CPU 执行系统程序，首先读取工件加工程序，对加工程序段进行译码和数据处理，然后根据处理后得到的指令，对该加工程序段进行实时插补和机床位置伺服控制；它还将辅助动作指令通过可编程序控制器（PLC）送到机床，同时接收由 PLC 返回机床的各部分信息并予以处理，以决定下一步的操作。位置控制部分包括位置控制单元和速度控制单元。I/O 接口与外围设备是 CNC 装置与操作者之间交换信息的桥梁。

在单微处理器结构中，仅由一个微处理器进行集中控制，故其功能受 CPU 字长、数据字节数、寻址能力和运算速度等因素的限制。如果插补等功能由软件来实现，则数控功能的实现与处理速度就成为突出的矛盾。解决方法有增加浮点协处理器或采用带有 CPU 的 PLC 和 CRT 智能部件等。

2. 单微处理器结构的特点

1）CNC 装置内只有一个微处理器，对存储、插补运算、输入/输出控制、CRT 显示等功能实现集中控制分时处理。

2）微处理器通过总线与存储器、I/O 控制等接口电路相连，构成 CNC 装置。

3）结构简单，实现容易。

3.2.2 多微处理器结构及其特点

1. 多微处理器结构

（1）组成　CNC 装置将数控机床的总任务划分为多个子任务，每个子任务均由一个独立的 CPU 来控制，与单 CPU 结构相比大大提高了处理速度。多 CPU 结构可采用模块化设计，模块间有符合工业标准的接口，彼此可以进行信息交换。这样可以缩短设计制造周期，且具有良好的适应性和扩展性。多微处理器结构由以下模块组成：

1）CNC 管理模块。管理和组织整个 CNC 系统的工作，主要包括初始化、中断管理、总线裁决、系统诊断等功能。

2）CNC 插补模块。完成插补前的预处理，如对零件程序的译码、刀具半径补偿、坐标位移量计算及进给速度处理等。进行插补计算，为各个坐标提供给定值。

3）位置控制模块。完成位置给定值与检测所得实际值的比较，进行自动加减速、回基准点、伺服系统滞后量的监视和漂移补偿，最后得到速度控制值。

4）存储器模块。作为程序和数据的主存储器或作为各功能模块间进行数据传送的共享存储器。

5）PLC 模块。对程序中的开关量和机床传送来的信号进行逻辑处理，实现主轴运转、换刀、切削液的开和关、工件的夹紧和松开等。

6）操作控制数据输入、输出和显示模块。它包括零件程序、参数、数据及各种操作命令的数据输入、输出、显示所需的各种接口电路。

（2）功能模块的互联方式　多 CPU 的 CNC 装置典型结构有共享总线和共享存储器两大类。

1）共享总线结构。图 3-3 所示为多微处理器共享总线结构框图，这种结构以系统总线为中心，按照功能将系统划分为若干功能模块，其中带有 CPU 的模块称为主模块，不带 CPU 的模块称为从模块。所有的主、从模块都插在配有总线插座的机柜内。系统总线的作用是把各个模块有效地连接在一起，按照要求交换各种数据和控制信息，实现各种预定的功能。这种结构中只有主模块有权控制使用系统总线。由于有多个主模块，系统通过总线仲裁电路来解决多个主模块同时请求使用总线的矛盾。共享总线结构的优点是系统配置灵活，结构简单，容易实现，造价低。不足之处是会引起竞争，使信息传输率降低，总线一旦出现故障，会影响全局。

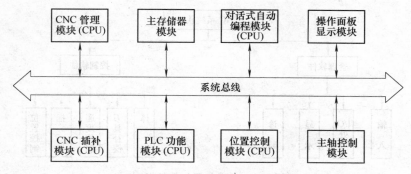

图 3-3 多微处理器共享总线结构框图

2）共享存储器结构。图 3-4 所示为多微处理器共享存储器结构，这种结构以存储器为中心。它采用多端口存储器来实现各微处理器之间的互联和通信，每个端口都配有一套数据、地址、控制线，由专门的多端口控制逻辑电路解决访问中的冲突问题。当微处理器数量增多时，往往会由于争用共享而造成信息传输的阻塞，降低系统效率，因此这种结构功能扩展比较困难。

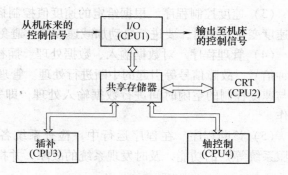

图 3-4 多微处理器共享存储器结构

2. 多微处理器结构的特点

1）性能价格比高。采用多 CPU 完成各自特定的功能，适应多轴控制、高精度、高进给速度、高效率的控制要求，由于单个低规格 CPU 的价格较为便宜，因此其性能价格比较高。

2）模块化结构。具有良好的适应性与扩展性，结构紧凑，调试、维修方便。

3）具有很强的通信功能，便于实现 FMS、CIMS。

3.3 CNC 装置的软件结构

3.3.1 CNC 装置的软件组成

CNC 装置软件是为实现 CNC 系统各项功能而编制的专用软件，分为管理软件和控制软件两大部分，图 3-5 所示为 CNC 装置的软件框图。

（1）输入数据处理程序 它接收零件加工程序，将标准代码表示的加工指令和数据进行译码、数据处理，并按规定的格式存放。有的系统还要进行插补运算和速度控制预处理。通常输入数据处理程序包括输入、译码和数据预处理三项内容。

（2）插补计算程序　根据工件加工程序中提供的数据，如曲线的种类、起点、终点等进行运算，分别向各坐标轴发出进给脉冲，通过伺服系统驱动工作台或刀具做相应的运动，完成程序规定的加工任务。

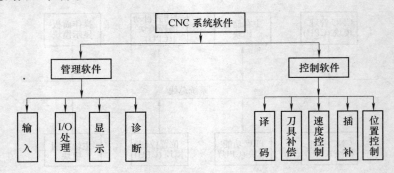

图 3-5　CNC 装置的软件框图

（3）速度控制程序　根据给定的速度值控制插补运算的频率，保证按照进给速度运行。在速度变化较大时，要进行自动加减速控制，避免速度突变。

（4）管理程序　对数据输入、数据处理、插补运算等进行调度管理，还要对面板命令、时钟信号、故障信号等引起的中断进行处理。管理程序可使多个程序并行工作，如在插补运算与速度控制的空闲时间进行数据输入处理，即完成下一数据段的读入、译码和数据处理工作。

（5）诊断程序　在程序运行中，检查系统各主要部件（CPU、存储器、接口、开关、伺服系统等）的功能，及时发现系统的故障，并指出故障的类型。

3.3.2　CNC 系统的软件结构

CNC 系统控制软件融入计算机先进技术，其中多任务并行处理、前后台型软件结构和中断型软件结构三个特点最为突出。

1. CNC 装置的多任务并行处理

数控加工时，有的任务对实时性要求很高，有的任务无实时性要求。在多数情况下，几个任务必须同时进行。为了使操作人员及时了解 CNC 系统的工作状态，软件中的显示模块必须与控制软件同时运行。在插补加工运行时，软件中的零件程序输入模块必须与控制软件同时运行。为了保证加工过程的持续性，刀具在各程序字段之间不停刀，译码、刀具补偿和速度处理模块必须与插补模块同时运行，而插补程序必须与位置控制程序同时进行。

图 3-6 所示为任务并行处理关系，双箭头反映了两个模块之间的并行关系。并行处理分为资源重复、资源共享和时间重叠等。

资源重复是用多套相同或不同的设备同时完成多种相同或不同的任务。例如在 CNC 系统硬件设计中，采用多 CPU 的系统体系结构来提高处理速度。

资源共享是根据"分时共享"的原则，使多个用户按照时间顺序使用同一套设备。

时间重叠是根据流水线处理技术，使多个处理过程在时间上相互错开，轮流使用同一套

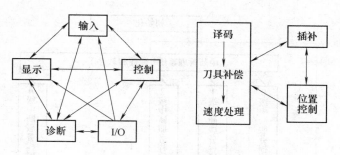

图 3-6　任务并行处理关系

设备的几个部分。

目前 CNC 装置的硬件结构中，广泛使用资源重复的并行处理技术。在 CNC 装置的软件中，主要采用资源分时共享和资源重复的流水处理方法。

2. 前后台型软件结构

前后台型软件结构适合集中控制的单微处理器 CNC 装置。在这种软件结构中，前台程序为实时中断程序，承担全部实时功能，如位置控制、插补、辅助功能处理、面板扫描及输出等。后台程序主要用来完成准备和管理工作，包括输入、译码、插补准备及管理等，通常称为背景程序。图 3-7 所示为前后台型软件结构，程序启动后，运行完初始化程序即进入背景程序环，同时开放定时中断，每隔一个固定时间间隔发生一次定时中断，执行一次中断服务程序。这样，可使中断程序和背景程序有条不紊地协同工作。

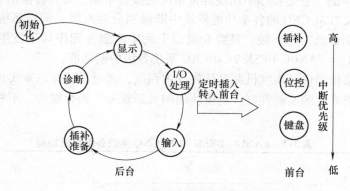

图 3-7　前后台型软件结构

前后台型软件结构的任务调度机制是优先抢占调度和顺序调度。前台程序的调度是优先抢占式的，后台程序的调度是顺序调度式的。前后台型软件结构具有实现简单的优点，但由于后台程序循环执行，程序模块间依赖关系复杂，功能扩展困难，资源不能合理协调，实时性差。

3. 中断型软件结构

除了初始化程序，整个系统软件的各种任务模块按轻重缓急分别安排在不同级别的中断服务程序中。整个软件就是一个大的中断系统，由中断管理系统（由硬件和软件组成）对各级中断服务程序按照中断的优先级实施调度管理。图 3-8 所示为中断型软件结构。CNC 的中断类型如下：

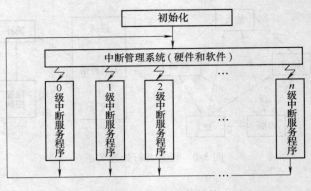

图 3-8 中断型软件结构

（1）外部中断 主要有阅读机中断、外部监控中断（如紧急停止）和键盘操作面板输入中断。前两种中断的实时性要求很高，将它们放在较高的优先级上，而键盘和操作面板的输入中断则放在较低的中断优先级上。在有些系统中，用查询的方式来处理。

（2）内部定时中断 主要有插补周期定时中断和位置采样定时中断。在有些系统中将两种定时中断合二为一，但是在处理时，总是先处理位置控制，然后处理插补运算。

（3）硬件故障中断 它是各种硬件故障检测装置发出的中断，如存储器出错、定时器出错、插补运算超时等。

（4）程序性中断 它是程序中出现异常情况的报警中断，如各种溢出、除零等。

FANUC-BESK 7CM CNC 的各个功能模块中断级别分为八级，伺服系统位置控制级别很高，CRT 显示级别最低，即 0 级。只要 0 级以上的中断服务程序均未发生的情况，就进行 CRT 显示。表 3-1 为 FANUC-BESK 7CM CNC 系统各级中断功能。

中断型软件结构的任务调度机制是优先抢占调度，通过设置标志来实现任务之间的同步和通信，因此这类系统的实时性好。但模块间的关系复杂，耦合度大，不利于系统的维护和扩充。

表 3-1 FANUC-BESK 7CM CNC 系统各级中断功能

中断级别	主要功能	中断源
0	控制 CRT 显示	硬件
1	译码、刀具中心轨迹计算，显示器控制	软件，16ms 定时
2	键盘监控，I/O 信号处理	软件，16ms 定时
3	操作面板处理	硬件
4	插补运算、终点判别和转段处理	软件，8ms 定时
5	阅读机处理	硬件
6	伺服系统位置控制处理	4ms 实时钟
7	系统测试	硬件

3.3.3 CNC 系统的插补原理

1. 插补的基本概念

在数控机床中，刀具的运动轨迹是折线，而不是光滑的曲线。因此，刀具不能严格地沿着所加工的曲线运动，只能用折线逼近（或称为拟合）被加工的曲线。数控系统根据给定速度和给定轮廓的要求，在已知点之间确定中间点的过程称为插补（Interpolation），完成插补功能的模块或装置称为插补器。对于每种插补形式可能用不同的计算方法，具体的计算方法称为插补算法。

2. 插补的基本原理

根据数控机床的精度要求，运用微积分的方法，以脉冲当量为单位，进行有限分段，以折代直，以弦代弧，以直代曲，分段逼近，相连成轨迹。机床的脉冲当量为 0.01 ~ 0.001mm/脉冲，脉冲当量越小，数控机床精度越高，各种斜线、圆弧、曲线均可以脉冲当量为单位的微小直线段拟合而成，图 3-9 所示为用微小直线段来拟合曲线。

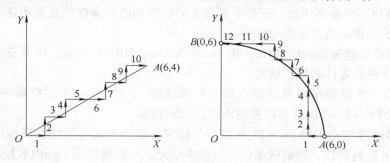

图 3-9　用微小直线段来拟合曲线

3. 插补方法的分类

（1）硬件插补和软件插补　硬件插补由专门设计的数字逻辑电路来完成，插补速度快，但升级不易，柔性较差。纯粹的硬件插补应用在特殊场合或速度要求较高的 CNC 装置中。软件插补通过插补程序来实现，成本低、柔性强、结构简单、可靠性好，目前大部分 CNC 装置采用软件插补。

（2）一次插补、二次插补及高次曲线插补　根据数学模型，插补方法还可分为一次（直线）插补、二次（圆、抛物线等）插补及高次曲线插补等。

（3）脉冲增量插补和数字增量插补　根据插补原理，插补方法可分为脉冲增量插补和数字增量插补。脉冲增量插补适用于以步进电动机为驱动装置的开环控制系统。数字增量插补适用于以直流电动机和交流电动机为驱动装置的闭环、半闭环控制系统。

1）脉冲增量插补。特点是每次插补结束后，CNC 装置向各坐标轴驱动装置发出脉冲，驱动步进电动机带动机床移动部件运动。脉冲增量插补通常采用逐点比较法和数字积分（DDA）法。

2）数字增量插补（数据采样插补）。特点是 CNC 装置产生的不是单个脉冲，而是标准的二进制数。它采用"时间分割"的思想，根据编程进给速度将轮廓曲线分割为插补采样周期的进给段（轮廓步长），用弦线或割线逼近轮廓轨迹。

3.4 典型 CNC 系统及其应用

3.4.1 FANUC 数控系统

1. FANUC－16/18/21/0iA 系统的特点及组成

20 世纪 90 年代，FANUC 公司逐步推出了高可靠性、高性能、模块化的 CNC 系统，CPU 采用 64 位微处理器。

（1）系统主要特点

1）结构形式为模块结构，由系统模块和 I/O 模块组成。系统模块除了主 CPU 及外围电路外，还集成了 FROM/SRAM 模块、PMC 控制模块、存储器和主轴模块、伺服模块等。

2）可使用编辑卡编写或修改梯形图，携带和梯形图备份操作都很方便。

3）可使用存储卡存储或输入机床参数、PMC 顺序程序及加工程序等，操作简单方便。

4）与 FANUC－0 系列相比，配备了更强大的诊断功能和操作信息显示功能，如报警履历、操作人员的操作履历及帮助功能等。

5）系统具有高速矢量响应（High Response Vector，HRV）功能，以及更完善的自动补偿功能，有利于提高零件的加工精度。

6）FANUC－16 系统最多可控制八轴，六轴联动；FANUC－18 系统最多可控制六轴，四轴联动；FANUC－21 系统最多可控制四轴，四轴联动。

FANUC－0iA 系统由 FANUC－21 系统简化而来，是具有高可靠性、高性能价格比的数控系统，最多可控制四轴，四轴联动，只有基本单元，无扩展单元。国内数控机床生产厂家用它取代以前的 0－C/D 系统。

（2）系统的组成　以 FANUC－0iA 为例介绍 CNC 系统的组成。

1）系统主模块。系统主模块包括系统主板和各功能小板（插接在主板上）。系统主板上安装有系统主 CPU（奔腾）、系统管理软件存储器 ROM、动态存储器 DRAM、伺服 1/2 轴的控制卡等。功能小板上有实现 PMC 控制的 PMC 模块、用来存储系统控制软件/PMC 程序及用户软件（系统参数、加工程序、各种补偿参数等）的 FROM/SRAM 模块、用于主轴控制（模拟量主轴或串行主轴控制）的扩展 SRAM/主轴控制模块，以及 3/4 伺服轴控制模块。

2）系统 I/O 模块。系统 I/O 模块内有的电源单元板（为系统提供各种直流电源）、图形显示板（可选配件）、机床输入/输出控制的 DI/DO、系统显示（视频信号）接口、通信接口（JD5A、JD5B）、MDI 控制接口及手摇脉冲发生器控制接口等。

（3）FANUC－0iA 系统功能的连接

1）图 3-10 为 FANUC－0iA 系统连接，图 3-10a 为系统主模块，图 3-10b 为系统 I/O 模块。

JD1A：系统 I/O Link 接口，它是一个串行接口，用于 CNC 与各种 I/O 单元的连接，如机床标准操作面板、I/O 扩展单元及其他 I/O Link，实现附加轴 PMC 控制。

JA7A：当机床采用串行主轴时，JA7A 与主轴放大器的 JA7B 连接；当机床采用模拟量主轴时，JA7A 与主轴独立位置编码器连接。

JA8A：模拟量主轴信号接口，系统发出的主轴速度信号（0～10V）作为变频器的给定信号。

JS1A ～JS4A：第 1～4 轴的伺服信号接口，分别与伺服放大器的第 1～4 轴的 JS1B ～ JS2B（两个伺服放大器）连接。

JF21～JF24：位置检测装置反馈信号接口，分别与第 1～4 轴的位置检测装置（如光栅尺）连接，反馈实际位移。

JF25：绝对编码器的位置检测装置电池接口（标准为 6V）。

CP8：系统 RAM 用的电池接口，标准为 3V 的锂电池。

RSW1：系统维修专用开关（正常为"0"位置）。

MEMORY CARD：PMC 编辑卡或数据备份用的存储卡接口。

2）系统 I/O 模块的连接，如图 3-10b 所示。

CP1A：DC24V 输入电源接口，与外部 DC24V 稳压电源连接，作为控制单元的输入电源。

CP1B：DC24V 输出电源接口，一般与系统显示装置的输入电源接口连接。

JA1：系统视频信号接口，与系统显示装置的 JA1（LCD）或 CN1（CRT）接口连接。

JA2：系统 MDI 键盘信号接口。

JD5A：RS232C 串行通信接口 1；为系统串行通信的 0 通道、1 通道的连接接口。

JD5B：RS232C 串行通信接口 2，为系统串行通信的 2 通道的连接接口。

JA3：机床面板的手摇脉冲发生器接口。

CB104～CB107：机床侧输入/输出信号接口。

MINI SLOT：高速串行总线通信板（可选配件）的插槽，与计算机相连，进行数据通信控制。

2. FANUC－16i/18i/21i/0iB/0iC 系统特点及组成

超小型、超薄型 FANUC－16i/18i/21i 系列，控制单元与 LCD 集成于一体，具有网络功能，能够进行超高速串行数据通信。其中 16i-MB 的插补、位置检测和伺服控制以纳米为单位。FANUC－16i 系统最大可控八轴，六轴联动；FANUC－18i 系统最大可控六轴，四轴联动；FANUC－21i 系统最大可控四轴，四轴联动。2003～2004 年，根据我国数控发展情况，在 FANUC－21i 系统的基础上开发出适合我国情况的 FANUC－0iB/0iC 系列的 CNC 系统。

（1）主要特点

1）以纳米为计算单位，与高速、高精度的数字伺服控制配合，实现高精度加工。使用高速 RISC 处理器，在进行纳米插补的同时，以适合于机床性能的最佳进给速度加工。

2）超高速通信。利用光纤将 CNC 控制单元和多个伺服放大器连接起来，用高速串行数据通信，减少了连接电缆，降低了故障率。

3）丰富的网络功能。系统具有内嵌式以太网控制板（21i 为选购件），可与多台计算机同时进行高速数据传输，适合构建数据交换的生产系统。

4）进给伺服高响应。进给伺服系统采用 HRV（High Response Vector）控制的高增益系统，实现高速加工。为避免机械谐振，系统增加了 HRV 滤波器。采用高性能 αi 系列交流伺服电动机、高精度的检测和高分辨率的脉冲编码器（标准件为 1 000 000p/r，选购件为 16 000 000 p/r）。

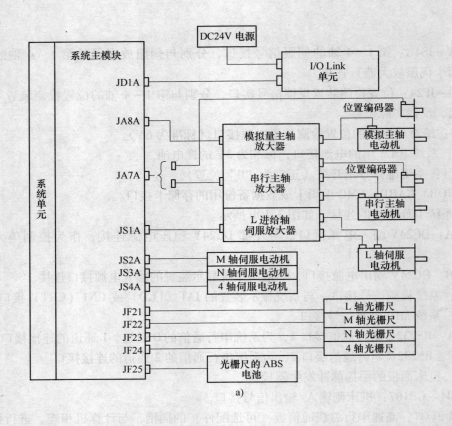

a）

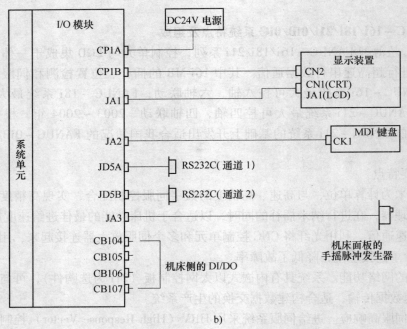

b）

图 3-10　FANUC-0iA 系统连接图

a）系统主模块　b）系统 I/O 模块

5）主轴高速。主轴控制采用高速 DSP（Digital Signal Processing），提高电路的响应性和稳定性。

6）专用 PMC。PMC 处理器高速处理大规模的顺序控制，用以太网或 RS232C 通信接口与计算机相连，通过在线远程操作即可进行梯形图监控和编辑。多窗口画面可以进行高效率的顺序程序开发。

7）远程诊断。系统可以通过互联网将维护信息发送到服务中心，实现远程故障诊断、处理及信息的反馈。

我国引进中高档数控机床的 FANUC 系统一般为 FANUC - 16i/18i 系列。目前，国内数控机床厂家以 FANUC - 0iB/0iC 系列为主。

（2）FANUC - 0iB 系统组成及功能连接

图 3-11a 所示为 FANUC - 0iB 系统单元，由主模块和 I/O 两个模块构成。

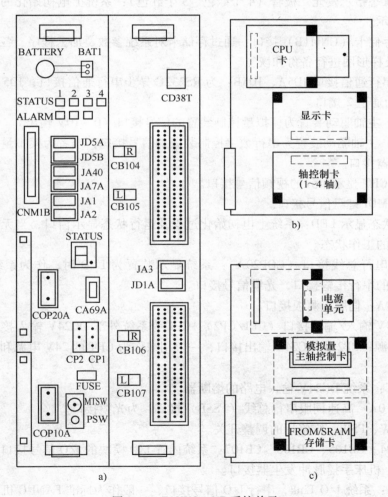

图 3-11 FANUC - 0iB 系统单元
a）系统单元（主模块和 I/O） b）系统主模块上层功能板 c）系统主模块下层功能板

1）系统主模块。由主板（又称母板）、CPU 卡（CPU 模块）、显示卡、伺服轴控制卡、

57

FROM/SRAM 存储卡（在伺服控制卡下面）、模拟量主轴控制卡（在显示卡下面）和电源单元等组成，如图 3-11b、c 所示。CPU 卡通过总线与各功能块通信，实现 CNC 的控制；显示卡用于显示系统文字、图形；伺服控制卡通过高速串行总线（FSSB）实现伺服单元的控制；在 FROM/SRAM 存储卡中，FROM 用来存储 CNC、数字伺服、PMC、其他 CNC 功能用的系统软件和用户软件（如系统梯形图、宏程序等），SRAM 用来存储系统参数、加工程序、各种补偿值等；模拟量主轴控制卡用于实现模拟量主轴控制（串行主轴控制模块安装在系统母板上）；电源单元为系统提供直流 24V 电源。

2）系统 I/O 模块。包括内置 I/O 模块接口、手摇脉冲发生器及 I/O Link 控制。

（3）FANUC－0iB 系统的接口功能

1）系统存储电池（BATTERY、BAT1）：标准为 3V 锂电池，作为系统参数、加工程序、各种补偿值的存储备用电源。

2）系统状态指示发光二极管（4 个绿色、3 个红色）：系统上电初始化的动态显示及故障信息状态显示。

3）系统存储卡（CNM1B）接口：通过存储卡对系统参数、加工程序、各种补偿值、系统 PMC 参数及梯形图进行备份和恢复。

4）系统串行通信接口 JD5A、JD5B：为 RS232C 异步串行通信接口，JD5A 为通道 0、1 接口，JD5B 为通道 2 接口。

5）JA40：主轴驱动装置为模拟量控制装置的信号接口（0～10V 输出）。

6）JA7A：主轴驱动装置为串行数字控制装置的信号接口，或者为模拟量控制主轴时的主轴位置编码器接口。

7）JA1：CRT 显示单元的视频信号接口。

8）JA2：MDI 键盘信号接口。

9）系统状态显示 LED：系统上电初始化过程及运行状态显示窗口，当无系统显示装置时，指示系统的工作状态。

10）高速串行总线接口（COP20A）：系统显示装置为 LCD 时，作为系统显示信号和 MDI 键盘信号的串行传输接口，光缆信号接口。

11）CA69A：伺服检测板接口。

12）DC24V 输入/输出接口（CP1/CP2）：CP1 为系统外部 DC24V 输入接口，一般接外部 24V 稳压电源；CP2 为 DC24V 输出接口，一般用来作为 CRT 的 24V 电源和 I/O 模块单元的 24V 电源。

13）FUSE：系统 DC24V 输入电路的熔断器。

14）COP10A：高速伺服串行总线（FSSB）接口，为光缆接口。

15）MTSW、PSW：维修用的调整开关。

16）CB104、CB105、CB106、CB107：系统内置 I/O 模块的 I/O 信号接口。

17）JA3：机床手摇脉冲发生器接口。

18）JD1A：系统 I/O Link，串行 I/O 信号接口，一般作为标准 FANUC 机床操作面板及系统 I/O 单元的 I/O 信号接口。

19）CD38T：以太网卡（为系统可选件）接口。

（4）FANUC－0i MB 系统的应用　图 3-12 所示为 FANUC－0i MB 系统连接图。

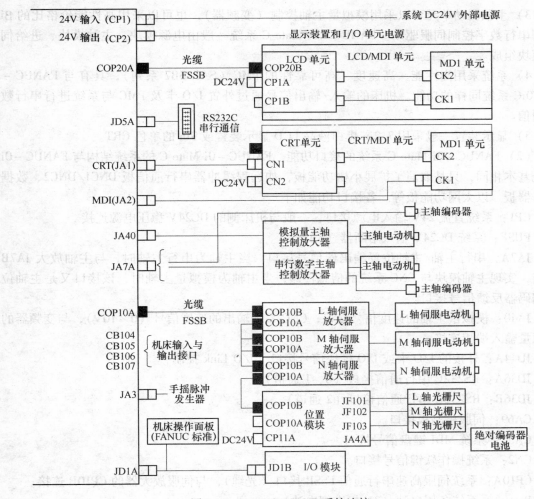

图 3-12 FANUC-0i MB 系统连接

3. FANUC-0i Mate B/0i Mate C 系统特点及接口功能

FANUC-0i Mate 系统为高可靠性、性能价格比高的数控系统，是较小的数控系统。FANUC-0i Mate B 系统是在 FANUC-0i B 的基础上开发的，为分离型 CNC 系统。FANUC-0i Mate C 系统是在 FANUC-0i C 的基础上开发的，为超薄的 CNC 系统。国内数控生产厂家以 FANUC-0i Mate 系统作为性能要求不太高的数控车床、数控铣床的主要配置，取代步进电动机驱动的开环数控系统。

（1）系统的主要特点

1）基于基本规格，在配置上重视性能价格比。例如取消了 FANUC-0iB/0iC 的扩展功能槽板（计算机的高速串行通信、以太网功能）和系统内置的 I/O 模块，使整个系统的体积大大缩小。

2）进给伺服单元采用高可靠性、性能价格比高的 βi 伺服放大器和 βis 伺服电动机。用于控制机床的进给轴，与 αi 系列一样具有 ID 信息和电动机温度信息等智能化功能，有助于提高系统的维修性。

3）主轴驱动单元可以采用模拟量主轴控制（变频器），也可以采用高性能价格比的βi系列串行数字控制伺服驱动。FANUC－0i Mate C 系统一般由电源模块、主轴模块、进给伺服模块组成。

4）系统采用高性能、高速度、高可靠性的 PMC（SA1/SB7 系列），具有与 FANUC－0iB/0iC 系统同样的功能。机床的输入/输出信号通过外置 I/O 卡及 PMC 与系统进行串行数据通信。

5）显示装置一般采用 7.2in 黑白液晶 LCD 显示装置或 9in 的单色 CRT。

（2）FANUC－0i Mate C 系统的接口功能　FANUC－0i Mate C 的系统结构与 FANUC－0i 系统基本相同，只是取消了扩展小槽功能板，如远程缓冲器串行通信板 DNC1/DNC2、数据服务器板、以太网功能板等。各接口功能如下。

CP1：系统直流 24V 输入电源接口，一般与机床侧的 DC24V 稳压电源连接。

FUSE：系统 DC24V 输入熔断器（5A）。

JA7A：串行主轴/主轴位置编码器信号接口。当主轴为串行主轴时，与主轴放大 JA7B 连接，实现主轴模块与 CNC 系统的信息传递；当主轴为模拟量主轴时，该接口又是主轴位置编码器反馈信号接口。

JA40：模拟量主轴的速度信号接口，CNC 系统输出的速度信号（0～10V），与变频器的模拟量输入端相连接。

JD44A：外接的 I/O 卡或 I/O 模块信号接口（I/O Link 控制）。

JD36A：RS232C 串行通信接口（0、1 通道）。

JD36B：RS232C 串行通信接口（2 通道）。

CA69：伺服检测板接口。

CA55：系统 MDI 键盘信号接口。

CN2：系统操作软键信号接口。

CP10A：系统伺服高速串行通信 FSSB 接口（光缆），与伺服放大器的 CP10B 连接。

Battery：系统备用电池（3V 标准锂电池）。

Fan Unit：系统散热风扇（两个）。

（3）FANUC－0i Mate C 系统的应用　图 3-13 所示为 FANUC－0i Mate C 系统连接。机床的伺服放大器采用高可靠性、性能价格比高的 βi 系列伺服驱动模块。该伺服驱动模块是集电源模块、主轴模块、伺服模块为一体，使机床的电气系统所占空间大大缩小；应用 βis 进给伺服电动机及 βi 串行主轴电动机，体现高性能价格比的特点。

4. FANUC－0i Mate TD 系统组成

（1）数控装置接口　图 3-14 所示为 FANUC－0i Mate TD 数控装置背面接口。

FSSB：伺服系统高速串行通信接口（光缆），与伺服放大器的 COP10B 连接。系统总是从 COP10A 到 COP10B，本系统由左边 COP10A 连接到第一轴驱动器的 COP10B，再从第一轴的 COP10A 到第二轴的 COP10B，依次类推。

CA69：伺服检测板接口。

CP1：系统直流 24V 电源输入接口。

JD36A、JD36B：RS232C 串行通信接口，一般接左边的一个接口，右边为备用接口，如果不与计算机连接，则不用接此线（推荐使用存储卡代替 RS－232C，传输速度及安全性都

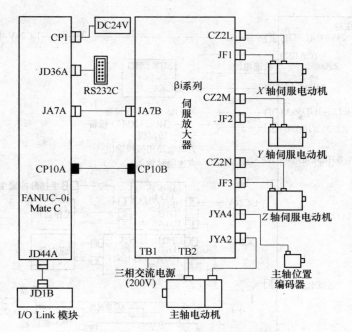

图 3-13　FANUC – 0i Mate C 系统连接

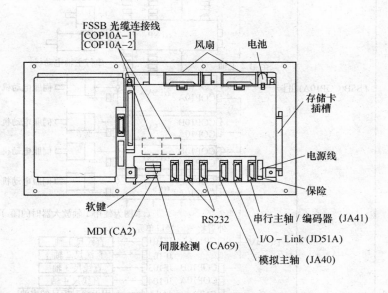

图 3-14　FANUC – 0i Mate TD 数控装置背面接口

比串口优越)。

　　JA40：模拟量主轴的速度信号接口。

　　JA41：主轴编码器接口。车床系统一般都装有主轴编码器，反馈主轴转速，以保证螺纹切削的准确性。

　　JD51A：连接 I/O 模块 I/O Link，与数控系统交换数据。

　　(2) 总体连线图　图 3-15 所示为 FANUC – 0i Mate TD 总体连线图。

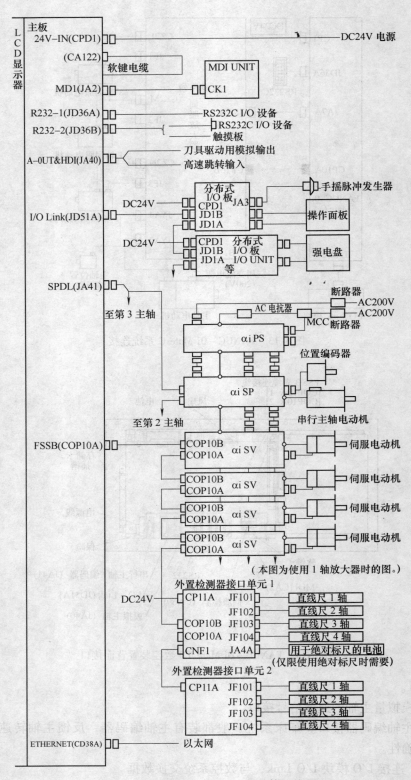

图 3-15　FANUC-0i Mate TD 总体连线图

3.4.2 SIEMENS 数控系统

1. SINUMERIK 810 系统

西门子 SINUMERIK 810 系统是德国西门子公司 20 世纪 80 年代中期推出的中档数控系统。SINUMERIK 810 系列产品有 GA1、GA2、GA3 三种型号，系统功能强，使用方便，硬件采用模块化结构，便于维修，且体积小，因此得到了广泛应用。SINUMERIK 810 系统按功能又可分为车床使用的 SINUMERIK 810T 系统、铣床及加工中心使用的 SINUMERIK 810M 系统、磨床使用的 SINUMERIK 810G 系统，以及冲床使用的 SINUMERIK 810N 系统。

（1）SINUMERIK 810 系统的特点

1）主 CPU 采用 80186 通道式结构的 CNC 装置。有主通道和辅助通道，两个通道以同一方式工作，由 PLC 控制同步。

2）可控制 2～5 个坐标轴，实现三轴插补联动。基本插补功能有任意二坐标的直线和圆弧插补、任意三坐标的螺旋线插补、三坐标直线插补。插补范围为 ±99mm。

3）可通过屏幕对话、图形功能、五个软键和软键菜单进行操作或加工程序编制；还可以用图形模拟来调试程序，直接在数控系统上完成全部加工程序的编制；可采用极坐标编程、圆弧半径直接编程，以及轮廓描述编程（蓝图编程）。

4）诊断功能完善。系统有内部安全监控、轮廓监控、主轴监控和接口诊断等。在屏幕上除了显示数据外，还显示系统报警、PLC 报警和 PLC 操作信息，以及 PLC 输入、输出、标志位等的实时状态。

5）采用系统集成式 PLC，没有单独 PLC 的 CPU 模块，系统简化。PLC 最大 128 点输入/64 点输出，用户程序容量 12KB，小型扩展控制箱（EU）可以安装 SINUMERIK I/O 模块，也可选用 SIMATIC U 系列模块和 WF725/WF726 定位模块。

6）在自动加工的同时，可以输入程序以缩短停机时间。数据和程序的输入、输出可通过两个 RS232C（V24）接口或 20mA 电流环（TTY）接口进行。

（2）SINUMERIK 810 系统的硬件结构　图 3-16 所示为 SINUMERIK 810 系统硬件模块原理框图。

1）带协处理器的 CPU 模块。带协处理器的 CPU 模块是数控系统的核心，主要包括 NC 和 PLC 共用的 CPU、实际值寄存器、工件程序存储器、引导指令输入器（启动芯片），以及两个串行通信接口。系统只有一个中央处理器（INTEL 80186），为 NC 和 PLC 共用，既节约了制造成本，又简化了系统结构。

带协处理器的 CPU 模块带有一个报警指示灯和三个接口 X111、X121、X131，其中 X111 为 PLC 输入/输出扩展接口，通过 EU 模块与 PLC 的输入/输出模块相连；X121 为串口一，通过电缆连接到面板上；X131 为串口二。

2）系统存储器模块。主要功能是插接系统存储器子模块（EPROM），可插接预先存储内容的 UMS EPROM 子模块。

3）位置测量控制模块。该模块是数控系统对机床的进给轴和主轴实现位置反馈闭环控制的接口。它将数控系统对各轴的控制指令模拟量（0～10V，2mA）及相应轴的调节释放信号送到相应的伺服单元，同时对每个控制轴的位置反馈信号进行采集、监控、计数和缓冲，通过总线送到 CPU 模块的实际值寄存器。系统要求的位置反馈元件是数字式的增量位

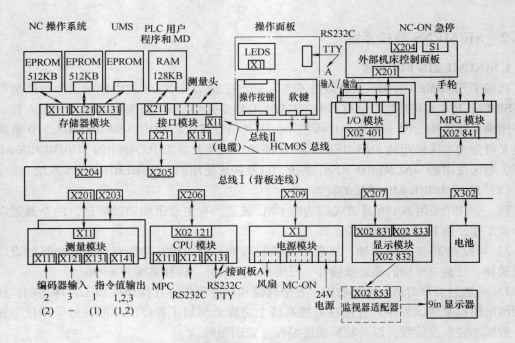

图 3-16　SINUMERIK 810 系统硬件模块原理框图

移传感器，通常为脉冲编码器或光栅尺。

一个位置测量模块可以控制 3 个伺服回路，该模块共有 4 个接口，其中 X111、X121、X131 连接 3 路位置反馈信号，X141 发出 4 路指令信号。

4）接口模块。其主要功能如下：①实现与系统操作面板和机床控制面板的连接。②通过输入/输出总线与 PLC 输入/输出模块连接，手轮控制模块连接。③两个快速测量头（用于工件或刀具的检测）连接。④插接用户数据存储器（带电池的 16KB RAM 存储器模块）。

5）文字、图形处理器模块。此模块进行文字和图形的显示处理，输出高分辨率的隔行扫描信号，提供给 CRT 显示器的适配单元。

6）电源模块。包括电源启动逻辑控制、输入滤波、开关式稳压电源（24V/5V）及风扇监控等。

7）监视器控制单元。是监视器的一部分，通过接口连接到文字图形处理器模块，其上的电位器可调节监视器的亮度、对比度、聚焦等。

8）监视器。一般采用 9in 单色显示器，实现人机会话。

9）I/O 子模块。主要功能是作为 PLC 的输入/输出开关量接口，可连接多点输入/输出信号，如 6FXll24 - 6AA01 可连接 64 点的 24V 输入信号，24 点直流 24V、400mA 的输出信号，以及 8 点直流 24V、100mA 的输出信号。

2. SINUMERIK 810D/840D 系统

SINUMERIK 810D/840D 系统是全数字化数控系统，具有模块化及规范化的结构，将 CNC 和驱动控制集成在一块电路板上，将闭环控制的全部硬件集成在一平方厘米的空间内，便于操作、编程和监控。

SINUMERIK 810D/840D 系统由数控单元（CCU 或 NCU）、MMC、PLC 模块三部分组成。在集成系统时，将 SIMODRIVE 611D 驱动和数控单元（CCU 或 NCU）并排放在一起，用设备总线连接。MMC 模块包括：操作面板（Operation Panel，OP）单元、人机交互（Man Machine Communication，MMC）单元、机床控制面板（Machine Control Panel，MCP）三部分；PLC 模块包括：电源模块（Power Supply，PS）、接口模块（Interface Module，IM）和信号模块（Signal Module，SM），它们并排安装在一根导轨上。

SINUMERIK 810D 系统的核心为一个紧凑型控制单元（Compact Control Unit，CCU）。CCU 分为 CCU1 和 CCU2，目前使用的是 CCU1。CCU 内部集成了数控核心 CPU 和 SIMATIC PLC 的 CPU，包括 SINUMERIK 810D 数控软件和 PLC 软件，带有 MPI（Multi Port Interface）接口，RS232 接口、手轮及测量接口；集成了 SIMODRIVE 驱动的功率模块，体现了数控及驱动的完美统一。CCU 有两轴和三轴两种规格，两轴 CCU 用于驱动两个最大转矩不超过 11N·m（9/18A）的进给电动机，三轴 CCU 用于驱动两个最大转矩不超过 9N·m（6/12A）的进给电动机和一个功率为 9kW 的主轴。CCU 上有六个反馈信号接入口，最大可反馈五个进给轴信号，包括一个主轴（带位置环）。根据需要，可在 CCU 右侧扩展 SIMODRIVE611D 模块，配置非常灵活。SINUMERIK 810D 系统是 SINUMERIK 840D 系统的一个简易版，最多控制五个轴。

SINUMERIK 840D 系统的核心为数字控制单元（Numerical Control Unit，NCU）。根据选用硬件（如 CPU 芯片）和功能配置的不同，NCU 分为 NCU561.2、NCU571.2、NCU572.2、NCU573.2（12 轴）、NCU573.2（31 轴）等。同样，NCU 中也集成 SINUMERIK 840D 数控 CPU 和 SIMATIC PLC CPU 芯片，包括相应的数控软件和 PLC 控制软件，并且带有 MPI 或过程现场总线 PROFIBUS 接口、RS232 接口、手轮及测量接口、PCMCIA 卡插槽等。与 SINUMERIK 810D 系统所不同的是 NCU 很薄，所有的驱动模块均排列在其右侧。图 3-17 所示为 SINUMERIK 810D 系统硬件，图 3-18 所示为 SINUMERIK 840D 系统硬件。

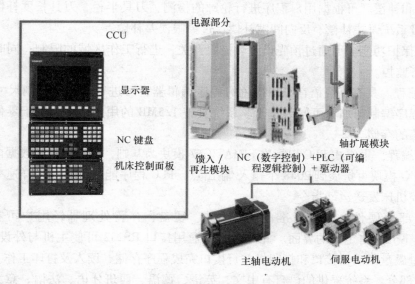

图 3-17　SINUMERIK 810D 系统硬件

（1）SINUMERIK 840D 系统的功能及特点

1）控制类型。采用 32 位微处理器，用于完成 CNC 连续轨迹控制及内部集成式 PLC 控制。

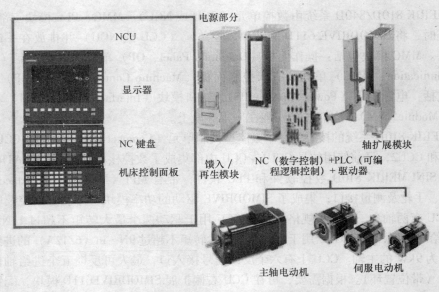

图 3-18 SINUMERIK 840D 系统硬件示意图

2）机床配置。可实现钻、车、铣、磨、切割、冲、激光加工和搬运设备的控制，备有全数字化的 SIMODRIVE611 数字驱动模块，最多可控制 31 个进给轴。其插补功能有样条插补、三阶多项式插补和曲线插补等，这些功能为加工各类曲线曲面零件提供了便利。此外还具备进给轴和主轴同步操作的功能。

3）操作方式。操作方式主要有 AUTOMATIC（自动）、JOG（手动）、TEACH IN（示教编程）、MDA（手动数据自动化）。

4）轮廓和补偿。可根据用户程序进行轮廓的检测、刀具半径、刀具长度补偿、螺距误差补偿和测量系统误差补偿、反向间隙补偿、过象限误差补偿等。

5）安全保护功能。可通过预先设置软极限开关，进行工作区域的限制；同时还可对主轴的运行进行监控。

6）NC 编程。具有高级语言编程特色的程序编辑器，可进行米制、英制尺寸或混合尺寸的编程，程序编制与加工可同时进行。系统具备 1.5MB 的用户内存，用于零件程序、刀具偏置、补偿的存储。

7）PLC 编程。集成式 PLC 以标准 SIMATICS7 模块为基础，PLC 程序和数据内存可扩展到 288KB，I/O 模块可扩展到 2048 个输入/输出点，PLC 程序能以极高的采样速率监视数据输入，向数控机床发送运动指令。

8）操作部分硬件。提供标准的 PC 软件、硬盘、奔腾处理器，用户可在 MS-Windows98/2000 下开发自定义的界面。此外，两个通用接口 RS232 可使主机与外设进行通信；用户还可通过磁盘驱动器接口和打印机并行接口完成程序存储、读入及打印工作。

9）显示部分。系统提供的语言有中文、英语、德语、西班牙语、法语、意大利语。显示屏上可显示程序块、电动机轴位置、操作状态等信息。

10）数据通信。加工过程中可通过通用接口进行数据输入/输出。此外，用 PCIN 软件可以进行串行数据通信，通过 RS232 接口可方便地使 840D 与西门子编程器或个人计算机连接起来，进行加工程序、PLC 程序、加工参数等各种信息的双向通信。用 SINDNC 软件可以通过标准网络进行数据传送，还可以用 CNC 高级编程语言进行程序的协调。

（2）SINUMERIK 840D 系统的基本构成

1）数控单元电源。主要提供 +5V、+15V、-15V、+24 V、-24V 的直流电源，用于各电路板的供电。

2）主电路板。应用模块式组合连接各功能板，进行故障报警等。主 CPU 在该电路板上，CPU 选用 Pentium 处理器。

3）基本轴控制板。提供 X、Y、Z 轴和其他轴的进给指令，接收从 X、Y、Z 轴和其他轴位置编码器反馈的位置信号。

4）存储器板。接收系统操作面板的键盘输入信号，提供串行数据传送接口、手摇脉冲发生器接口、主轴模拟量和位置编码器接口，存储系统参数、刀具参数和零件加工程序等。

5）伺服系统。由 FM354 和 SPWM、SIMODRIVE611、IFK6/IFT6/IFT5D 等组成，实现机床的进给运动控制。

6）位置检测系统。采用增量直线位移测量元件，实现机床的闭环检测。

7）操作面板。操作面板使用全数控键盘布局。

8）机床控制面板。机床控制面板按钮使用图形符号，使操作更加容易。

9）显示器。显示器选用 10.4in 彩色显示器，便于观察机床运行状态。

10）I/O 接口。通过两个 RS232C 和 RS444/485 实现与外围设备的连接。

（3）CNC 单元模块　图 3-19 所示为 CNC 模块的接口端，各接口端的意义如下。

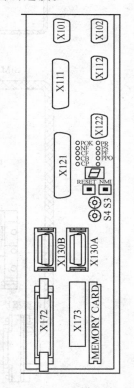

图 3-19　CNC 模块接口端

X101：操作面板接口端，该端口通过电缆与 MMC 单元及机床操作面板连接，实现 CNC 控制单元与外围的通信。

X102：RS485 通信接口端，该端口主要是满足西门子通信协议的要求，提供 PROFIBUS 通信接口。

X111：PLC S7 -300I/O 接口端，该端口提供了与 PLC 连接的通道。

X112：RS232 通信接口端，实现与外部的通信，如要由数个数控机床构成 DNC 系统，实现系统的协调控制，则各个数控机床均要通过该端口与主控计算机通信。

X121：多路 I/O 接口端，通过该端口，数控系统可与多种外设连接，例如与控制进给运动的手轮。

X122：PLC 编程器 PG 接口端，通过该端口与西门子 PLC 编程器 PG（或带有西门子转接器的 PC 机）连接，以此将 PG 中的 PLC 程序传输到 NC 模块，或从 NC 模块将 PLC 程序拷贝到 PG 中，另外还可在线实时编辑、监测 PLC 程序的运行状态。

X130A：驱动总线接口，通过这个接口数字控制单元（NCU）向驱动单元传输驱动数据。西门子 SINUMERI 840D 系统采用的是数字伺服，从 NCU 到驱动单元的给定信号、从驱动单元到 NCU 的位置反馈信号都是数字信号，这些数据统称为驱动数据。这些信号的传递是通过驱动总线传递的。

X130B：数据总线，用于数据采集。通常不用这个接口。

X172：数控系统数据控制总线端口，通过扁平电缆与各相关模块的数据控制总线联系起来。并从电源模块向 NCU 和驱动模块提供各种直流电源（±24V、±15V、+5V）。

X173：PCMCIA（Personal Computer Card Memory International Association）插槽。

MEMORY CARD：插接数控系统控制程序存储卡，卡内预装有数字控制核（NCK）驱动软件和驱动通信软件，此卡系统必带，不需备份。

（4）系统连接　图 3-20 所示为 SINUMERIK 840D 数控系统各部分关系。

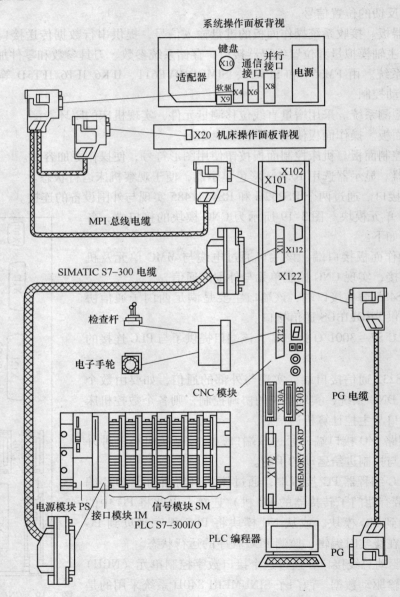

图 3-20　SINUMERIK 840D 数控系统各部分关系

3. SINUMERIK 802 系列系统

（1）SINUMERIK 802 系列系统简介　SINUMERIK 802 系列系统包括 SINUMERIK 802S、SINUMERIK 802C、SINUMERIK 802D 系列系统，SINUMERIK 802S/C 系列系统包括 SINUMERIK 802S/Se/S Baseline、SINUMERIK 802C/Ce/C Baseline 等型号，是西门子公司 20 世纪 90 年代末专为简易数控机床开发的集 CNC、PLC 于一体的经济型数控系统，其性能价格比高，近年来在国产经济型和普及型数控车床、数控铣床、数控磨床上较多使用。

1）SINUMERIK 802S/C 系统。SINUMERIK 802S 系统和 SINUMERIK 802C 系统属于"孪生姐妹"。它们具有相同的硬件结构、相同的软件、相同的 PLC 编程语言（Micro/WIN 编程工具 PLC802V2.1）。系统均可控制三个进给轴和一个主轴。所不同的是 SINUMERIK 802S 系统使用的是步进电动机驱动系统，而 SINUMERIK 802C 系统使用的是 SIMODRIVE 611A 数字式交流伺服驱动系统。可以进行三轴控制/三轴联动；系统带有 ±10V 的主轴模拟量输出接口；可以配套具有模拟量输入功能的主轴驱动系统（配套一个伺服或变频驱动的主轴）。SINUMERIK 802S/C 系统采用 OP020 独立操作面板与 MCP 机床控制面板，显示器为 5.7in 单色液晶显示屏，PLC 的 I/O 模块与 ECU 间通过总线连接，ECU 最多可以连接 4 个 I/O 模块，每个模块带 16 点输入/输出。SINUMERIK 802S 系统常与西门子公司的 STEPDRIVEC/C + 步进驱动配套，步进电动机的控制信号为脉冲信号、方向信号和使能信号。SINUMERIK 802C 可以控制三个 1FK6 交流伺服进给电动机轴和一个伺服或变频驱动的主轴。

2）SINUMERIK 802Se/Ce 系统。SINUMERIK 802Se 系统采用了一体化的结构设计，将操作面板、机床控制面板、5.7in 单色液晶显示器、ECU、I/O 模块有机地整合在一起，并使用薄膜覆盖的键盘和机床面板，提高了面板的防护等级，使系统更加紧凑，结构更简单，大大减少了各部件的连接，具有更高的电磁兼容性和抗干扰能力，可靠性高。预装了车床的 PLC 应用程序，系统带一个 16 点输入与 16 点输出的 I/O 模块，同时系统允许另配一个 I/O 模块。

3）SINUMERIK 802S Baseline/C Baseline 系统。它们是在 SINUMERIK 802Se/Ce 系统的基础上开发的产品，其特性如下：

① 将数控单元、操作面板、机床操作面板和输入/输出单元高度集成，结构紧凑。

② 结构坚固且节省空间，可独立于其他部件进行安装。

③ 机床调试配置数据少，系统与机床匹配更快速、更容易；具有友好的编程界面，保证生产的快速进行，优化了机床的使用。

④ 操作面板提供了编程和机床控制动作的按键以及 8in 的液晶显示器；同时还提供 12 个带有 LED 的用户自定义键。工作方式选择、进给速度调整、主轴速度修调、数控启动与数控停止、系统复位均采用按键进行操作。

⑤ 输入/输出为 48 个 24V 的直流输入和 16 个 24V 的直流输出，驱动能力为 0.5A。为了方便安装，输入/输出采用可移动的接线端子。

4）SINUMERIK 802D 系统。采用了更为先进的系统硬件和 PROFIBUS 的系统结构，将显示面板、NC 和 PLC 系统集成于一体；最大控制能力为四个进给轴和一个数字或模拟主轴；采用了 10.4in 液晶显示器，具有图形仿真功能；PLC 采用 Micro/WIN 编程工具 PLC802V3.0。SINUMERIK 802D 系统和 SINUMERIK 810D 系统是传统 SINUMERIK 810T/M 系统的替代产品。SINUMERIK 802D 系统采用 SIMODRIVE611U 数字式交流伺服驱动装置及

1FK7 系列伺服电动机；基于 Windows 的调试软件可以便捷地设置驱动参数，并对驱动器的参数进行动态优化；内置集成 PLC，可对机床进行开关量逻辑控制；随机提供标准的 PLC 子程序库和实例程序，简化了设计过程，缩短了设计周期。

（2）SINUMERIK 802D 数控系统的组成及系统连接

1）基本结构与部件说明。SINUMERIK 802D 系统是基于 PROFIBUS 总线控制的 CNC 系统，它主要由面板控制单元 PCU、输入/输出模块 PP72/48、机床控制面板 MCP 组成。

① 面板控制单元（Panel Control Unit，PCU）为 SINUMERIK 802D 系统的核心部件，硬件使用标准 PC 机芯片，但不是 PC 机的主板。所有 CNC、PLC、人机接口（Human Machine Interface，HMI）和通信等任务都集成在一起，在一个无需硬盘的数字控制实时内核（Numeric Realtime Kernal，NRK）的控制下运行；通过 PROFIBUS 总线可与输入/输出模块 PP72/48 及伺服驱动装置等部件连接；通过 COM1、手轮、键盘等可实现 PCU 与其他部件的连接和数据交换。

必须确认 PCU 单元 DC24V 供电电源在 −15% ~ +20% 的范围内，才能对系统进行上电调试。在 PCU 正面前端盖内有 4 个发光二极管，用于状态指示。

② 输入/输出模块 PP72/48 可提供 72 个数字输入和 48 个数字输出。每个模块具有三个独立的 50 芯插槽，每个插槽内包含 24 个数字输入和 16 个数字输出，其输出的驱动能力为 0.25A。

X1 接口：3 芯端子式插头，PP72/48 模块 DC24V 供电电源输入口。输入电压（DC24V）在 −15% ~ +20% 的范围。

X2 接口：9 芯孔式 D 型插头，PROFIBUS 总线连接接口。

S1 开关：PROFIBUS 地址设定开关。

4 个发光二极管：PP72/48 的状态指示灯。

802D 系统最多可配置 2 块 PP72/48 模块，模块 1 地址为 "9"，模块 2 地址为 "8"。

模块 1 三个插座对应的输入/输出地址如下。

X111：24 个数字输入（I0.0 ~ I2.7）和 16 个数字输出（Q0.0 ~ Q1.7）。

X222：24 个数字输入（I3.0 ~ I5.7）和 16 个数字输出（Q2.0 ~ Q3.7）。

X333：24 个数字输入（I6.0 ~ I8.7）和 16 个数字输出（Q4.0 ~ Q5.7）。

模块 2 三个插座对应的输入输出地址如下。

X111：24 个数字输入（I9.0 ~ I11.7）和 16 个数字输出（Q6.0 ~ Q7.7）。

X222：24 个数字输入（I12.0 ~ I14.7）和 16 个数字输出（Q8.0 ~ Q9.7）。

X333：24 个数字输入（I15.0 ~ I17.7）和 16 个数字输出（Q10.0 ~ Q11.7）。

③ 机床控制面板 MCP 用于机床操作方式的选择、主轴起停、轴移动方向选择、进给和主轴倍率修调等操作。该面板的布局与 SINUMERIK 802S/C 机床控制面板相同。机床控制面板背后的两个 50 芯扁平电缆插座，可通过扁平电缆与 PP72/48 模块的插座连接，即机床控制面板的所有按键输入信号与指示灯信号均使用 PP72/48 模块的输入/输出点。

2）系统的连接。

① PROFIBUS 现场总线的连接。PCU 为 PROFIBUS 总线连接的主站，PP72/48 及伺服驱动为 PROFIBUS 总线连接的从站。PCU 通过 PROFIBUS 总线和 PP72/48、伺服驱动进行数据交换和监控。因此，PROFIBUS 总线的正确连接对于机床的稳定工作具有非常重要的意义。

图 3-21 为 PROFIBUS 总线连接图。

每个 PROFIBUS 从设备都具有自己的总线地址，因此，从设备在 PROFIBUS 总线上的排序是任意的，具体连接方法如图 3-21 所示。PROFIBUS 的两个终端开关应拨至"ON"位置。

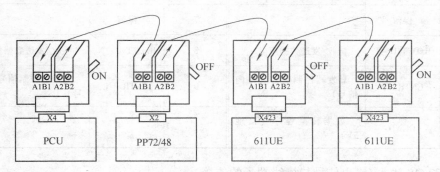

图 3-21　PROFIBUS 总线连接图

PP72/48 的总线地址由模块上的地址开关 S1 设定。第一块 PP72/48 的总线地址出厂设定为"9"，如选配第二块 PP72/48 模块，则地址为"8"。611UE 的总线地址可以利用工具软件 SimoComU 进行设定，也可以通过 611UE 上的输入键进行设定。总线上从设备的排序不限，但总线地址不可重复，即总线上不可出现两个相同的地址。

② DC24V 电源连接。在基本配置的 SINUMERIK 802D 中，DC24V 电源进线有 PCU 单元的 X8 接口和 PP72/48 模块 X1 接口，针脚的分配在插头上有标识。

③ PCU 与 RS232 采用隔离器的连接。PCU 通过 RS232 与外设交换信息。

④ PCU 与手轮的连接及插头引脚分配参见表 3-2。

表 3-2　PCU 与手轮的连接及插头引脚分配表

X14、X15、X16					
引脚	信号	含义	引脚	信号	含义
1	1P5	+5V 电源	9	1P5	+5V 电源
2	1M	0V	10	—	
3	A		11	1M	0V
4	$\overline{A}$		12	—	
5	—		13		
6	B		14	—	
7	$\overline{B}$		15		
8	—				

⑤ PCU 与 PP72/48 的连接。PCU 与 PP72/48 依靠 PROFIBUS 总线进行连接，PCU 侧插座号为 X4，PP72/48 插座号为 X2，其插头引脚分配参见表 3-3。

表 3-3　PCU 侧 X4 插头引脚分配表

引脚	信号	含义	引脚	信号	含义
1	屏蔽		6	VP	终端连接器的电源电压（5V）
2	保留		7	保留	
3	RxD/TxD – P	接收/发送数据正极	8	RxD/TxD – N	接收/发送数据负极
4	CNTR – P	转发器控制信号（方向信号）	9	CNTR – N	转发器控制信号（方向信号）
5	DGND	数据转换程序（接地 5V）			

⑥ PP72/48 输入/输出信号与接线端子的连接。

图 3-22 所示为 SINUMERIK 802D 系统各单元。

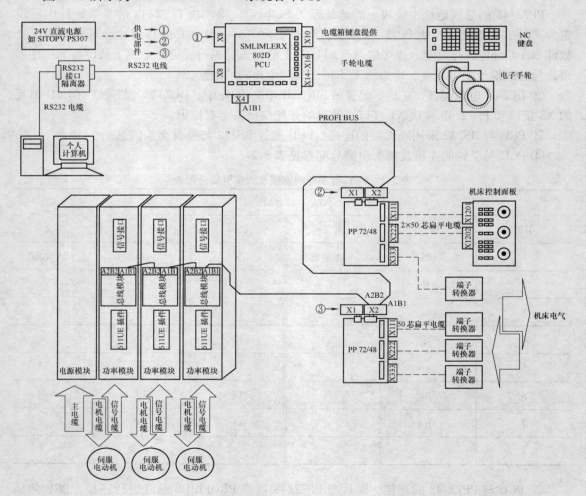

图 3-22　SINUMERIK 802D 系统各单元

（3）SINUMERIK 802D sl 数控系统的组成与连接　SINUMERIK 802D sl 数控系统是 SINUMERIK 802D 数控系统的改进型，它将系统元件（数字控制器、可编程序控制器、人机操作界面）集成于一体，通过 PROFIBUS DP 总线与外围设备连接，通过 DRIVE-CLIQ 总线与 SINAMICS S120 驱动连接，实现简便、可靠、高速通信。

1）数控装置接口含义。

X40：三芯端子式插座（插头上已标明 24V，0V 和 PE）。

X5：以太网插座，通过工业 Ethernet 连接到一台 PC，但设备必须装备一块 Ethernet 卡以及相应的软件。

X8：RS232C 接口（9 芯针式 D 型插座），可连接 PC，用于数据交换。

X10：USB 外设接口。

X9：PS/2 键盘接口，外接键盘。

X6：PROFIBUS 总线接口（9 芯孔式 D 型插座），与外设模块进行通信。

X1、X2：高速驱动接口，与进给伺服驱动器连接。

X20：数字 I/O 高速输入输出接口（12 芯端子插头），用于 16 个数字输入或 8 个数字输入和 8 个数字输出，一般用于驱动器使能与控制使能。

X30：手轮接口，可以连接两个电子手轮。

2）SINUMERIK 802D sl 系统组件。

① 操作面板 CNC（PCU）。配有 CNC 全键盘（纵向或横向）。

② 机床控制面板。上有机床运行所需的按键和开关。机床控制面板有两种型号。

③ MCPA 模块。连接模拟主轴、外部机床控制面板（X1、X2）及快速输入/输出的 1B 输入和输出端。

④ 输入/输出 PP72/48 模块。模块提供 72 个数字输入和 48 个数字输出。

⑤ 驱动外设 SINAMICS S120。SINUMERIK 802D sl 和驱动 SINAMICS S120 间的通信由 DRIVE-CLIQ（Component Link With IQ）实现。

⑥ 闪存卡（CF 卡）接口。用于开机调试数据、NC 程序、用户数据、参数设定等。

3）总体连线图。图 3-23 所示为 SINUMERIK 802D sl 数控装置与外设连接。

3.4.3　华中“世纪星”系列数控系统

华中“世纪星”数控系统是在华中高性能数控系统的基础上，为满足用户对低价格、高性能、实用、可靠的系统要求而开发的数控系统，其结构坚固，造型美观，体积小巧。具有极高的性能价格比。华中“世纪星”系列数控系统已开发和派生的数控系统产品有 HNC－21T 车床系统、HNC－21/22M 铣床系统等。

（1）系统主要特点

1）可配四个进给轴，具有数字量和模拟量接口，可自由选配各种数字式、模拟式交流伺服单元或步进电动机驱动单元。最大联动轴数为四轴。

2）内部已提供满足标准车、铣床控制的 PLC 程序，也可按要求自行编制 PLC 程序。

3）除标准机床控制面板外，还配置了 40 位输入和 32 位输出开关量接口、手摇脉冲发生器接口、模拟主轴接口。还可扩展 RS485 远程输入/输出接口。

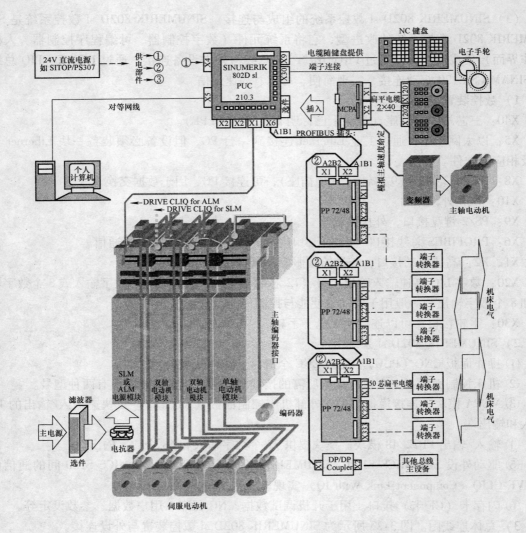

图 3-23　SINUMERIK 802D sl 数控装置与外设连接

4）反向间隙和双向螺距误差补偿功能，螺距补偿数据最多可达 5000 点。

5）采用国际标准 G 代码编程，与各种流行的 CAD/CAM 自动编程系统兼容，具有直线、圆弧、螺旋线插补功能，以及固定循环、旋转、缩放、刀具补偿、宏程序等功能。

6）2MB Flash ROM（可扩至 72MB）程序断电存储，16MB RAM（可扩至 64MB）加工缓冲区存储。

7）具有数控加工轨迹仿真功能，实现仿真/加工一体化。

（2）部件连接　图 3-24 所示为 HNC－12/22 数控单元外部接口，图 3-25 所示为 HNC－12/22 数控设备连接示意。其中进给单元接口采用 XS30 ~ XS33 和 XS40 ~ XS43 中的一组，也可以进行自由组合，控制不同类型的伺服驱动单元或步进驱动单元。

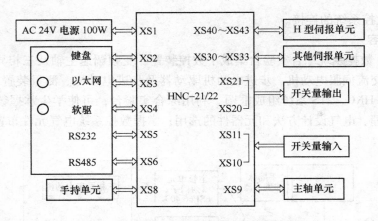

图 3-24　HNC – 12/22 数控单元外部接口

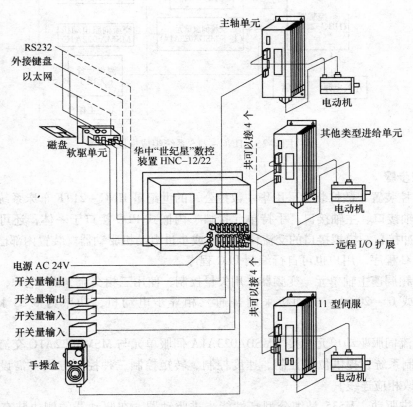

图 3-25　HNC – 12/22 数控设备连接示意

实训项目 1　数控系统的原理及组成

1. 实训目的

1）了解数控系统的特点、基本组成和应用。

2）了解数控系统常用部件的原理及作用。

3）熟悉数控系统的连接。

2. 实训内容

HED–21S 数控系统综合实验台集成了数控装置、变频调速主轴及三相异步电动机、交流伺服单元及交流伺服电动机、步进电动机驱动器及步进电动机、测量装置、十字工作台。图 3-26 所示为 HNC–21S 系统组成框图。利用综合实验台，可使学生掌握数控系统的控制原理、电气原理、电气设计方法和元器件的选用；掌握数控系统电气元件布置、安装、调试等方法。

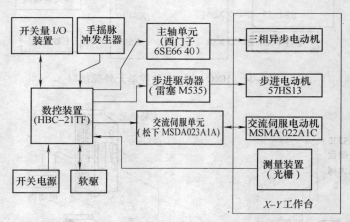

图 3-26　HNC–21S 系统组成框图

3. 实训步骤

（1）数控装置　数控装置采用华中数控公司的世纪星 HNC–21TF 车床系统。该数控装置集成进给轴接口、主轴接口、手持单元接口、内嵌式 PLC 接口于一体，还可自由选配各种类型的脉冲接口、模拟接口的交流伺服单元或步进电动机驱动器。装置内部已提供标准车床控制的 PLC 程序，用户也可自行编制 PLC 程序。

（2）变频调速主轴单元　变频器采用矢量控制，使用三相交流 380V 电源，模拟输入量为 0 ~ 10V 或 0 ~ 20mA。电动机采用普通三相异步电动机，功率为 0.55 kW，转速为 1390r/min。

（3）交流伺服驱动单元连接　MSDA023A1A 伺服单元与 MSMA022A1C 交流伺服电动机构成闭环控制系统，提供位置控制、速度控制、转矩控制三种控制方式（需设置交流伺服参数，并修改相应连线）。

（4）步进驱动　M535 是细分型高性能步进驱动器，在驱动器的侧边装有一排拨码开关，可以用来选择细分精度，以及设置动态工作电流和静态工作电流。57HS13 是四相混合式步进电动机，步进角为 1.8°，额定相电流为 2.8A。

（5）I/O 装置　开关量 I/O 装置采用的是 HC5301–8 输入接线端子板，作为 HNC–21TF 数控装置 XS10、XS11、XS20、XS21 接口的转接单元使用，以方便连接及提高可靠性。

（6）工作台　X–Y 工作台上有步进电动机、交流伺服电动机、光栅尺和笔架。X 轴执行装置采用的是四相混合式步进电动机，用于实现开环控制。Y 轴执行装置采用的是交流伺服电动机，安装在交流伺服电动机轴上的增量式码盘充当位置传感器，组成了一个速度闭环控制系统。笔架可绘出工作台的运动轨迹，便于观察数控程序运行的结果。

4. 实训考核

实训结束以后，通过提问、答辩、实测等方式对学生进行考核，了解学生对数控系统知识掌握情况，考查学生对各信号来源和去向的熟悉程度。根据对系统连接情况及在实训中的表现综合打分。

5. 撰写实训报告

1）画出 HED－21S 数控系统综合实验台控制原理图。

2）列举数控系统主要部件，并简述其作用。

3）陈述实训体会，包括实训过程中遇到的问题及解决办法。

实训项目 2 数控系统的连接

1. 实训目的

1）熟悉 HED－21S 数控系统综合实验台各组成部件的接口。

2）读懂电气原理图，通过电气原理图能独立进行数控系统各部件之间的连接。

3）掌握数控系统的调试及运行方法。

2. 实训内容

数控装置与由变频器和三相异步电动机构成的主轴驱动系统连接；数控装置与由交流伺服单元与电动机构成的交流伺服系统连接；数控装置与由步进电动机驱动器和步进电动机构成的进给伺服驱动连接。图 3-27 为数控系统电源部分电气原理。

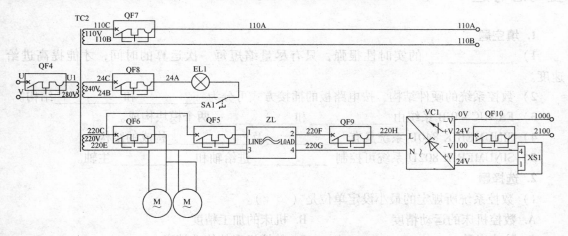

图 3-27 数控系统电源部分电气原理

3. 实训步骤

（1）数控系统的连接

1）电源回路连接。参照数控系统电源原理图，注意不要连接其他电气设备。接完线后仔细复查，确保接线的正确。接入三相 AC380V 电源，用万用表测量 QF4、QF5、QF6、QF7、QF8、QF9 进出线电压以及开关电源 VC1 的输出电压（应为 ＋24V）。

2）开关量的连接。连接数控系统的输入开关量信号。

3）手摇单元的连接。连接数控装置和手摇单元；连接数控装置和光栅尺。

4）变频主轴的连接。连接主轴变频器和主轴电动机；连接数控装置和主轴变频器信号线。

5）步进电动机驱动器的连接。连接步进电动机驱动器和步进电动机；连接步进电动机驱动器的电源；连接数控装置和步进电动机驱动器。

6）交流伺服的连接。连接交流伺服单元和交流伺服电动机的强电电缆和码盘信号线；连接交流伺服单元的电源；连接数控装置和交流伺服单元的信号线。

7）连接刀架电动机。

（2）数控系统的调试

1）检查电路。由强电到弱电，按电路走向顺序检查。

2）调试系统。

4. 实训考核

实训结束以后，通过提问、答辩、实测等方式对学生进行考核，了解学生对数控系统的基本知识掌握情况，考查学生实际动手能力。根据考核结果以及在实训中的表现打分。

5. 撰写实训报告

1）画出数控系统的电气控制原理图。

2）编写数控系统连接、调试的一般步骤和方法。

3）总结实训中遇到的问题、解决办法以及体会。

复习思考题

1. 填空题

1）_____ 的实时性很强，只有尽量缩短每一次运算的时间，才能提高进给速度。

2）数控系统的硬件结构，按电路板的插接方式可分为_____和_____结构。

3）FANUC – 0iB 系统由_____和_____两个模块构成。

4）SINUMERIK 840D 系统具有_____及_____构成的结构。

5）SINUMERIK 802D 系统可控制_____进给轴和_____主轴。

2. 选择题

1）数控系统所规定的最小设定单位是（   ）。

A. 数控机床的运动精度   B. 机床的加工精度

C. 脉冲当量   D. 数控机床的传动精度

2）在中断型系统软件结构中，各种功能程序被安排成优先级别不同的中断服务程序，下列程序中应被安排成最高级别的是（   ）。

A. CRT 显示   B. 伺服系统位置控制

C. 插补运算及转段处理   D. 译码、刀具中心轨迹计算

3）车床使用 SINUMERIK（   ）的系统。

A. 810M   B. 810G   C. 810N   D. 810T

4）在 FANUC – 0iB 系统中，SRAM 不能存储（   ）。

A. 系统参数　　　B. 加工程序　　　C. 各种补偿值　D. PMC 梯形图

5）华中"世纪星"数控系统可配（　　　）个进给轴。

A. 2　　　　　　　B. 3　　　　　　　C. 4　　　　　　　D. 5

3. 判断题

1）CNC 装置由软件和硬件组成，软件比硬件重要。　　　　　　　　　　（　　　）

2）CNC 装置的硬件中的微处理器负责对整个系统进行控制和管理。　　（　　　）

3）CNC 装置的软件包括管理软件和控制软件两类。控制软件由输入/输出程序、显示程序和诊断程序等组成。　　　　　　　　　　　　　　　　　　　　　　　　（　　　）

4）FANUC – 0i Mate B 系统性能高于 FANUC – 0i B 系统。　　　　　　（　　　）

5）SINUMERIK 802S 系统可以控制三个 1FK6 交流伺服电动机轴。　　（　　　）

4. 简答题

1）CNC 装置的主要功能有哪些？简述 CNC 装置的工作过程。

2）单微处理结构和多微处理结构各有何特点？

3）CNC 软件有哪几种结构模式？各有何特点？

4）简述 FANUC 数控系统的功能与特点。说明 FANUC – 0iA 与 FANUC – 0iB/C 的不同点。

5）简述 SINUMERIK 数控系统的功能与特点。说明 SINUMERIK 802 系列系统的不同点。

6）举例说明一个数控系统的组成，它们如何连接。

A. 参考参数   B. 加工坐标   C. 公务坐标信息   D. PMC 传递信息

5) 布中"脉冲阵列"数控系统可以有（   ）个坐标轴。

4-2   B. 5   C. 4   D. 5

3. 判断题

1) CNC 装置由软件和硬件组成。它们共同完成控制

2) CNC 装置的程序中的插补功能起到决定整个系统的分辨率和精度

3) CNC 装置通过片或和器存储单位对起设计方案。和控制程序进行输入

程序和添加程序到数据库

4) FANUC-0

5) SINUMERIK 802S 系统可以自动打孔之主1PS 交流伺服电机为驱动

4. 简答题

1) CNC 装置的三大电子功能中哪些是？用正

2) 单轴程加程由制度就能为还是相间位进行计算？

3) CNC 装置上有哪几种存储状态？各有什么区别

4) 简单 FANUC 装置系列的几的加工等。简答

画题。

5) 简单SINUMERIK 数据系统的几功能单机相级。比较SINUMERIK 810D 802S 系统的大的区别

6) 举例说明一个系统单的的题目？它们相间的关系

第 4 章 数控机床伺服系统

知识目标

1. 掌握伺服系统的组成及工作原理。
2. 熟悉步进电动机、交流伺服电动机及直流伺服电动机的驱动原理。

能力目标

1. 会连接 CNC 装置与伺服驱动器信号线。
2. 会应用典型伺服驱动装置。

4.1 伺服系统的组成与分类

4.1.1 伺服系统的组成

数控伺服系统是指以机床运动部件（如工作台、刀具等）的位置和速度作为控制量的自动控制系统，又称为随动系统。伺服系统接收来自数控装置的指令信息，经过一定的信号变换及功率放大，驱动机床运动部件运动，并保证动作的快速性和准确性。

图 4-1 所示为闭环进给伺服系统结构。安装在工作台上的位置检测元件把机械位移变成位置数字量，并由位置反馈电路送到 CNC 内部，该位置反馈量与指令位置进行比较，如果不一致，CNC 送出差值信号，驱动电路将差值信号进行变换放大后驱动电动机，经减速装置带动工作台移动。当比较后的差值信号为零时，电动机停止转动，工作台移到指令所指定的位置。

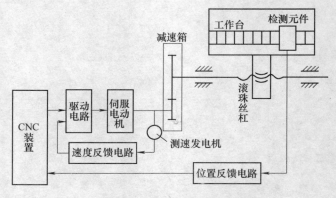

图 4-1 闭环进给伺服系统结构

闭环伺服系统主要由以下几个部分组成：

（1）CNC 装置 接收输入的加工程序指令信息，进行插补运算和位置控制。

（2）伺服驱动电路　接收 CNC 指令信息，进行信号转换和功率放大，驱动伺服电动机运转。

（3）执行元件　可以是步进电动机、直流或交流伺服电动机等。

（4）传动装置　包括减速箱和滚珠丝杠等传动链。

（5）位置反馈电路　检测实际位移量，信号由反馈电路送入位置控制单元，由 CNC 装置进行位置控制。

（6）速度反馈电路　检测速度的实际值，信号由反馈电路送入速度调节单元，进行速度控制。

4.1.2　伺服系统的分类

1. 按控制原理分类

（1）开环伺服系统　开环伺服系统是最简单的进给伺服系统，无位置反馈环节，如图 4-2 所示。由数控系统发出的指令脉冲，经驱动控制电路和功率放大后，驱动步进电动机转动，通过齿轮副与滚珠丝杠驱动执行部件。由于步进电动机的角位移量和角速度分别与指令脉冲的数量和频率成正比，而且旋转方向取决于电动机绕组通电顺序。因此，只要控制指令脉冲的数量、频率及通电顺序，便可控制执行部件运动的位移量、速度和运动方向。系统的位移精度主要取决于步进电动机的角位移精度、齿轮丝杠等传动元件的节距精度及系统的摩擦阻尼特性等。开环伺服系统结构简单，易于控制，但精度差，低速运行不平稳，高速运行转矩小。

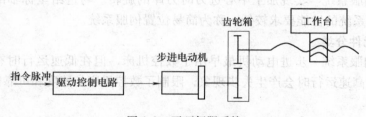

图 4-2　开环伺服系统

（2）闭环伺服系统　闭环伺服系统将直线位移检测装置安装在机床的工作台上。将检测装置测出的实际位移量反馈给 CNC 装置，并与指令值进行比较，用其差值实现位置控制，如图 4-3 所示。在全闭环控制系统中，由于各元件及运动中造成的误差都可以得到补偿，从而大大提高了跟随精度和定位精度。系统精度只取决于测量装置的精度和安装精度。由于机械传动链包含在反馈回路中，所以摩擦因数、传动润滑状况、间隙大小等不稳定因素都会引起闭环控制系统的不稳定。

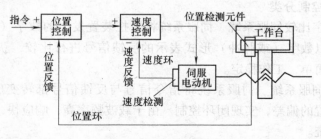

图 4-3　闭环伺服系统

(3) 半闭环伺服系统　图4-4所示为半闭环伺服系统，其位置和速度检测元件一般安装在伺服电动机的非输出轴端上，由它们间接地计算出工作台或执行机构的位移量和速度，然后反馈到CNC装置的比较器中，与指令脉冲进行比较，比较后的差值经过放大后控制伺服电动机旋转，直到差值消除为止。与全闭环控制系统相比，半闭环控制系统的精度较低，但稳定性相对较好，调试、维修相对简单，所以半闭环伺服系统在数控机床中得到广泛的应用。

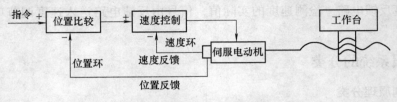

图4-4　半闭环伺服系统

2. 按用途和功能分类

(1) 进给伺服系统　控制机床各坐标轴的切削进给运动，提供切削过程所需的转矩。主要技术指标有转矩大小、调节范围的大小和调节精度的高低，以及动态响应速度的快慢等。

(2) 主轴伺服系统　控制主轴的旋转运动，一般为无级变速的速度控制系统。具有C轴控制的主轴伺服系统与进给伺服系统相同，功率及速度调节范围是其主要技术指标。

(3) 刀库伺服系统　实现加工中心选刀时刀库的旋转。与进给坐标轴的位置控制系统相比，刀库伺服系统的性能要求较低，称为简易位置伺服系统。

3. 按执行元件分类

(1) 步进伺服系统　步进电动机最早用于数控机床，但在低速运行时有较大的噪声和振动，在过载或高速运行时会产生失步现象，限制了数控机床的速度和可靠性。一般应用于经济型数控机床。

(2) 直流伺服系统　直流伺服电动机具有良好的宽调速性能，输出转矩大，过载能力强，大惯量伺服电动机能与丝杠直接连接。采用脉宽调制技术的驱动装置，能够适应频繁起动、制动，以及快速定位、切削的要求。但直流伺服电动机的电刷和机械换向器限制了它向大容量、高电压、高速度发展。

(3) 交流伺服系统　交流伺服系统已在电气传动调速控制领域广泛应用。交流伺服电动机制造简单，易向大容量、高速度方向发展，适合在较恶劣的环境中使用。交流伺服系统使用交流异步伺服电动机（主轴伺服）和永磁同步伺服电动机（进给伺服）。

4. 按反馈比较控制分类

(1) 脉冲、数字比较伺服系统　伺服系统将数控装置发出的数字（或脉冲）指令信号与检测装置测得的以数字（或脉冲）形式表示的反馈信号进行比较，获得位置偏差。这种伺服控制方式结构简单，工作稳定。

(2) 相位比较伺服系统　伺服系统将指令信号与反馈信号都转变成某个载波的相位，进行比较，获得位置的偏差，实现闭环控制。由于载波频率高，响应快，抗干扰性强，适合连续控制的伺服系统。

(3) 幅值比较伺服系统　伺服系统以位置检测信号幅值的大小来反映机械位移的数值，

并将幅值信号转换成数字信号后，将此信号作为位置反馈信号与指令数字信号比较，从而获得位置偏差信号，构成闭环控制系统。

（4）全数字伺服系统　伺服系统控制技术已从模拟方式、混合方式走向全数字方式。位置、速度和电流三环控制全部采用数字化，PID调节方便灵活。同时采用新技术改进伺服系统性能，使控制精度和品质大大提高。

4.1.3　进给伺服系统的要求

（1）位移精度高　位移精度是指CNC装置发出的指令，要求机床工作台进给的理论位移量和该指令经伺服系统转化为机床工作台实际位移量之间的符合程度。一般定位精度为0.001～0.01mm，高档设备可达到0.1μm以下。

（2）调速范围宽　调速范围是指机床要求伺服电动机提供的最高转速 n_{max} 和最低转速 n_{min} 之比，一般要求速比（n_{max}:n_{min}）为24000:1。由于工件材料、刀具及加工工艺不同，要保证最佳切削条件，伺服系统就必须有足够的调速范围。在低速切削时，还要求伺服系统能输出较大的转矩，速度的波动要小，运行平稳。

（3）动态响应快　为了保证轮廓切削精度和加工表面质量，要求伺服系统的跟踪响应速度要快。一方面要求过渡过程时间要短，一般在200ms以内，甚至小于几十毫秒；另一方面要求超调量小。这两方面的要求往往是矛盾的，实际应用中要综合考虑。

（4）稳定性好　稳定性是指系统在给定输入或外界干扰作用下，经过短暂的调节过程后，达到新的或恢复到原来平衡状态的能力。稳定性直接影响加工精度和表面粗糙度，因此要求伺服系统有较强的抗干扰能力，保证进给速度均匀、平稳。

为满足上述四点要求，进给伺服系统对执行元件（伺服电动机）提出如下要求：

1）电动机进给速度从最低到最高范围内都能平滑地运转。转矩波动要小，特别是在低转速时，如0.1r/min或更低转速时，仍保持平稳的速度而无爬行现象。

2）电动机过载能力强，能够满足低速大转矩的要求。例如，电动机能在数分钟内过载4～6倍而不损坏。

3）随着控制信号的变化，电动机应能在较短时间内完成规定的动作，满足快速响应的要求。同时具有较小的转动惯量和较大的制动转矩，尽可能小的机电时间常数和起动电压。

4）电动机应能频繁的起动、制动。

4.2　步进伺服驱动系统

4.2.1　步进电动机的工作原理及特性

1. 步进电动机的工作原理

图4-5所示为三相反应式步进电动机的工作原理。定子上有六个磁极，分成U、V、W三相，每个磁极上绕有励磁绕组。转子上无绕组，由带齿的铁心做成。当定子绕组按顺序轮流通电时，U、V、W三对磁极就依次产生磁场，每次对转子的某一对齿产生电磁转矩，在电磁转矩的作用下，转子按一定方向进行一定角度的转动。当转子某一对齿的中心线与定子磁极中心线对齐时，磁阻最小，转矩为零。

在图 4-5 中，设 U 相通电，转子 1、3 齿被磁极 U 产生的电磁转矩吸引，当 1、3 齿与 U 相对齐时，转子停止转动。当 V 相通电，U 相断电，V 相磁极又把距它最近的一对齿 2、4 吸引过来，使转子按逆时针方向转动 30°。接着 W 相通电，V 相断电，转子又逆时针旋转 30°，依次类推，定子按 U→V→W→U···顺序通电，转子就一步步地按逆时针方向转动，每步转 30°。若改变通电顺序，按 U→W→V→U···顺序通电，步进电动机就按顺时针方向转动，同样每步转 30°。

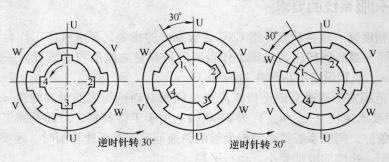

逆时针转 30°　　　逆时针转 30°

图 4-5　三相反应式步进电动机工作原理

三相步进电动机一般有单三拍、双三拍、三相六拍通电方式，"单"是指每次切换通电相序，只有一相绕组通电。"双"是指每次有两相绕组通电。从一种通电状态转换到另一种通电状态称为一"拍"。步进电动机若按 U→V→W→U 方式通电，每一次只有一相绕组通电，而每一个循环只有三次，这种控制方式称为单三拍方式。由于每次只有一相绕组通电，因此在切换瞬间步进电动机会失去自锁转矩，且易在平衡位置附近产生振荡，故一般不采用单三拍工作方式。常采用双三拍控制方式，即按 UV→VW→WU→UV···（逆时针方向）或 UW→WV→VU→UW···（顺时针方向）顺序通电。如果按 U→UV→V→VW→W→WU→U···顺序通电，就是三相六拍工作方式。三相六拍工作方式的步进电动机，每拍逆时针方向转过的角度比三相三拍方式减小一半，即为 15°。同样，若按 U→UW→W→WV→V→VU→U···顺序通电，每拍步进电动机按顺时针方向转过 15°。

2. 步进电动机的种类和结构

步进电动机按其输出转矩的大小，可分为快速步进电动机与功率步进电动机；按其励磁相数可分为三相步进电动机、四相步进电动机、五相步进电动机、六相步进电动机；按各相绕组的分布形式，分为轴向式步进电动机和径向式步进电动机；按其工作原理可以分为磁电式步进电动机、反应式步进电动机和混合式步进电动机。

图 4-6 所示为反应式三相步进电动机结构。定子上有 6 个均布的磁极，直径相对的两磁极线圈串联，构成一相控制绕组。极与极之间的夹角为 60°，每个磁极上均匀布置 5 个齿，齿间夹角为 9°。转子上无绕组，均匀布置 40 个齿，齿槽等宽，齿间夹角也为 9°。定子磁极和转子相应的齿依次错开了 1/3 齿距，若按

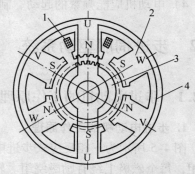

图 4-6　反应式三相步进电动机结构
1—定子绕组　2—定子铁心
3—转子铁心　4—磁通 Φ_U

三相六拍方式给定子通电，即可控制步进电动机以每拍 1.5° 的步距角作顺时针或逆时针旋转。

设转子的齿数为 z，则齿距为

$$\tau = 360°/z$$

因为每通电一次（即运行一拍），转子就走一步，故步距角为

$$\beta = \frac{齿距}{拍数} = \frac{360°}{z \times 拍数} = \frac{360°}{zKm}$$

式中　K——拍数/相数，单三拍、双三拍时，$K = 1$；单、双六拍时，$K = 2$；

　　　z——转子齿数；

　　　m——定子相数。

由此可见，步进电动机的转子齿数 z 和定子相数 m 越多，则步距角 β 越小。

定子绕组按着一定顺序通电，步进电动机就持续不断地旋转。如果通电脉冲的频率为 f，步距角用弧度表示时，步进电动机的转速（r/min）为

$$n = \frac{\beta f}{2\pi} \times 60 = \frac{60}{zKm} f$$

因此，步进电动机具有如下特点：

1）步进电动机的角位移量与输入脉冲的数量成正比，转速与输入脉冲的频率成正比，改变通电顺序可改变步进电动机的旋转方向。

2）控制绕组的电流不变，步进电动机便不转动，即步进电动机有自整角能力，不需要机械制动。

3）有一定的步距精度，没有累积误差。

步进电动机的缺点是效率低，拖动负载的能力小，容易失步，最高输入脉冲频率一般不超过 18kHz。

3. 步进电动机的主要特性

（1）步距角及步距角误差　每改变一次通电状态，步进电动机转子所转过的角度称为步距角。步距角误差为实际步距角与理论值之间最大差值，其数值通常在 10′ 以内。

（2）静态矩角特性　通电不运转时，如果在电动机轴上外加一转矩，使转子按一定方向转过一定角度 θ，此时转子所受的电磁转矩 T 称为静态转矩，角度 θ 称为失调角。在静态稳定区内，当外加转矩去除后，转子在电磁转矩作用下仍能回到稳定平衡点。

（3）起动频率　空载时步进电动机由静止状态突然起动，进入不失步正常运行的最高频率，称为起动频率或突跳频率。步进电动机在负载（尤其是惯性负载）下的起动频率比空载要低，随着负载加大（在允许范围内），起动频率会进一步降低。

（4）连续运行频率　步进电动机起动以后，能跟踪指令脉冲频率连续上升而不失步的最高工作频率，称为连续运行频率。

（5）矩频特性　步进电动机连续稳定运行时，输出转矩与连续运行频率之间的特性称为矩频特性。转矩随连续运行频率的上升而不断下降。

（6）加减速特性　步进电动机由静止到工作或由工作到静止的加、减速过程中，定子绕组通电状态的频率与时间的关系称为加减速特性。

选择步进电动机时，首先要计算系统的负载转矩，确保步进电动机的输出转矩大于负载

转矩；其次，应使步进电动机的步距角与机械系统相匹配，得到机床所需的脉冲当量；再次，应使步进电动机与机械系统的负载惯量相匹配，还应使起动频率、最高工作频率满足机床运动部件快速移动的要求。

4.2.2 步进电动机的驱动控制电路

由步进电动机的工作原理可知，必须使定子励磁绕组顺序通电，并具有一定功率的电脉冲信号，才能使其正常工作。步进电动机的驱动控制电路由脉冲分配器和功率放大电路组成。

1. 环形脉冲分配器

环形脉冲分配电路又称环形分配器或环分器，根据指令控制步进电动机的通电方式，实现正转、反转。根据功能实现的方式，环形脉冲分配器分为硬件环形分配器和软件环形分配器。

（1）硬件环形分配器 针对不同相数的步进电动机，市场上提供了完成环形分配功能的集成电路芯片，如 CH250。图 4-7 所示为 CH250 三相六拍接线。

主要管脚的作用：

1）A、B、C——A、B、C 相输出端。

2）R、R*——确定初始励磁相。若为"10"，则为 A相；若为"01"，则为 A、B 相；若为"00"，正常工作状态。

3）CL、EN——进给脉冲输入端。若 EN = 1，进给脉冲接 CL，脉冲上升沿环形分配器工作；若 CL = 0，进给脉冲接 EN，脉冲下降沿环形分配器工作；不符合上述规定，则环形分配器状态锁定（保持）。

4）J_{3r}、J_{3L}、J_{6r}、J_{6L}——三拍、六拍的控制端。

5）U_D、U_S——电源端。

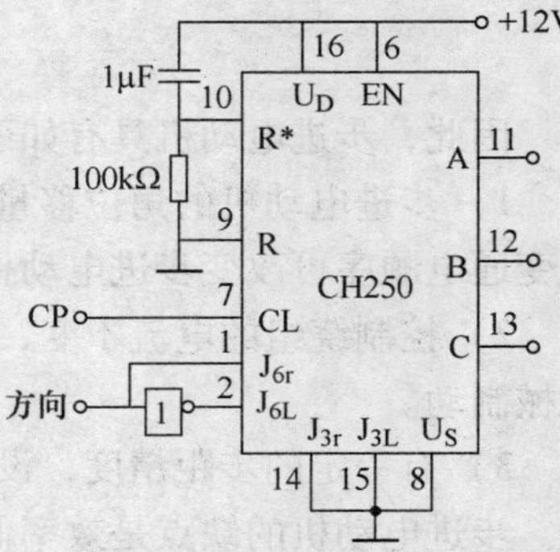

图 4-7 CH250 三相六拍接线

（2）软件环形分配器 在数控系统中，常利用软件程序实现脉冲分配功能。将控制字（步进电动机各相通断电顺序）从内存中读出，送到并行口输出。例如，若步进电动机是采用三相六拍的通电方式，即按 A→AB→B→BC→C→CA→A 顺序循环通电，用一个字节的低3 位分别对应步进电动机的 A、B、C 三相，则形成脉冲控制字。表 4-1 为步进电动机三相六拍顺序表，当正转时，取控制字为 01H、03H、02H、06H、04H、05H。反转时的控制字正好相反。用软件实现环形脉冲分配，可将控制字存放在 ROM 中，通过查表提取控制字。

表 4-1 步进电动机三相六拍顺序表

CP	C	B	A	控制字	CP	C	B	A	控制字
1	0	0	1	01H	4	1	1	0	06H
2	0	1	1	03H	5	1	0	0	04H
3	0	1	0	02H	6	1	0	1	05H

2. 功率放大电路

从环形分配器输出的脉冲信号是很弱的，电流只有几毫安，而步进电动机的定子绕组需要几安〔培〕至几十安〔培〕的脉冲电流，所以，脉冲信号必须经过功率放大电路放大后才能驱动步进电动机。

（1）单电压功率放大电路　图4-8所示为单电压功率放大电路，晶体管 VT 可以认为是一个无触点开关，工作在开关状态。由于电感线圈中的电流不能突变，绕组中的电流按指数规律上升，其时间常数 $\tau = L/R_L$，须经 3τ 时间后才达到稳态电流（L 为绕组电感，R_L 为绕组电阻）。由于步进电动机绕组本身的电阻很小（约为零点几欧），串联电阻 R 可限定绕组电流，避免步进电动机发热烧毁，同时起到减小时间常数的作用。R 的取值范围为 $5 \sim 20\Omega$。电阻 R 两端并联的电容 C 称为加速电容。它为电路在过渡过程中，提供一条低阻抗通路，使绕组电流上升更快。

二极管 VD 在晶体管 VT 截止时起续流和保持作用，以防止在晶体管截止瞬间绕组产生的反电动势将晶体管击穿，串联电阻 R_d 使电流下降更快，从而使绕组电流波形后沿变陡。

这种电路结构简单，但是电流上升速度不够快，高频时带负载能力差，R 上存在功率消耗。为了提高快速性，可提高电源电压，但功率消耗也进一步加大。

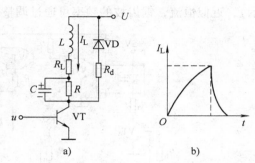

图4-8　单电压功率放大电路
a）原理图　b）绕组电流波形

（2）高低压功率放大电路　高低压功率放大电路是采用高压和低压两种电源供电的功放电路，如图4-9所示，VT_1、VT_2 为功率晶体管，VD_1、VD_2 为二极管，R_C 为外接限流电阻，步进电动机绕组电感及电阻分别为 L 和 R_L。高压 U_1 为 $80 \sim 150V$，低压 U_2 是 $5 \sim 20V$。当 VT_1、VT_2 管的基极电压 U_{b1} 和 U_{b2} 都为高电平时，则在 $t_1 \sim t_2$ 时间内，VT_1 和 VT_2 均饱和导通，二极管 VD_2 反向偏置而截止。高压电源 U_1 经 VT_1 和 VT_2 加到电动机绕组 L 上，使其电流迅速上升，提高了绕组电流，从而提高了步进电动机的工作频率和高频时的力矩。$t_2 \sim t_3$ 时间内，VT_1 截至，VT_2 导通，电动机绕组由低压电源 U_2 供电。

在 t_3 时，U_{b2} 为低电平，VT_1、VT_2 截止。绕组因电源关断而产生反电动势，通过 R_L、R_C、VD_1、U_1、U_2、VD_2 回路泄放，使绕组中电流迅速下降。

高低压功率放大电路与单电压功率放大电路相比，在较宽的频率范围内有较大的平均电流，能产生较大而且稳定的平均转矩，高频特性好，效率较高。但高压产生的电流会引起电动机的低频振荡，在高低压衔接处绕组电流有尖点、不够平滑，影响电动机的平稳运行。

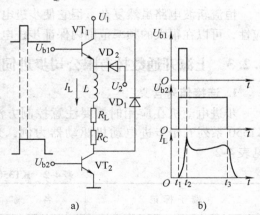

图4-9　双电压功率放大电路
a）原理图　b）电压电流波形

（3）恒流斩波功率放大电路　为了使步进电动机绕组中的电流维持在额定值附近，工程上多采用斩波功率放大电路。该电路的控制原理是随时检测绕组的电流值，当绕组的电流值下降到下限设定值时，高压功率管导通，绕组电流上升，当上升到上限设定值时，关断高压管。这样，在一个步进周期内，高压管多次通断，绕组电流在上、下限之间波动，接近恒定值，提高了绕组电流的平均值。

图4-10a所示为恒流斩波功率放大电路。环形分配器输出的脉冲作为输入信号，当有脉冲信号时，$VT_1 \sim VT_7$ 导通。由于 U_1 电压较高，绕组回路又没有串联电阻，所以绕组中的电流迅速上升。当绕组中的电流上升到额定值以上某个数值时，由于采样电阻 R_{12} 的反馈作用，经整形、放大后送至 VT_4 的基极，使 VT_4、VT_1、VT_2、VT_3 截止。绕组由低压 U_2 供电，绕组中的电流立即下降，当降至额定值以下时，又由于采样电阻 R_{12} 的反馈作用，使整形电路无信号输出，此时高压前置放大电路又使 VT_4、VT_1、VT_2、VT_3 导通，电流又立即上升。如此反复进行，形成一个在额定电流值上下波动的呈现锯齿状的绕组电流波形（图4-10b所示），近似恒流，锯齿波的频率可通过调整采样电阻来调整。

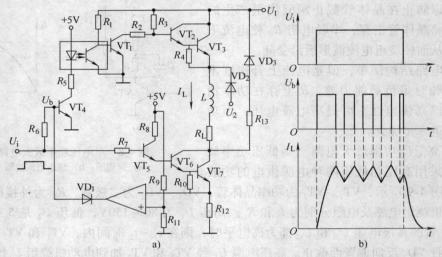

图4-10　恒流斩波功率放大电路
a）原理图　b）电压电流波形

恒流斩波电路虽然复杂，但它使步进电动机的运行特性有了明显的改善，提高了快速响应性，可以在很大的频率范围内保证步进电动机输出恒定的转矩。

4.2.3　上海开通数控有限公司步进伺服系统的应用

1. 连接信号含义

步进电动机在应用时，要注意控制方法和正确接线，下面以上海开通数控有限公司KT350系列五相步进电动机驱动器为例，介绍步进伺服系统的应用。接线端子排的含义见表4-2。

表4-2　KT350接线端子排的含义

端子标记	名　称	含　义
A、$\overline{A}$、B、$\overline{B}$、C、$\overline{C}$、D、$\overline{D}$、E、$\overline{E}$	电动机的接线端子	接至电动机A、$\overline{A}$、B、$\overline{B}$、C、$\overline{C}$、D、$\overline{D}$、E、$\overline{E}$各相
AC	电源进线	交流电源80V（±15%）
G	接地	接大地

CN1 为一个 D 型 9 芯的连接器，各脚号的含义见表 4-3。

表 4-3　连接器 CN1 脚号含义

脚　　号	符　　号	名　　称	含　　义
CN1－1 CN1－2	F/H、$\overline{F/H}$	整步/半步控制端 （输入信号）	当 F/H 与 $\overline{F/H}$ 间电压是 4～5V 时为整步，步距角为 0.72°/P 当 F/H 与 $\overline{F/H}$ 间电压是 0～0.5V 时为半步，步距角为 0.36°/P
CN1－3 CN1－4	CP（CW） $\overline{CP}$（$\overline{CW}$）	正、反转指令脉冲信号（或正转脉冲信号） （输入信号）	单脉冲方式时，正、反转指令脉冲（CP、$\overline{CP}$）信号 双脉冲方式时，正转指令脉冲（CW、$\overline{CW}$）信号
CN1－5 CN1－6	DIR（CCW） $\overline{DIR}$（$\overline{CCW}$）	正、反转指令脉冲信号（或正转脉冲信号） （输入信号）	单脉冲方式时，正、反转指令方向（DIR、$\overline{DIR}$）信号 双脉冲方式时，反转指令脉冲（CCW、$\overline{CCW}$）信号
CN1－7	RDY	控制回路正常（输出信号）	当控制电源、回路正常时，输出低电平信号
CN1－8	COM	输出信号公共点	RDY、ZERO 输出信号的公共点
CN1－9	ZERO	电气循环原点（输出信号）	半步运行时，第二十拍送出一电气循环原点（低电平） 整步运行时，第十拍送出一电气循环原点（低电平）

2. 控制方式

拨码开关可设置步进电动机的控制方式。

（1）控制方式的选择　用于单、双脉冲控制方式选择，ON 位置为单脉冲控制，OFF 为双脉冲控制。在双脉冲控制方式下，连接器 CN1 的 CW、$\overline{CW}$ 端子输入正转运行指令脉冲信号，CCW、$\overline{CCW}$ 端子则输入反转指令脉冲信号。在单脉冲控制方式下，连接 CN1 的 CP、$\overline{CP}$ 端子输入正、反转运行指令脉冲信号，DIR、$\overline{DIR}$ 端子输入正、反转运行方向信号。

（2）运行方向的选择　仅在单脉冲方式时有效，OFF 位置为标准设定，ON 位置为单方向转，与 OFF 状态转向相反。

（3）整、半步运行模式选择　ON 位置时步进电动机以整步方式运行，OFF 位置时步进电动机以半步方式运行。

（4）自动试机运行　ON 位置时自动试机运行，步进电动机能在半步控制方式下以 50r/min 速度自动运行，或者在整步控制方式下以 100r/min 速度自动运行，而不需外部脉冲输入；OFF 位置时驱动器接收外部脉冲才能运行。

3. 接线图

图 4-11 所示为步进电动机及驱动器接线，图中采用五相步进电动机。

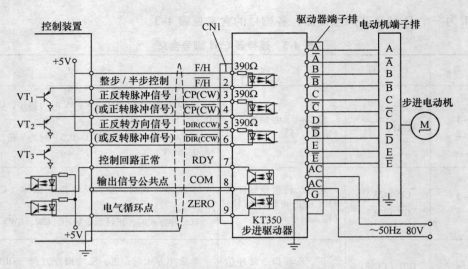

图 4-11　步进电动机及驱动器接线

4.3　直流进给伺服驱动系统

在数控机床中，直流电动机具有良好的起动、制动和调速特性，虽然交流伺服逐渐取代直流伺服，但由于种种原因，直流伺服电动机仍被采用，一般用于闭环或半闭环伺服系统中。

4.3.1　直流电动机的调速控制

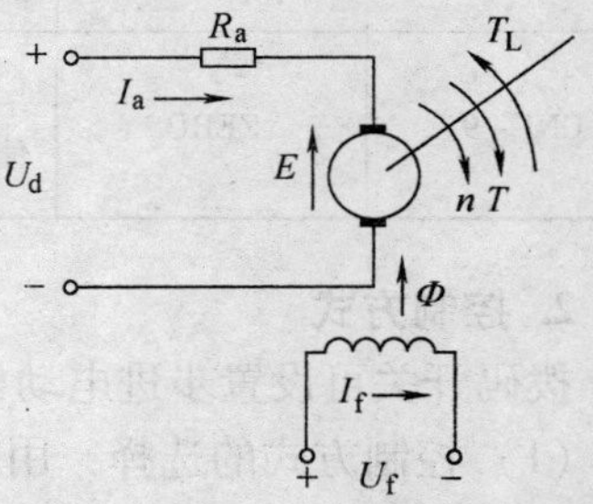

数控机床中的直流电动机通常采用他励方式。他励就是定子的励磁电流由另外的独立直流电源供电，当磁极采用磁性材料做成的永久磁极时，就称为永磁式直流电动机。他励直流电动机的工作原理如图 4-12 所示。

在忽略电枢反应的情况下，直流伺服电动机的电压平衡方程为

$$U_d = E + R_a I_a \tag{4-1}$$

式中　U_d——电枢电压（V）；

$\quad\quad E$——电枢反电动势（V）；

图 4-12　他励直流电动机工作原理

$\quad\quad R_a$——电枢电阻（Ω）；

$\quad\quad I_a$——电枢电流（A）。

当磁通恒定时，电枢反电动势为

$$E = C_E \Phi n \tag{4-2}$$

式中　C_E——电动势常数；

$\quad\quad \Phi$——每极磁通（Wb）；

$\quad\quad n$——电动机转速（r/min）。

直流伺服电动机的电磁转矩为

$$T = C_T \Phi I_a \tag{4-3}$$

式中 T——电磁转矩（N·m）；

$\quad$ C_T——电磁转矩常数；

$\quad$ I_a——电枢电流（A）。

将式（4-1）~式（4-3）联立求解可得直流伺服电动机的转速关系式

$$n = \frac{U_d}{C_E \Phi} - \frac{TR_a}{C_T C_E \Phi^2} \tag{4-4}$$

由式（4-4）可知，直流电动机调速方法有以下三种：

1）改变电动机控制电压 U_d，即改变电枢电压。

2）改变磁通 Φ，即改变励磁回路电流 I_f。

3）改变电枢回路电阻 R_a。

对于数控机床、工业机器人等能连续改变转矩的数控设备，要求伺服电动机转速调节平滑，即无级变速，而改变电阻只能有级调速。减弱磁通虽然能够平滑调速，但只能在基速以上小范围的升速，常用于主轴伺服系统中。因此，进给直流伺服系统的调速都是改变电枢电压，实现调速控制的。

4.3.2 直流进给伺服调速系统

1. 晶闸管调速系统

（1）系统组成 图 4-13 所示为晶闸管双闭环调速系统。该系统由内环－电流环、外环－速度环和晶体管整流放大器等组成。图中 I_R 为电流参考值，来自速度调节器的输出。I_f 为电流的反馈值，由电流传感器取自晶闸管整流主回路，即电动机的电枢回路。U_R 为数控装置（CNC）经 D－A 转换后的速度指令信号，一般取 0~10V 直流，其正、负极性对应于电动机的转动方向。U_f 为速度反馈值。U_R 与 U_f 的差值 U_s 为速度调节器的输入，速度调节器的输出是电流调节器的输入。速度调节器和电流调节器都是由线性运算放大器和阻容元件组成的校正网络。脉冲触发器通过调节触发角控制晶闸管（SCR）完成直流变换和功率放大，它一方面将电网的交流变为直流，另一方面通过触发脉冲调节器产生合适的触发脉冲，将输入的速度控制信号进行功率放大。

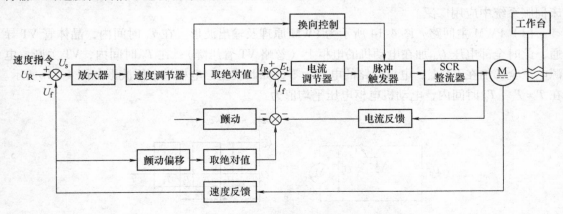

图 4-13　晶闸管双闭环调速系统

（2）系统的工作原理 由图 4-13 所示可知，就速度环而言，当给定速度指令信号增大时，该信号与速度反馈信号比较后产生较大的偏差信号，经放大加到速度调节器的输入端，调节器的输出电压随之加大，使触发器的触发脉冲前移（即减小 α 角），SCR 输出电压提高，电动机转速上升。同时，测速发电机输出的反馈电压也逐渐增加，并不断与给定值进行比较，当它等于或接近给定值时，系统达到新的动态平衡，电动机以指令要求的转速稳定运转。如果系统受到外界干扰，如负载增加时，电动机转速下降，反馈信号随之减小，偏差信号增大，又使速度调节器的输出电压增加，触发脉冲前移，晶闸管整流器输出电压升高，使电动机转速上升并恢复到外界干扰前的转速值。与此同时，电流调节器也有两个输入信号：一个是由速度调节器来的信号，它反映了偏差大小；另一个是电流反馈信号，它反映主回路的电流大小。电流调节器用以维持或调节电流。例如当电网电压突然降低时，整流器输出电压也随之降低，在电动机转速由于惯性尚未变化之前，首先引起主回路电流减小，从而立即使电流调节器输出增加，触发脉冲前移，使整流器输出的电压恢复到原来的值，从而抑制了主回路电流的变化。当速度给定信号为一阶跃函数时，电流调节器有一个很大的输入值，但其输出值已整定在最大饱和值，此时的电枢电流也在最大值（一般取额定值的 2～4 倍），从而使电动机在加速过程中始终保持在最大转矩和最大加速度状态，以使起动、制动过程最短。由此可见，具有速度外环、电流内环的双环调速系统具有良好的静态、动态指标，其起动过程很快，可最大限度地利用电动机的过载能力，使过渡过程最短。因此，这种过程称为限制极限转矩的最佳过渡过程。

晶闸管双闭环调速系统的缺点是：在低速轻载时，电枢电流会出现断续，机械特性变软，整流装置的外特性变陡，总放大倍数下降，同时也使动态品质恶化。为此，可采取电枢电流自适应调节器；另一方面，可增加一个电压调节器内环，组成三环系统来解决。

2. 脉宽调速系统

脉宽调制（Pulse Width Modulated，PWM），就是使功率放大器中的晶体管工作在开关状态下，开关频率保持恒定，用调整开关周期内晶体管导通时间的方法来改变输出，从而使电动机电枢两端获得宽度随时间变化的给定频率的电压脉冲。脉宽的连续变化，使电枢电压的平均值也连续变化，因而使电动机的转速连续调整。

直流脉宽调制驱动装置线路简单，具有功率小、工作频率高、效率高等优点，在数控机床伺服系统中应用广泛。

（1）PWM 主回路　图 4-14 所示为 PWM 原理及输出波形。在 T_1 时间内，晶体管 VT 导通，此时全部电压 U_d 加在电动机的电枢上（忽略 VT 管压降）；在 T_2 时间内，VT 关断，电源电压全部加在 VT 上，电枢回路的电压为零，如此反复，电枢端电压波形如图 4-14b 所示。在 $T = T_1 + T_2$ 时间内，电动机电枢电压平均值为

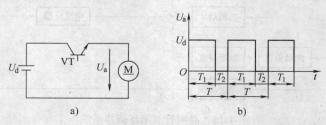

图 4-14　PWM 原理及输出波形

a）原理图　b）输出波形图

$$\overline{U}_\mathrm{a} = \frac{T_1}{T_1 + T_2}U_\mathrm{d} = \alpha U_\mathrm{d} \tag{4-5}$$

式中 α——为一个周期内晶体管 VT 导通的时间比率，称为负载率或占空比，$0 \leqslant \alpha \leqslant 1$。

因此，常采用下面的两种方法来改变电枢电压，调整直流电动机的转速。

1）恒频系统，也称为定宽调频法。保持周期 $T = T_1 + T_2$ 不变，只改变 T_1 的导通时间，这种方法称为脉宽调制（PWM）。

2）变频系统，也称为调宽调频法。改变周期 T，同时保持导通时间 T_1 或关断时间 T_2 之一不变，这种方法称为频率调制。

上述 $\overline{U}_\mathrm{a}$ 的调节范围为 $0 \sim U_\mathrm{d}$，电动机只能在某一方向调速，故称为不可逆调速。当需要电动机在正、反两个方向上都能调速时，需要使用桥式（H 形）降压斩波电路，如图 4-15 所示。

在图 4-15a 的在桥式电路中，VT_1 与 VT_4、VT_3 与 VT_2 同时导通或同时关断，同一桥臂上的晶体管不允许同时导通，否则将使直流电源短路。在一个周期 $T = T_1 + T_2$ 内，VT_1 和 VT_4 导通 T_1 秒后关断，VT_3 和 VT_2 导通 T_2 秒后关断，加在电动机电枢上的端电压波形如图 4-15b 所示。电动机电枢端电压的平均值为

$$\overline{U}_\mathrm{a} = \frac{T_1 - T_2}{T_1 + T_2}U_\mathrm{d} = (2\alpha - 1)\,U_\mathrm{d} \tag{4-6}$$

由于 $0 \leqslant \alpha \leqslant 1$，$U_\mathrm{a}$ 值的范围是 $-U_\mathrm{d} \sim +U_\mathrm{d}$，因而电动机可在正、反两个方向上调速。

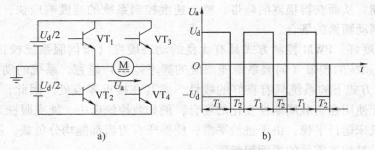

图 4-15 桥式降压斩波原理及波形
a）斩波原理图 b）斩波波形图

（2）PWM 驱动电路 图 4-16 所示为 PWM 驱动电路框图。脉冲频率发生器可以是三角形波或锯齿波发生器，它的作用是生成一个固定频率的调制信号（载波信号）U_T。电压 - 脉冲变换及分配器将转速指令信号 U_S 和 U_T 进行综合，产生一个宽度被调制的开关脉冲信号。分配器的作用是将脉冲信号按一定的逻辑关系分配给 PWM 各基极驱动电路，保证其协调工作。

（3）PWM 调速系统优点 PWM 调速系统与晶闸管控制方式相比，具有如下主要优点：

1）避开了机械的共振。PWM 调速系统的开关工作频率高（约为 2kHz），远高于转子跟随的频率，避开了机械共振区。数控机床工作平稳，提高了零件的表面加工质量。

2）电枢电流脉动小。在晶闸管控制方式中，整流电压波形差，特别是在低电压轻负载时，电枢电流的不连续，严重影响低速运行的稳定性。为此，不得不增大滤波电抗器的容量。而 PWM 调速系统的开关频率高，仅靠电枢绕组的电感滤波即可获得脉动很小的电枢电

93

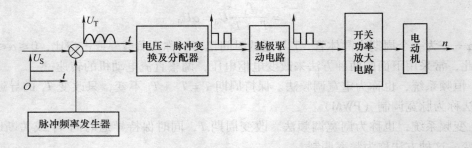

图 4-16 PWM 驱动电路框图

流，因此低速工作十分平滑、稳定，调速比可做得很大，如 1:10 000 或更高。

3）电流波形系数（电流有效值和平均值之比）较小。由于 PWM 控制方式的输出电流波形系数只有 1.001 ~ 1.003，而晶闸管控制方式为 1.05 ~ 1.6，所以电动机在同样输出转矩下（与电流平均值成正比），PWM 控制方式的电动机损耗和发热均较小，引起机床的热变形也小，对机床精度影响很小。

4）功率损耗小。PWM 控制方式是采用工作于开关状态的晶体管放大器作为功率输出级，晶体管工作在饱和导通或截止状态。由于饱和导通时管压降很小，而截止状态时的漏电流又很小，所以在此两种状态下晶体管的功率损耗均很小。

5）频带宽。PWM 控制方式的速度控制单元与较小惯量的电动机相匹配时，可以充分发挥系统的性能，从而获得很宽的频带。整个速度控制系统的速度响应快，且定位精度高，适合于起动、制动频繁的场合。

6）动态硬度好。PWM 控制方式具有优良的动态硬度（指伺服系统校正瞬态负载扰动的能力）。伺服系统的频带（伺服系统能响应的频率范围）越宽，系统的动态硬度就越高，而且 PWM 控制方式下的系统具有良好的线性，尤其在接近零点处。因此，PWM 控制方式的速度控制单元使用在负载周期性变化的场合，例如数控铣床中，能克服铣刀引起的负载周期性变化，使机床运行平稳；由于进给平滑，使得所有刀齿都能均分负载，从而延长了刀具的寿命，改善了被加工零件的表面粗糙度。

7）响应很快。PWM 控制方式具有四象限的运行能力，即电动机既能驱动负载，也能制动负载，所以响应很快。

晶体管 PWM 控制方式虽有上述优点，但与晶闸管控制方式相比，还有一些缺点，如不能承受高的峰值电流。因此，必须采用限流电路来限制峰值电流。一般都将峰值电流限制到两倍额定电流。

4.3.3　FANUC PWM 直流进给驱动

1. 伺服控制框图

图 4-17 所示为 FANUC 直流伺服系统。数控系统中的 CPU 发出控制信号经过数值积分器（DDA，即为插补器）输出一系列的均匀脉冲，然后经过指令倍率器 CMR 与位置反馈脉冲比较，所得的差值送到误差寄存器 ER，然后与位置增益（G）、偏移量补偿（D）运算后送到脉宽调制器（PWM）进行脉宽调制。被调制的脉冲经 D－A 转换器转换成模拟电压，作为速度控制单元（V）的控制指令 VCMD。电动机旋转后，由检测元件（PC）发出脉冲，

经断线检查器（BL）确认无信号断线之后，送到鉴相器（DG），用以确定电动机的旋转方向。从鉴相器再分二路输出。一路经 F/V 变换器，将脉冲变换成电压信号（TSA），送到速度控制单元，与 VCMD 指令进行比较，从而完成速度控制；另一路输出到检测倍率器（DMR），经其送到比较器完成位置环控制。设置 CMR 和 DMR 的目的是使指令的每个脉冲的移动量和实际的每个脉冲移动量一致，使控制系统适用于不同的丝杠螺距。

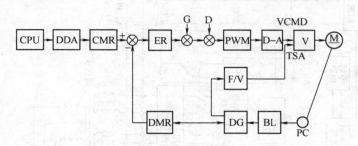

图 4-17　FANUC 直流伺服系统

2. PWM 调制

图 4-18 所示为 PWM 速度控制单元，指令电压 VCMD 与测速反馈信号 TSA 在放大器中经过比较之后，送出误差信号 ER = K（VCMD – TSA）和 – ER = – K（VCMD – TSA）。误差信号 ER 送到 A 相和 B 相调制器，同三角波发生器相与，经脉宽调制及驱动放大输出 TRA 和 TRB 信号到晶体管 VT_A 和 VT_B 的基极。而 – ER 信号与三角波相与之后，经调制放大后输出到晶体管 VT_C 和 VT_D 的基极。

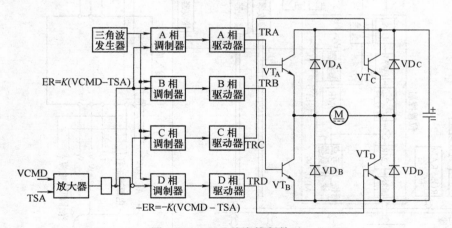

图 4-18　PWM 速度控制单元

3. CNC 与进给伺服系统连接框图

图 4-19 所示为 FANUC 系统直流进给伺服系统连接，PWM 主电路是由 $VT_1 \sim VT_4$ 功率开关晶体管组成的 H 形驱动电路。其中，电阻 CDR 用于检测电枢电流，作为电流反馈，其压降由 CD_1 和 CD_2 端输出；热继电器 MOL 串联于电枢电路，用于电动机的过载保护；能耗制动电阻 DBR 与电枢并联，当主电路电源切断时，MCC 常闭触点闭合，实现电动机的能耗制动。

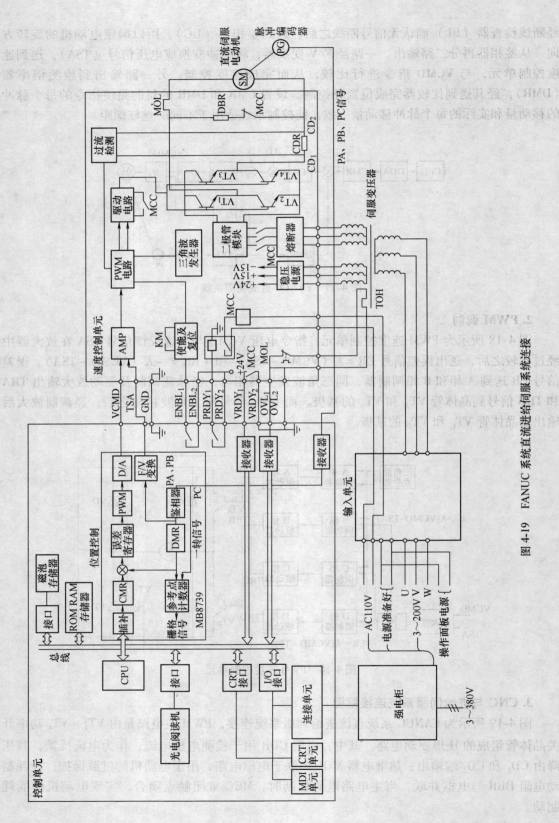

图 4-19 FANUC 系统直流进给同服系统连接

CNC 与驱动装置的连接信号有五组：VCMD、GND 为 CNC 系统输出给驱动装置的速度给定电压信号，通常在 $-10V \sim +10V$，$PRDY_1$、$PRDY_2$ 为准备好控制信号，当 $PRDY_1$ 与取 $PRDY_2$ 短接时，驱动装置主回路通电；$ENBL_1$、$ENBL_2$ 为使能控制信号，当 $ENBL_1$、$ENBL_2$ 短接时，驱动装置开始正常工作，并接受速度给定电压信号的控制；$VRDY_1$、$VRDY_2$ 为驱动装置通知 CNC 系统其正常工作的应答信号，当伺服单元出现报警时，$VRDY_1$ 与 $VRDY_2$ 立即断开；OVL_1 与 OVL_2 为常闭触点信号，当驱动装置中热继电器动作或变压器内热控开关动作时，该触点立即断开，通过 CNC 系统产生过热报警。

驱动装置还具有过流保护功能，当电枢瞬时电流或电枢电流的平均值大于最大设定值时，产生报警。通过监测测速发电机电压和伺服电动机电枢电压来实现失控保护，当速度反馈突然消失（如测速发电机断线），电动机转速急速上升时，立即封锁电压输出，使电动机停止并进行能耗制动，并通过 $VRDY_1$、$VRDY_2$ 通知 CNC 系统，产生报警信息。

4.4 交流进给伺服驱动系统

4.4.1 交流伺服电动机的分类和特点

直流电动机具有优良的调速性能，但存在需要经常维护、最高转速受到限制、结构复杂、制造成本高等缺点。随着科学技术的发展，新型功率开关器件、专用集成电路和新的控制算法的不断出现，交流电动机调速系统的调速性能有了很大的提高，已成为伺服系统的主流。

1. 分类和特点

交流伺服电动机可分为异步电动机和同步电动机。异步交流伺服电动机的定子中通入交流电产生旋转磁场，转子由空心的（笼状或杯状）非磁性材料（如铜或铝）制成。当转子转速与定子产生的旋转磁场的转速存在差值时，转子中导体切割旋转磁场而产生电流，电流与旋转磁场相互作用，使转子受到电磁力的作用而转动，其方向与旋转磁场方向一致。异步交流伺服电动机具有转子重量轻、惯量小、响应速度快等特点。

同步交流伺服电动机的转子受到定子电路旋转磁场的吸引，与旋转磁场的转速始终保持同步。当电源电压和频率固定不变时，同步交流伺服电动机的转速是固定不变的。当改变供电电源频率时，可获得与频率成正比的转速，而且在较宽的调速范围内，机械特性非常硬。

同步交流伺服电动机按转子结构又分为电磁式及非电磁式两大类。非电磁式同步交流伺服电动机又分为磁滞式、永磁式和反应式，其中磁滞式和反应式同步交流伺服电动机存在效率低、功率因数低、功率容量小等缺点。数控机床的进给伺服系统多采用永磁式同步交流伺服电动机，它结构简单、运行可靠、效率高。

2. 永磁式交流同步伺服电动机

（1）结构　图 4-20 所示为永磁式交流同步伺服电动机纵剖面。永磁式交流同步伺服电动机主要由定子、转子和检测元件（转子位置传感器和测速发电机）组成。定子有齿槽，内有三相绕组，形状与普通异步电动机的定子相同。但其外形呈多边形，且无外壳，以利于散热，避免电动机发热影响机床精度。转子由多块永久磁铁和铁心组成。此结构气隙磁密度较高，极数多。同一种铁心和磁铁可以装成不同极数的电动机。

（2）工作原理　图 4-21 所示为永磁式交流同步伺服电动机工作原理，图中只画了一对永磁转子，当定子三相绕组通以交流电后，就产生一个旋转磁场。旋转磁场以同步转速 n_s 旋转。根据磁极同性相斥、异性相吸的原理，定子旋转磁极与转子的永磁磁极互相吸引，带动转子一起同步旋转。当转子加上负载转矩之后，转子磁极轴线将落后定子磁场轴线一个 θ 角，随着负载增加，θ 角也随之增大，负载减小时，θ 角也减小。只要不超过一定限度，转子始终跟着定子的旋转磁场以恒定的同步转速 n_s 旋转。当负载超过一定极限后，转子不再按同步转速旋转。

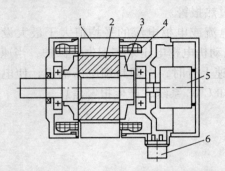

图4-20 永磁式交流同步伺服电动机纵剖面
1—定子 2—永久磁铁 3—压板 4—定子三相绕组
5—脉冲编码器 6—出线盒

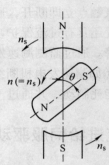

图4-21 永磁式交流同步伺服电动机工作原理

　　永磁式同步交流伺服电动机的缺点是起动比较困难，当三相电源供给定子绕组时，虽已产生旋转磁场，但转子处于静止状态，因惯性较大而无法跟随旋转磁场转动。解决的办法是在转子上装起动绕组，常采用笼型起动绕组。笼式起动绕组使永磁式同步交流电动机如同异步电动机一样，产生起动转矩，使转子开始转动，然后电动机再以同步转速旋转。另一种方法是在设计中减小转子的惯量或采用多对磁极，使永磁式交流同步伺服电动机能直接起动。另外，还可以在速度控制单元中采取措施，使电动机先在低速下起动，然后再提高到所要求的速度。

　　（3）永磁式交流同步伺服电动机的特点

　　1）机械特性硬。永磁式交流同步伺服电动机的机械特性（转速与转矩关系曲线）非常硬，接近水平直线。另外，断续工作区范围大，尤其是在高速区，这有利于提高电动机的加减速能力。

　　2）高可靠性。用电子逆变器取代了直流电动机的换向器和电刷，永磁式交流同步伺服电动机工作寿命由轴承决定。

　　3）热容量大。永磁式交流同步伺服电动机的能量主要损耗在定子绕组与铁心上，散热容易；而直流电动机能量主要损耗在转子上，散热困难。

　　4）转子惯量小，电动机响应快。

4.4.2 同步交流伺服电动机的速度控制

1. 调速原理

　　由电动机学基本原理可知，交流电动机的同步转速公式为

$$n = \frac{60f}{p}$$

(4-7)

式中 f——定子电源频率（Hz）；

　　　p——磁极对数。

从式（4-7）看出，通过改变加在定子绕组上的交流电频率，可以实现同步交流电动机的速度控制。从控制频率的方法上，可分为他控和自控变频调速系统两种。用独立的变频装置给同步电动机提供变压变频电源，称为他控变频调速系统。用电动机上所带的转子位置检测器来控制变频装置的称为自控变频调速系统。

变频装置可分为"交－交"型和"交－直－交"型。前者称为直接式变频器，根据输出波形分为正弦波及方波两种，常用于低频大容量调速。后者称为带直流环节的间接式变频器，数控机床上一般采用的是正弦脉宽调制（SPWM）变频器和矢量变换的 SPWM 调速系统。

2. SPWM 变频器

SPWM 是 PWM 调制的一种，其波形是与正弦波等效的一系列等幅而不等宽的矩形脉冲波。SPWM 采用正弦规律脉宽调制原理，具有功率因数高、输出波形好等优点。SPWM 可用硬件电路实现，也可以用软件或软件与硬件结合的办法实现。

用硬件电路实现 SPWM，就是用一个正弦波发生器产生可以调频调幅的正弦波信号（调制波），用三角波发生器生成幅值恒定的三角波信号（载波），将它们在电压比较器中进行比较，输出 SPWM 调制电压脉冲。图 4-22 所示为 SPWM 调制原理。

三角波电压和正弦波电压分别接在电压比较器的"－""＋"输入端。当 $U_t < U_s$ 时，电压比较器输出高电平；反之则输出低电平。SPWM 脉冲宽度（电平持续时间长短）由三角波和正弦波交点之间的距离决定，两者的交点随正弦波电压的大小而改变。因此，在电压比较器输出端输出幅值相等而脉冲宽度不等的电压信号。

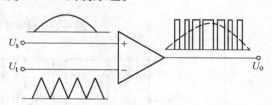

图 4-22　SPWM 调制原理

图 4-23 所示为 SPWM 调制波形成示意图，三角波 U_t 为载波，正弦波 U_s 为调制波，U_o 为输出的调制波。矩形脉冲 U_o 作为逆变器开关元件的控制信号，调节正弦波 U_s 的频率和幅值便可以相应地改变逆变器输出电压基波的频率和幅值。

图 4-24 所示为 SPWM 变频主电路，图中 $VT_1 \sim VT_6$ 是逆变器的六个功率开关管。交流电经三相整流和电容滤波后形成直流电压 U_s，作为大功率晶体管构成的逆变器主电路电源。在矩形脉冲的控制信号作用下输出三相频率和电压均可调整的等效正弦波脉宽调制波 SPWM。

3. 矢量变换控制的 SPWM 调速系统

直流电动机能获得优异的调速性能，其根本原因是与电动机电磁转矩相关的是互相独立的两个变量 ϕ 和 I_o。而交流电动机却不一样，其定子与转子间存在着强烈的电磁耦合关系，不能形成像直流电动机那样的独立变量，是一个高阶、非线性、强耦合的多变量控制系统。

矢量变换控制调速系统应用了处理多变量系统的现代控制理论及坐标变换和反变换数学工具，建立起一个与交流电动机等效的直流电动机模型，通过对该模型的控制，即可实现对交流电动机的控制，从而得到与直流电动机相同的优异控制性能。"等效"的概念，是将三相交流变换为等效的直流电动机的电枢电流和励磁电流，然后和直流电动机一样，对电动机的转矩进行控制；再通过相反的变换，将被控制的等效直流还原为三相交流，这样三相电动机的调速性能就完全体现直流电动机的调速性能。

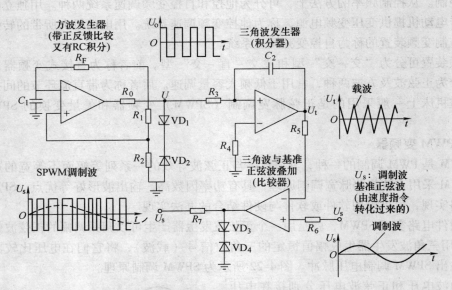

图 4-23　SPWM 调制波形成示意图

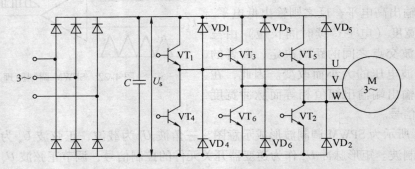

图 4-24　SPWM 变频主电路

　　矢量变换控制的 SPWM 调速系统，是通过矢量变换得到相应的交流电动机的三相电压控制信号，作为 SPWM 系统的给定基准正弦波，即可实现对交流电动机的调速。该系统实现了转矩与磁通的独立控制，控制方式与直流电动机相同，可获得与直流电动机相同的调速控制特性，满足了数控机床进给驱动的恒转矩、宽调速的要求。

　　交流永磁同步电动机矢量变频控制是转子位置定向的矢量控制，由电动机上的转子位置检测装置（如光电编码器）测得转子位置，经正弦信号发生器得到三个正弦波位置信号，由这三个正弦波位置信号去控制定子三个绕组的电流。

　　SPWM 调速系统主回路由脉宽调制逆变器、永磁同步电动机、转子位置检测器、电流传感器及速度传感器组成，控制回路由速度调节器、矢量控制单元、电流调节器、SPWM 生成器、驱动电路、三相正弦信号发生器及转速反馈变换回路组成。

4.4.3 SIMODRIVE 611A 系列交流伺服系统

1. SIMODRIVE 611A 系列交流伺服系统的结构与组成

SIMODRIVE 611A 系列交流伺服系统是 SIEMENS 公司在 SIMODRIVE 610 系统与 SIMO-DRIVE 650 系统的基础上改进而成的一体化产品。它采用模块化结构，伺服驱动与主轴驱动共用电源模块，模块与模块之间采用总线连接。在 SIMODRIVE 611A 系列驱动装置中，由左向右依次为电源模块、主轴驱动模块、伺服驱动模块。其中，电源模块通常为一个，主轴伺服及伺服驱动模块可以安装多个。伺服进给电动机的最大输出转矩可以达 185N·m，最高转速可以达到 8000r/min；主轴驱动的最大输出功率可达 76kW，最高转速可达 18 000r/min。直流母线电压为 600V 或 625V，可以连接三相 380V/400V/415V 电源。为了提高可靠性，通常需增加伺服变压器或滤波电抗器。图 4-25 所示为三轴（一个主轴）611A 驱动装置结构示意图，表 4-4 为 SIMODRIVE 611A 驱动系统的基本组成模块。

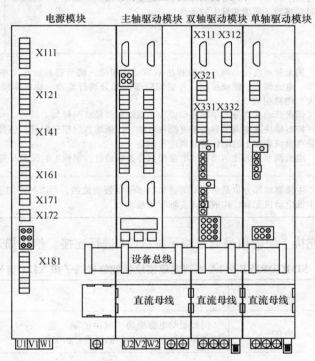

图 4-25   三轴（一个主轴）611A 驱动装置结构示意图

2. SIMODRIVE 611A 系列交流伺服系统的连接

SIMODRIVE 611A 伺服驱动模块内部连接有两个总线，一个是 DC 600V/625V 直流电源母线，由电源模块输出，通过专用铜排连接到主轴和伺服功率驱动板上；另一个是设备总线，也是由电源模块输出，通过西门子专用总线连接器连接到主轴和伺服驱动调节器板上。

（1）电源模块的连接

1）输入电源的连接。SIMODRIVE 611A 系列伺服系统要求的输入电源为三相 380V/400V/415V，允许电压波动为 ±10%。三相输入电源可以直接，或者通过隔离伺服变压器或滤波电抗器连接到电源模块的端子 U1/V1/W1 上。

表 4-4　SIMODRIVE 611A 驱动系统的基本组成模块

组成部分		功能	
电源模块	非受控电源模块	主回路采用二极管不可控整流电路，直流母线控制回路可以通过制动电阻释放因电动机制动、电源电压波动产生的能量，保持直流母线电压基本不变。适用于小功率，特别是制动能量较小的场合	电源模块由整流电抗器（内置式和外置式）、整流模块、预充电电路、制动电阻，以及相应的主接触器、检查、监控等电路组成 具有预充电控制和浪涌电流限制电路，提供 600V/625V 直流母线电压。监控电路监控直流母线电压、辅助电源 ±15V、+5V 电源，以及电源电压过高、过低、缺相的监控
	可控电源模块	采用晶闸管可控整流电路，整流回路也采用 PWM 控制，可以通过再生制动的方式将直流母线上的能量回馈电网。适用于大功率、制动频繁、回馈能量大的场合	
伺服驱动模块		伺服驱动模块由调节器板和功率驱动板组成。调节器板插在功率驱动板上，进行速度调节、电流调节、使能控制，并对伺服驱动部分进行监控。功率驱动板主要由逆变（功率放大）电路组成 伺服驱动模块分为单轴驱动模块和双轴驱动模块两种类型 控制模块速度调节器的速度漂移补偿、比例增益、积分时间，以及测速反馈电压，通过安装在模块表面上的电位器分别进行调整 电流调节器的比例增益、电流极限等参数通过控制板上的设定开关进行设定	
主轴驱动模块		主轴驱动部分也是由调节器板和功率驱动板组成的，可以与西门子的 1PH6、1PH4、1PH2 主轴电动机配套，构成交流主轴驱动系统	

2）使能信号的连接。使能信号通过端子排 X121 进行连接。信号描述见表 4-5。

表 4-5　SIMODRIVE 611A 系列电源模块使能信号端子排 X121 信号含义

序　号	端子号	含　义
1	9/63	伺服驱动电源模块"脉冲使能"输入信号，当 9/63 接通时，驱动装置各驱动控制模块的控制回路开始工作
2	9/64	伺服驱动电源模块"驱动使能"输入信号，当 9/64 接通时，驱动装置各驱动控制模块的调节器开始工作
3	5.3/5.2/5.1	当电源模块过电流，开关量信号输出（5.3/5.1 为常闭，5.2/5.1 为常开），驱动能力为 DC（50V/500mA）
4	9	伺服驱动电源模块"使能"端辅助输出电压 24V
5	19	伺服系统"使能"端辅助电压 0V

3）伺服驱动"准备好/故障"信号的连接。伺服驱动"准备好/故障"信号通过端子排 X111 输出，信号描述见表 4-6。

表 4-6 SIMODRIVE 611A 电源模块端子排 X111 输出信号意义

序 号	端 子 号	意 义
1	74/73.2	驱动伺服驱动"准备好"信号,触点输出为"常闭",驱动能力为 AC250V/2A 或 DC50V/2A
2	72/73.1	驱动伺服驱动"准备好"信号,触点输出为"常开",驱动能力为 AC250V/2A 或 DC50V/2A

4)辅助电压输出端的连接。辅助电压输出通过端子排 X141 连接,信号描述见表 4-7。

表 4-7 SIMODRIVE 611A 电源模块端子排 X141 输出信号意义

序 号	端 子 号	意 义
1	7	伺服系统 DC24V 辅助电压输出,电压范围为 20.4~28.8V,驱动能力为 24V/50mA
2	45	伺服系统 DC15V 辅助电压输出,驱动能力为 15V/10mA
3	44	伺服系统 DC15V 辅助电压输出,驱动能力为 -15V/10mA
4	10	伺服系统 DC24V 辅助电压输出,电压范围为 -28.8~-20.4V,驱动能力为 -24V/50mA
5	15	0V 公共端
6	R	故障复位输入,当 R 与端子 15 间连通时,伺服驱动装置故障复位

5)主回路输出控制的连接。主回路输出控制通过端子排 X161 连接。信号描述见表 4-8。

表 4-8 SIMODRIVE 611A 电源模块端子排 X161 信号意义

序 号	端 子 号	意 义
1	9	伺服驱动装置电源模块"使能"端辅助电压 24V 连接端子
2	112	电源模块调整与正常工作转换信号(正常使用时,一般与 9 号端子短接,将电源模块设为正常工作状态)
3	48	电源模块接触器控制端
4	111	主回路接触器辅助触点公共端
5	213	主回路接触器辅助常闭触点连接端,与 111 配合使用。驱动能力为 AC250V/2A 或 DC50V/2A(注意:部分电源模块 213 端无作用)
6	113	主回路接触器辅助常开触点连接端,与 111 配合使用。驱动能力为 AC250V/2A 或 DC50V/2A

6)预充电控制的连接。预充电控制通过端子排 X171 连接。通常连接端子 NS1/NS2,直接短接。当 NS1/NS2 断开时,电源模块内部的直流母线预充电回路的接触器将无法接通,预充回路不能工作,伺服装置也无法正常启动。

7)启动、禁止信号的连接。通过端子排 X172 连接。该端子排的连接端子 AS1/AS2 为电源模块内部"常闭"触点输出,触点受"调整与正常转换"信号 112 的控制,可以作为外部安全电路的"互锁"信号使用。AS1/AS2 端子的驱动能力为 AC250V/1A 或 DC50V/2A。

8）辅助电源的连接。通过端子排 X181 连接，信号描述见表 4-9。

表 4-9　SIMODRIVE 611A 电源模块端子排 X181 信号含义

序　　号	端　子　号	含　　　　义
1	M500/P500	提供直流母线电源，一般不使用
2	1U1/1V1/1W1	主回路电源输出端。在电源模块内部与主电源输入 U1/V1/W1 直接连接。实际应用中，一般直接连接到 2U1/2V1/2W1 端子上，作为电源控制回路的电源输入
3	2U1/2V1/2W1	电源模块控制电源输入端，常与 1U1/1V1/1W1 端子直接连接

9）驱动装置设备总线的连接。驱动装置设备总线接口 X351 通过西门子专用设备总线连接器连接到下一个模块（通常为主轴驱动模块）的总线连接端子 X151 上。这是内部总线，属于内部连接。

（2）伺服驱动模块的连接　以双轴驱动模块为例，介绍其信号的连接。对于单轴驱动模块，只有第一轴的连接端子。

1）驱动模块的使能连接。驱动模块的使能通过端子排 X321 连接。信号说明见表 4-10。

2）速度给定与速度控制使能信号的连接。速度给定与速度控制使能信号通过端子排 X331（第一轴）和 X332（第二轴）连接。信号说明见表 4-11。

3）测速反馈信号输入接口。测速反馈信号通过接口 X311/X312 接入，通常直接连接伺服电动机的速度反馈信号，采用插头连接。各插脚的作用说明见表 4-12。

表 4-10　SIMODRIVE 611A 进给驱动模块端子排 X321 信号含义

序　　号	端　子　号	含　　　　义
1	9/663	伺服驱动装置伺服驱动"脉冲使能"信号输入，通常连接外部常开触点，当 9/663 间的触点闭合时，驱动模块的控制回路开始工作。这个控制信号对该模块上的两个轴都有效
2	AS1/AS2	AS1/AS2 是驱动模块内部的常闭触点输出，触点受脉冲使能输入端 663 的控制，可以作为外部安全电路的互锁信号使用。AS1/AS2 的驱动能力为 AC250V/1A 或 DC50V/2A

表 4-11　SIMODRIVE 611A 进给驱动模块给定信号端子排信号说明

序　　号	端　子　号	端　子排号	说　　　　明
1	56.1/14.1	X331	该模块第一轴速度给定信号输入端子，一般为 -10～+10V 的模拟量输入
2	56.2/14.2	X332	该模块第二轴速度给定信号输入端子，一般为 -10～+10V 的模拟量输入
3	9/65.1	X331	该模块第一轴"速度控制使能"信号的输入端子，当 9/65.1 间的触点闭合时，速度控制回路开始工作
4	9/65.2	X332	该模块第二轴"速度控制使能"信号的输入端子，当 9/65.2 间的触点闭合时，速度控制回路开始工作
5	9/22.1	X331	该模块第一轴速度调节与电流调节选择，一般不使用
6	9/22.2	X332	该模块第二轴速度调节与电流调节选择，一般不使用

表 4-12 **SIMODRIVE 611A 进给驱动模块测试反馈信号说明**

插 脚 号	信号代号	说 明	伺服电动机反馈插脚号
1	Shield	屏蔽线	
2	G	0V	5 脚
3	(空)	—	—
4	P15	提供给转子位置检测元件的 15V 电源	4 脚
5	RLG-T	转子位置检测元件的 T 相输入	2 脚
6	RLG-R	转子位置检测元件的 R 相输入	3 脚
7	T	输出反馈 T 相的输入	7 脚
8	R	输出反馈 R 相的输入	11 脚
9	Shield	屏蔽线	—
10	(空)	—	—
11	PTCA	来自伺服电动机的过热检测元件的输入 A	9 脚
12	PTCB	来自伺服电动机的过热检测元件的输入 B	10 脚
13	RLG-S	转子位置检测元件的 S 相输入	1 脚
14	M	0V	—
15	S	输出反馈 S 相的输入	12 脚

4）伺服电动机电枢的连接。伺服电动机电枢是通过驱动模块下部的插头连接的。特别注意：第一，要使伺服驱动模块的输出 U2/V2/W2 与伺服电动机的 U/V/W 相对应，否则伺服电动机相序出错，会导致伺服系统不能正常运行；第二，双轴驱动模块的两个电动机输出不要搞混。

5）设备总线连接。设备总线属于内部连接，从电源模块来的设备总线连接到接口 X351 上，如果下面还有模块，通过转接插头接到下一个模块。

6）直流母线连接。通过西门子专用铜排与上一个模块的直流母线相连。

4.5 主轴伺服驱动系统

数控机床主轴伺服驱动系统能够在很宽的范围内实现转速连续可调，并且稳定可靠。在中、高档数控机床中，主轴运动采用直流伺服驱动或交流伺服驱动，有的主轴还采用通用变频器来实现无级调速。

4.5.1 常用直流主轴伺服系统

图 4-26 所示为 FAUNC 公司的直流主轴伺服驱动控制框图。在恒转矩控制时调压调速，在恒功率控制时调磁调速。伺服驱动采用的三相全控晶闸管无环流可逆调速系统，能够实现

基速以下的调压调速和基速以上的弱磁调速。主轴转速信号为直流 - 10 ~ +10V 模拟电压。

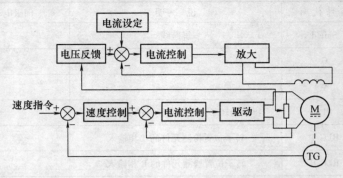

图4-26　FAUNC公司的直流主轴伺服驱动控制框图

直流主轴控制系统调压调速是由电流环和速度环组成的双环系统。图 4-26 中的上半部分是磁场控制回路，励磁绕组需要由另一直流电源供电。磁场控制回路由励磁电流设定回路、电枢电压反馈回路及励磁电流反馈回路组成，三者的输出信号经比较后控制励磁电流。当电枢电压低于 210V 时，磁场控制回路中的电枢电压反馈不起作用，只有励磁电流反馈维持励磁电流不变，调节直流电动机电枢电压，实现调压调速。当电枢电压高于 210V 时，励磁电流反馈不起作用，而引入电枢反馈电压形成负反馈，随着电枢电压的稍许提高，调节器减小励磁电流对磁场电流进行弱磁升速，使直流电动机转速上升。同时，FANUC 直流主轴伺服驱动装置具有速度到达、零速检测等辅助信号输出，还具有速度反馈消失、速度偏差过大、过载、失磁等多项报警保护措施，以确保系统安全、可靠地工作。

FANUC 公司的直流主轴电动机有 1GG5、1GF5、1GL5 及 1GH5 系列，与其配套的 6RA24、6RA27 系列驱动装置中，主回路电路采用晶闸管控制。

4.5.2　常用交流主轴伺服系统

交流主轴伺服电动机大多数采用异步电动机的结构形式，定子上有三相绕组，转子用合金铝浇铸而成。定子上增加了通风孔，外壳使用成形的硅钢片，有利于散热。电动机内部安装有检测元件。

1. FANUC 公司的串行数字控制的主轴驱动

20 世纪末 FANUC 公司成功地推出了数字交流伺服主轴驱动系统 α 系列，主要产品有标准型的 α 系列、广域恒功率输出的 αP 系列、经济型的 αC 系列，可用于 FANUC – 0C/0D 系统和 FANUC – 16/18/21/0iA 系统的主轴驱动。21 世纪初，FANUC 公司又推出了最新高速响应、高精度矢量控制的数字交流伺服主轴驱动系统 αi 系列，主要产品有标准型的 αi 系列、广域恒功率输出的 αPi 系列、经济型的 αCi 列，强制冷却型的 αLi 系列和高电压输入型的 α（HV）i系列，其中 αLi 系列最高输出转速为 20 000r/min。α（HV）i 系列最大额定输出功率可达 100kW，可满足绝大多数数控机床的主轴要求。αi 系列产品用于 FANUC – 16i/18i/21i/0iB/0iC 数控系统。

主轴伺服驱动采用微处理器控制，主回路采用晶体管脉冲宽度调制（PWM）控制技术。图 4-27 所示为 FANUC 公司的串行数字控制的主轴驱动装置。下面以 FANUC 公司的 α 系列主轴驱动装置为例，介绍主轴驱动装置的结构、功能和连接。

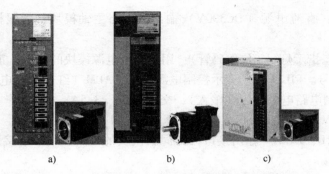

图 4-27 FANUC 公司的串行数字控制的主轴驱动装置

a) α 系列主轴模块　b) αi 系列主轴模块　c) βi 系列主轴模块

（1）电源模块的结构　电源模块将 L1、L2、L3 输入的三相交流电（一般为 AC200V）整流、滤波变成直流电（DC300V），为主轴模块和伺服模块提供直流电源；将 200R、200S 控制端输入的交流电转换成直流电（DC24V、DC5V），为电源模块本身提供控制回路电源；通过电源模块的逆变把电动机再生能量反馈到电网，实现回馈制动。新型的电源模块已经把主电路中的整流块和逆变块及保护、监控电路等做成一体的智能模块（IPM），且主电路的滤波电解电容器安装在各驱动模块中。图 4-28 所示为 FANUC 公司的电源模块及主轴模块结构。接口含义如下。

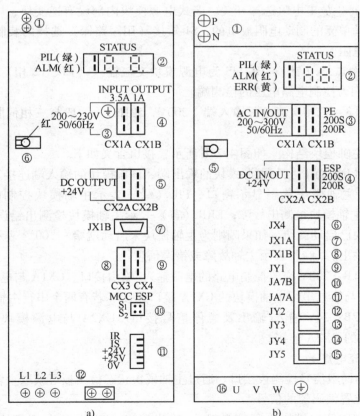

图 4-28 FANUC 公司的电源模块及主轴模块结构

a) 电源模块　b) 主轴模块

① DC Link 盒：直流电源（DC300V）输出端，与主轴模块、伺服模块的直流输入端连接。

② STATUS 状态指示灯（2 位数码管）：用于表示电源模块的状态。正常时为"00"，故障时为"##"报警号。PIL（绿）表示控制电源正常，ALM（红）表示电源模块故障。

③ CX1A：控制电路电源电压（输入），交流 200V、3.5A。

④ CX1B：200V 交流输出接口，与主轴模块的 CX1A 端口连接。

⑤ CX2A、CX2B：DC24V 输出接口，与伺服模块的 CX2A 端口连接及系统显示装置的直流电源输入端连接。

⑥ 直流母排电压显示（充电指示灯）：指示灯完全熄灭后，方可对模块电缆进行各种操作，否则有触电危险。

⑦ JX1B：模块之间的连接接口，与下一个模块（如主轴模块）接口的 JX1A 相连，进行各模块之间的报警信息及使能信号的传递。最后一个模块接口 JX1B 必须用短接盒（5、6 脚短接）将模块间的使能信号短接，否则系统报警。

⑧ CX3：主电源 MCC（常开触点）控制信号接口。一般用于电源模块三相交流电源输入主接触器的控制。

⑨ CX4：ESP 急停信号接口。一般与机床操作面板的急停开关的常闭点相接。不用该接口信号时，必须将 CX4 短接，否则系统处于急停报警状态。

⑩ S1、S2：再生放电电阻选择开关。老式电源模块内部设有逆变块，电动机的再生发电能量是通过制动单元的制动电阻放电的，S1 短接（用短路棒）选择内装制动电阻，S2 短接选择外接制动电阻。

⑪ 检测脚的测试端（针）：IR、IS 为电源模块交流输入（L1、12 相）的瞬时电流值；+24V、+5V 分别为控制电路电压的检测端。

⑫ L1、L2、L3：三相交流电源输入端（200V，50Hz）。一般与三相伺服变压器的输出端连接。

（2）α 系列主轴模块结构　如图 4-28b 所示，接口含义如下。

① P、N DC LINK 端口：与电源模块的输出端、伺服模块的输入端连接。

② STATUS：主轴模块状态显示窗口。PIL（绿）表示主轴模块控制电路电源正常；ALM（红）表示主轴模块检测出故障；ERR（黄）表示主轴模块检测出错误信息。"——"不闪表示主轴模块已启动就绪，如果闪则为主轴模块未启动就绪。"00"表示主轴模块已启动并有速度信号输出。"##"表示主轴故障或错误信息。

③ CX1A/CX1B：200V 交流控制电路的电源输入/输出接口。CX1A 与电源模块的 CX1B 接口连接；CX1B 与第二串行主轴模块的 CX1A 接口连接（若有两个串行主轴）。

④ CX2A/CX2B：24V 输入/输出及急停信号接口。CX2A 与电源模块的 CX2B 连接；CX2B 与伺服模块的 CX2A 连接。

⑤ DC LINK 充电灯。

⑥ JX4：主轴伺服信号检测板接口。通过主轴模块状态检测板可获取主轴电动机内装脉冲发生器和主轴位置编码器的信号。

⑦、⑧ JX1A/JX1B：模块之间信息输入/输出接口。JX1A 与电源模块的 JX1B 连接；JX1B 与伺服模块的 JX1A 连接。

⑨ JY1：外接主轴负载表和速度表的连接器。

⑩ JA7B：串行主轴输入信号接口连接器，与 CNC 系统的 JA7A 接口连接。

⑪ JA7A：用于连接第二串行主轴的信号输出接口，与第二串行主轴模块的 JA7B 接口连接。

⑫ JY2：连接主轴电动机速度传感器和电动机过热检测装置（热敏电阻）。

⑬ JY3：主轴位置一转信号接口（为磁传感器或接近开关）。

⑭ JY4：主轴独立编码器连接器（光电编码器）。

⑮ JY5：主轴 C_s 轴（回转轴）控制时，作为反馈连接器。

⑯ U、V、W：主轴电动机的动力电源接口。

（3）FANUC 公司的 α 系列主轴模块的连接　图 4-29 所示为 FANUC 电源模块和主轴模块的连接图，图 4-30 所示为电源模块和主轴模块连接原理。三相动力电源（380V）通过伺服变压器（380V 电压转换成 200V 电压）输送到电源模块的控制电路输入端、电源模块的主电路的输入端及作为主轴电动机的风扇电源。JY2 连接到内装了 A、B 相脉冲发生器的主轴电动机，是主轴电动机的速度反馈及主轴电动机过热检测信号接口。JY4 连接到主轴位置编码器，实现主轴位置及速度的控制，完成数控机床的主轴与进给的同步控制及主轴准停控制等。CX4 连接到数控机床操作面板的系统急停开关，实现硬件系统急停信号的控制。

图 4-29　FANUC 公司的电源模块和主轴模块连接图

2. SIEMENS 公司的主轴伺服系统

SIEMENS 公司早期的交流主轴电动机有 1PH5 和 1PH6 系列，对应的是 6SC650 系列驱动。SIMODRIVE 611A 采取模块化结构，可以与 1PH6、1PH4、1PH2、1PH7 主轴交流伺服电动机配套，主回路采用正弦脉冲宽度调制（SPWM）技术，可以进行转矩控制和磁场计算，实现矢量控制。

SIMODRIVE 611A 系列主轴驱动模块与外部连接的控制信号连接端子均位于驱动器的正面，图 4-31 所示为 SIMODRIVE 611A 主轴模块连接端布置图，具体连接的要求如下。

（1）主轴电动机电枢连接　主轴电动机电枢连接端位于驱动器的下部。安装、调试、维修时，必须保证驱动器的 U2/V2/W2 与电动机的 U/V/W 一一对应，防止电动机相序的错误。

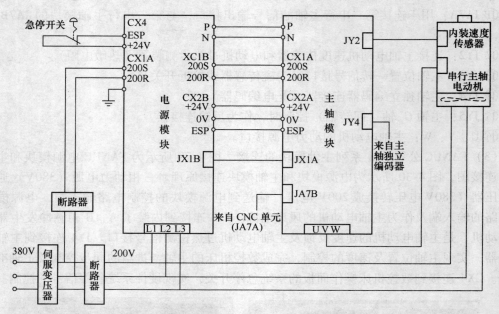

图 4-30　电源模块和主轴模块连接原理

（2）速度给定连接端子 X421　一般与 CNC 的速度给定模拟量输出及速度控制使能信号连接。端子的作用如下。

56/14：用于连接速度给定信号，一般为 -10V ~ +10V 模拟量输入。

24/8：用于连接辅助速度给定信号，一般为 -10V ~ +10V 模拟量输入。

（3）使能控制与可定义输入连接端 X431

9/663：驱动器脉冲使能信号输入，当 9/663 间的触点闭合，驱动模块控制回路开始工作。

9/65：用于连接驱动器的速度控制使能触点输入信号，当 9/65 间的触点闭合，速度控制回路开始工作。

9/81：用于连接驱动器的急停触点输入信号，当 9/81 间的触点开路，主轴电动机紧急停止。

E1 ~ E9：可以通过参数定义的输入控制信号，信号意义取决于参数的设定。

（4）模拟量输出连接端 X451

A91/M：可以定义的模拟量输出连接端 1，输出为 -10V ~ +10V 模拟量。

A92/M：可以定义的模拟量输出连接端 2，输出为 -10V ~ +10V 模拟量。

（5）驱动器触点输入/输出连接端 X441

AS1/AS2：主轴驱动模块启动禁止信号输出端，一般与强电柜连接。当 AS1/AS2 断开时，表明驱动器内部的逆变主回路无法接通，主电动机无励磁。在部分机床上，该输出端可以用于外部安全电路，作为主轴的起动"互锁"控制，触点具有 AC250V/3A、DC50V/2A 的驱动能力。

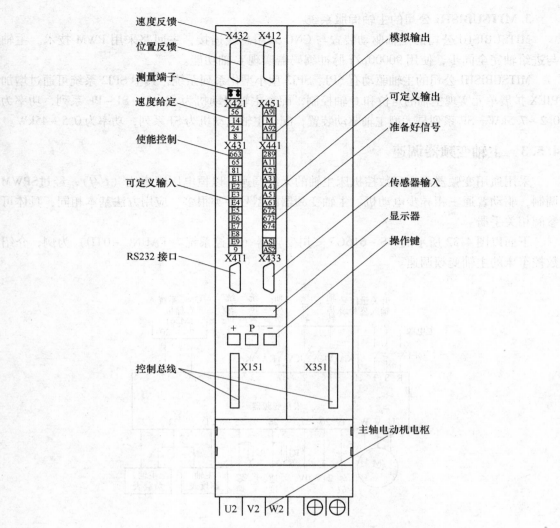

速度反馈

位置反馈

测量端子

速度给定

使能控制

可定义输入

RS232 接口

模拟输出

可定义输出

准备好信号

传感器输入

显示器

操作键

控制总线

主轴电动机电枢

图 4-31　SIMODRIVE 611A 主轴模块连接端布置图

674/673：驱动器准备好信号触点输出，常闭触点，驱动能力为 DC30V/1A。

672/673：驱动器准备好信号触点输出，常开触点，驱动能力为 DC30V/1A。

A11 ~ A61：可以通过参数定义的输出信号，信号意义取决于参数的设定，驱动能力为 DC30V/1A。

（6）测速反馈信号接口 X412　该接口一般与来自主轴电动机的速度反馈编码器直接连接，采用插头连接。

（7）位置反馈信号接口 X432　该接口一般与来自主轴的位置反馈编码器连接（输入信号），也可以是电动机内装编码器的输出信号或主轴传感器的输入信号，其连接取决于驱动器及参数的设定。

（8）RS232 接口 X411　该接口为 RS232 标准接口，可以连接主轴驱动器调整用计算机。

（9）传感器的输入接口 X433　该接口为传感器的输入接口，可以连接主轴位置传感器。

3. MITSUBISHI 公司的主轴伺服系统

MITSUBISHI 公司的主轴驱动装置与 CNC 采用总线连接，主回路采用 PWM 技术。主轴与进给轴完全同步，使用 90000p/r 脉冲编码器实现 C 轴功能。

MITSUBISHI 公司的主轴驱动有 SPJ、SPJ2 型小型化系列系统，其中 SPJ2 系统可通过增加 PJEX 扩展单元实现主轴的定位和 C 轴控制，配套主轴电动机为 SJ – P、SJ – PF 系列，功率为 0.2 ~ 7.5kW。SP 系列是大型主轴驱动装置，配套主轴电动机为 SJ 系列，功率为 0.5 ~ 45kW。

4.5.3 主轴变频器调速

采用通用变频器可实现数控机床主轴的无级调速，以恒电压频率比（U/f），经过SPWM调制，驱动普通三相异步电动机。主轴变频器的型号种类很多，应用方法基本相同，具体可参阅相关手册。

下面以图 4-32 所示的 VS – 616G5 安川变频器（数控系统为 FAUNC – 0TD）为例，介绍数控车床的主轴变频调速。

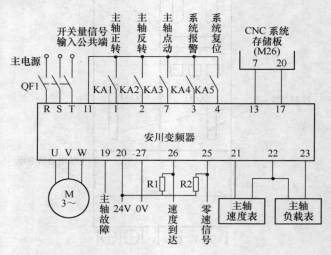

图 4-32　数控车床主轴驱动装置接线图

1. 安川变频器控制回路的功能及端子接线

图 4-33 所示为安川变频器控制回路端子，有开关量输入控制端子（1、2、3、4、5、6、7、8 和 11）、模拟量输入控制端子（13、14、16 和 17）、继电器输出控制端子（18、19、20 及 9、10）、开路集电极输出控制端子（25、26、27）及模拟量输出控制端子（21、23、22）。其中多功能输入端子 3、4、5、6、7、8 的具体功能分别由变频器参数 H1 – 01、H2 – 02、H1 – 03、H1 – 04、H1 – 05 及 H1 – 06 选择；多功能输出端 9、10 的功能由变频器参数 H2 – 01 选择；多功能输出端 25 与 27、26 与 27 的功能分别由变频器参数 H2 – 02、H2 – 03 选择；多功能输出端 21 与 22、23 与 22 的功能分别由变频器参数 H4 – 01、H4 – 04 选择（如作为数控机床的主轴转速表和负载表）。括号所标注的功能为变频器出厂时的设定功能。

2. 数控机床 CNC 系统与变频器的信号

（1）CNC 到变频器的信号

1）主轴正转信号（1-11）、主轴反转信号（2-11）。用于手动操作（JOG 状态）和自动

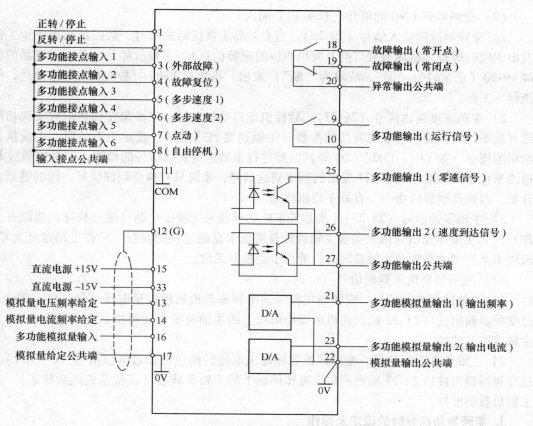

正转 / 停止 —— 1
反转 / 停止 —— 2
多功能接点输入 1 —— 3（外部故障）
多功能接点输入 2 —— 4（故障复位）
多功能接点输入 3 —— 5（多步速度 1）
多功能接点输入 4 —— 6（多步速度 2）
多功能接点输入 5 —— 7（点动）
多功能接点输入 6 —— 8（自由停机）
输入接点公共端 ——
COM —— 11
—— 12 (G)
直流电源 +15V —— 15
直流电源 −15V —— 33
模拟量电压频率给定 —— 13
模拟量电流频率给定 —— 14
多功能模拟量输入 —— 16
模拟量给定公共端 —— 17
0V

18 —— 故障输出（常开点）
19 —— 故障输出（常闭点）
20 —— 异常输出公共端
9 ——
10 —— 多功能输出（运行信号）
25 —— 多功能输出 1（零速信号）
26 —— 多功能输出 2（速度到达信号）
27 —— 多功能输出公共端
21 —— 多功能模拟量输出 1（输出频率）
D/A
23 —— 多功能模拟量输出 2（输出电流）
22 —— 模拟量输出公共端
D/A
0V

图 4-33 安川变频器控制回路端子

状态（自动加工 M03、M04、M05）中，实现主轴的正转、反转及停止控制。系统在点动状态时，利用机床面板上的主轴正转和反转按钮发出主轴正转或反转信号，通过系统 PMC 控制 KA1、KA2，向变频器发出信号，实现主轴的正、反转控制，此时主轴的速度是由系统存储的 S 值与机床主轴的倍率开关决定的。

2）系统故障输入（3-11）。当数控机床系统出现故障时，通过系统 PMC 发出信号，控制 KA4 获电动作，使变频器停止输出，实现主轴自动停止控制，并发出相应的报警信息。例如机床自动加工时，进给驱动系统突然出现故障，主轴也能自动停上旋转，从而防止打刀事故的发生。

3）系统复位信号（4-11）。系统复位时，通过系统 PMC 控制 KA5，使变频器的复位。例如变频器出现干扰报警时，可通过系统 MDI 键的复位键（RESET）进行复位，而不用切断系统电源重新上电复位。

4）主轴电动机速度模拟量信号（13-17）。用作主轴速度信号（模拟量电压信号），实现主轴电动机的速度控制。在 FANUC − 0TD 系统中，系统把程序中的 S 指令值与主轴倍率的乘积转换成相应的模拟量电压（0 ~ 10V），通过系统存储板接口 M26 的 7-20，输送到变频器 13-17 的模拟量电压频率给定端，从而实现主轴电动机的速度控制。

5）主轴点动信号（7-11）。系统在点动状态时，通过机床面板的主轴点动按钮实现主轴点动修调控制，此时主轴点动的速度由变频器功能参数 H1 − 05 设定。

（2）变频器到 CNC 的信号（作为 PLC 输入）

1）变频器故障输入信号（19-20）。当变频器出现任何故障时，数控系统也停止工作并发出相应的报警（机床报警灯亮及发出相应的报警信息）。主轴故障信号是通过变器的输出端 19-20（正常时为"通"，故障为"断"）发出，再通过 PMC 向系统发出急停信号，使系统停止工作。

2）主轴速度到达信号（26-27）。数控机床自动加工时，主轴速度到达信号实现切削进给开始条件的控制。当系统的功能参数（主轴速度到达检测）设定为有效时，系统执行进给切削指令（如 G01、G02、G03 等）前要进行主轴速度到达信号的检测，即系统通过 PMC 检测来自变频器输出端 26-27 发出的频率到达信号，系统只有检测到该信号，切削进给才能开始，否则系统进给指令一直处于待机状态。

3）主轴零速信号（25-27）。当数控车床的卡盘采用液压控制（通过机床的脚踏开关操作）时，主轴零速信号用来实现主轴旋转与液压卡盘的连锁的控制。只有主轴速度为零时，液压卡盘控制才有效；主轴旋转时，液压卡盘控制无效。

（3）变频器到机床侧的信号

1）主轴速度表的信号。变频器把实际输出频率转换成模拟量电压信号（0～10V），通过变频器输出接口 21-22 输出到机床操作面板上的主轴速度表（模拟量表或数显表），实现主轴速度的监控。

2）主轴负载表的信号。变频器把实际输出电流转换成模拟量电压信号（0～10V），通过变频器输出接口 22-23 输出到机床操作面板上的主轴负载表（模拟量表或数显表），实现主轴负载的监控。

3. 变频器功能参数的设定及操作

（1）变频器参数的设定　安川变频器为多功能变频器，按其功能不同，参数分为九个功能组。下面以 SSCK－20 型数控车床控制为例，具体说明变频器参数的含义及设定，没有提到的功能参数按出厂时的标准设定。

1）A 组参数。为环境设定功能参数，主要用来选择操作器的语种显示、参数存取级别、控制方式、参数初始化的方式等。

A1－00 显示语种选择："0"为英语，"1"为日语。实际设定为"0"。

A1－01 参数存/取选择："0"为监控专用参数，"1"为用户选择参数，"2"为试运行参数，"3"为通常使用参数，"4"为所有参数。实际设定为"4"。

A1－02 控制方式选择："0"为 U/f 控制，"1"为带反馈的 U/f 控制，"2"为开环矢量控制，"3"为（带反馈）闭环矢量控制。开环矢量控制时，必须正确设定电动机的相关参数（电动机的空载电流、定子绕组的电阻、定子回路的阻抗等），才能准确实现电动机的矢量控制。SSCK－20 型数控车床中该参数设定为"0"。

A1－03 参数初始化功能："0"为参数初始化结束，"1110"为用户参数初始化，"2220"，为两线制的初始化（恢复变频器出厂值的设定），"3330"为三线制的初始化。此功能参数用于变频器出现软件不良时参数初始化操作。

2）B 组参数。为应用功能参数，主要用于应用功能选择，如变频器的频率给定方式选择、启动和停止方式的选择、PID 控制方式的设定、节能方式的设定等。

B1－01 频率指令选择："0"为面板给定（通过面板上的"增加或减少"键给定频率），

"1"为外部端子给定（由模拟量电压给定频率）。实际设定为"1"，变频器的输出频率是由输入端 13-17 的模拟量电压（0~10V）调整的。

B1－02 运行指令选择："0"为面板控制（由面板上的 RUN 和 STOP 键控制），"1"为端子控制（由输入端子 1－11 和 2－11 控制）。实际设定为"1"。

停止方式选择："0"为减速停止，"1"为自由停止，"2"为直流制动停止。实际设定为"0"。

B1－04 反转禁止选择："0"为可以反转，"1"为禁止反转。实际设定为"0"。

3）C 组参数。为调整功能参数，主要用来设定电动机的加减速时间、加减速方式、转差补偿频率等。

C1－01 加速时间设定：设定范围为 0.1~600.0s。根据电动机的负载惯性来调整设定。如果加速时间设定过短，将会引起过电流报警。实际设定为 1s。

C1－02 减速时间设定：设定范围为 0.1~600.0s。根据电动机的负载惯性来调整设定。如果减速时间设定过短，将会引起过电压报警。实际设定为 1s。

4）E 组参数。为电动机功能参数，主要用来设定电动机的 U/f 控制功能的有关参数、电动机技术参数等。

E1－01 输入电压：设定范围为 320~460V。实际设定为 380V。

E1－02 电动机选择："0"为通用电动机，"1"为专用电动机。实际设定为"0"。

E1－03 U/f 线选择："0~E"为 15 种固定曲线，"F"为任意 U/f 曲线。实际设定为"F"。U/f 控制参数由 E1－04~E1－10 决定。

E1－04 最高输出频率：设定范围为 50~400Hz。根据机床主轴的传动比及主轴的最高转速来设定。实际设定为 110Hz。

E1－05 最高输出电压（额定电压）：设定范围为 0~480V。实际设定为 380V。

El－06 基本频率：设定范围为 0.1~400.0Hz。通常按电动机的额定频率来设定。实际设定为 50Hz。

E1－07 中间输出频率：设定范围为 0.1~400.0Hz。

E1－08 中间输出频率电压：设定范围为 0~480V。

E1－09 最低输出频率：设定范围为 0.1~400.0Hz。

E1－10 最低输出频率电压：设定范围为 0~480V。

E2－01 电动机 1 的额定电流：设定范围为 0.1~1500.0A。按实际电动机的额定电流来设定。实际设定为 22.6A（电动机的额定输出功率是 11kW，电动机的额定电流为 22.6A）。

E2－02 电动机 1 的额定转差频率：设定范围为 0.01~20.0Hz。按实际电动机的额定转差频率设定。实际设定为 1.33Hz（电动机的额定转速为 1460r/min）。

E2－04 电动机 1 的极数：设定范围为 2~48。按实际电动机的极数来设定。

5）L 组参数。为保护功能参数，主要用来设定电动机的保护功能。

L1－01 电动机的电子热保护功能选择："0"为电动机电子热保护无效，"1"为电动机电子热保护有效。实际设定为"1"。

L1－02 电动机电子热保护动作时间：设定范围为 0.1~5.0min。实际设定为 1min。

（2）变频器编程器的操作　变频器编程器不仅可以进行功能参数的设定及修改，而且可以显示报警信息、故障发生时的状态（如故障时的输出电压、频率、电流等）及报警履历等。这些内容的实现都是通过操编程器上的键来进行的。

运行方式选择键：用来切换面板操作和回路端子控制运行。

菜单键：显示各种工作方式。

返回键：回到当前画面的前一个画面。

点动键：当面板操作有效时，用于实现电动机点动控制。

数据/输入键：实现各种方式、功能、参数及设定值的读出/写入。

正转/反转切换键：当面板操作有效时，用来切换电动机的正、反转控制。

增加键：实现各种方式、功能及参数组的翻页（向下翻），设定值的增加控制。

减少键：实现各种方式、功能及参数组的翻页（向上翻），设定值的减小控制。

运行键：当面板操作有效时，启动变频器的运行。

停止键：当面板操作有效时，停止变频器的运行。

4.6　全数字式伺服系统

4.6.1　全数字式伺服系统的构成和特点

1. 全数字式进给伺服系统的构成

数控机床进给伺服系统需要处理位置环、速度环和电流环的控制信息。根据这些信息是用软件来处理还是用硬件处理，可以将伺服系统分为全数字式伺服系统和混合式伺服系统。

一般混合式伺服系统位置环用软件控制，速度环和电流环则用硬件控制。位置环在数控系统中的控制流程是：由 CNC 插补得出位置指令值，根据位置采样输入实际值，用软件求出位置偏差，经软件调节后得到速度指令值，经 D－A 转换后作为速度控制单元的速度给定值，通常为模拟电压（－10～＋10V）。在驱动装置中，利用速度和电流调节后，利用功率驱动控制伺服电动机的转速及转向。

在全数字式伺服系统中，CNC 系统直接将插补运算得到的位置指令以数字信号的形式传送给伺服驱动装置，伺服驱动装置本身具有位置反馈和位置控制功能，独立完成位置控制。CNC 与伺服驱动之间通过通信联系，传递各种信息。

图 4-34 所示为全数字式进给伺服系统框图，是 PWM 控制的直流伺服驱动系统。位置控制、速度控制和电流控制环节的数字（软件）控制运算均由 CPU 来完成，与 CNC 系统进行双向通信。各环节可以采用不同的控制策略，通过软件可以设定、改变其结构与参数。电流控制器向 PWM 功率放大器输送脉冲宽度调制信号，脉冲编码器 PC 提供位置与速度反馈信号，电流检测器反馈电流信号，PWM 功率放大器驱动直流伺服电动机，完成伺服系统控制任务。

2. 全数字式伺服系统的优点

1）在全硬件和混合型系统中，模拟信号因温度、电路器件老化等原因会引起零点偏离和漂移。而在全数字式系统中，系统对逻辑电平以下的信号漂移、噪声干扰不予响应，而且还可用软件进行自动补偿，因而提高了速度、位置控制的精度和稳定性。

2）在全硬件的模拟控制系统中，微弱信号的信、噪分离很困难，很难将控制精度提高

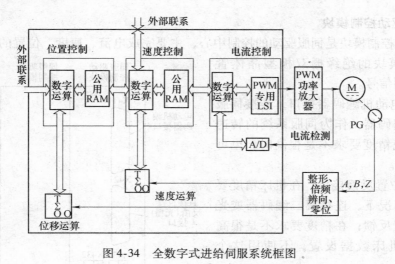

图 4-34　全数字式进给伺服系统框图

到毫微级别。而在全数字式伺服系统中，可以通过增加数字信号的位长，达到所要求的控制精度。

3）在全数字式伺服系统中，可以预先设定数值进行各种补偿，如反向间隙补偿、定位精度补偿、热变形或机构受力变形补偿等。在因机械传动件的参数（如不同的丝杠螺距）或因使用要求的变化而要求改变脉冲当量时，可通过软件参数设定不同的指令脉冲倍率或检测脉冲倍率。

4）全数字式伺服系统中控制调节环节全部软件化，很容易引进经典和现代控制理论的控制策略，如比例（P），比例 - 积分（PI）和比例 - 积分 - 微分（PID）控制等，而且这些控制调节环节的结构和参数可以根据负载惯量等条件的不同，通过软件进行设定和修改，以及自动优化，可使系统的性能达到最佳。

5）系统能够高速传递多种状态参数信息，如与 CNC 之间传递位置指令和实际位置、速度指令和实际速度、转矩指令和实际转矩、伺服系统及伺服电动机参数、伺服状态和报警、控制方式命令等信息。

4.6.2　SIMODRIVE 611D 数字伺服系统

SINUMERIK 840D 数控系统采用数字化的 SIMODRIVE 611D 伺服系统，它由 6SN1123 系列驱动功率模块、6SN1118 系列驱动控制模块，以及 1FT6 系列交流伺服电动机等部件组成。功率驱动模块主要由 IGBT、电流互感器及信号调节电路组成；驱动控制模块由位置调节器、速度调节器和电流调节器组成。其中位置调节器是数字比例调节器，其余两个调节器是数字比例积分调节器。交流伺服电动机是永磁式同步电动机，内置编码器作为转速反馈。图 4-35 所示为 SIMODRIVE 611D 数字伺服模块接口。

1. 伺服驱动功率模块

伺服驱动功率模块和控制模块一起完成逆变，主要是提供逆变的功率单元及其保护电路。驱动功率模块主要有两个接口：第一个是直流母线接口，由电源模块提供直流 600V 电源；第二个接口 X131 连接交流伺服电动机，为交流伺服电动机提供电源。P600 为 600V 直流正极母排，M600 为 600V 直流负极母排。

2. 伺服驱动控制模块

伺服驱动控制模块是伺服驱动的控制中心，主要完成电流、速度、位置的调节与控制，为驱动功率模块的绝缘栅双极型晶体管IGBT提供控制信号。

X411是电动机编码器接口，连接伺服电动机内置编码器，作为伺服系统的转速反馈，在系统精度要求不是很高时，也可作为位置反馈。

X421是位置反馈接口，在机床精度要求比较高的情况下，连接第二编码器或光栅尺作为位置反馈；在精度要求不是很高时，可通过机床数据设置，不使用这个接口。

X431是使能接口，使能信号一般由PLC给出，也可以将使能信号短接。

X432是高速输入/输出接口端，通常不用。

X34、X35是电压、电流检测孔，模块维修时使用，一般用户不使用。

X141是驱动总线输入接口，从数字控制单元（NCU）发出，与上个模块X341相连。这是SIMODRIVE 611D伺服系统新增加的接口，用来与NCU进行驱动数据通信，通过这个接口可实现驱动数字化。

X341是驱动总线输出接口，连接到下一个驱动模块的X141。如果是最后一个模块，这个接口插接西门子特定端子，否则系统报警，不能正常工作。

X151是设备总线输入接口，与上一个模块的X351相连，提供模块使用的各种电源。

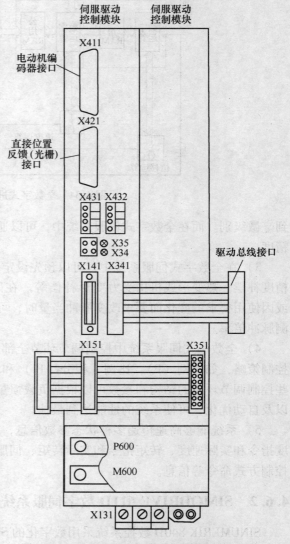

图 4-35　SIMODRIVE 611D 数字伺服模块接口

X351是设备总线输出接口，与下一个模块的X151相连。大功率的驱动模块安装在驱动功率模块上；小功率的驱动模块则安装在驱动控制模块上。

4.6.3　SINAMICS S120 驱动系统

SINAMICS S120 驱动系统采用了最先进的硬件技术、软件技术及通信技术，具有高速驱动接口，配套的 1FK7 永磁式同步伺服电动机具有电子铭牌，系统可以自动识别所配置的驱动系统。此外，该系统还具有更高的控制精度和动态控制特性，以及更高的可靠性。和SINUMERIK 802D sl 数控系统配套使用的 SINAMICS S120 驱动系统有书本型驱动系统和用于单轴 AC/AC 模块式驱动系统。

书本型驱动系统的结构形式为电源模块和电动机模块分开，电源模块将三相交流电整流成 540V 或 600V 的直流电，将电动机模块（一个或多个）都连接到该直流母线上（SINUMERIK 802D sl pro 数控系统和 plus 数控系统采用该类型驱动系统）。电源模块采用馈能制动方式，分为调节型电源模块（Active Line Module，ALM）和非调节型电源模块（Smart Line Module，SLM）。无论选用 ALM 还是 SLM，均需要配置电抗器。单轴 AC/AC 模块式驱动系统，其结构形式为电源模块和电动机模块集成在一起（SINUMERIK 802D sl value 数控系统采用该类型驱动系统）。

SLM 是将三相交流电整流成直流电，并能将直流电回馈到电网，直流母线电压不能调节，故称非调节型电源模块。对于 5kW 和 10kW 的 SLM，可以通过接口 X22 中的 2 接线端子来选择是否需要能量回馈，而对于 16kW 和 36kW 的 SLM，可以通过参数来选择是否需要能量回馈。对于不允许回馈的供电电网，也可以接制动单元和制动电阻来实现制动。

图 4-36 所示为 5kW 的 SLM 及驱动器接口。5kW 和 10kW 的 SLM 控制信号是通过端子进行控制的，而 16kW 和 36kW 的 SLM 是通过 Drive-CLIQ 接口来控制的，通过该接口和主控单元进行数据交换。SLM 的供电电压为三相交流 380～480V，功率范围为 5～36kW。在实际应用中，必须安装与其功率相对应的电抗器。

SLM X24 端子提供外接 DC24V 电源。

SLM X21 端子控制信号接线端子。接线端子 1 是伺服准备好输出信号；接线端子 2 是 I^2t 驱动器超温报警输出信号；接线端子 3 是脉冲使能输入信号，正常接 +24V；接线端子 4 是 +24V 地。断电时，应先断开脉冲使能接线端子 3 的输入信号，至少 10ms 后，再断开主电源。

SLM X22 端子为控制信号接线端子。接线端子 1 是 +24V 电源；接线端子 2 是输入信号，高电平表示禁止驱动器母线电压回馈到电网；接线端子 3 是驱动器复位输入信号；接线端子 4 是 +24V 地信号。

SLM 中的 X1 供电电压 380～480V，应用时要安装与其功率相对应的电抗器。

双轴驱动电动机模块 X1、X2 为三相动力输出，接两台交流伺服电动机。

双轴驱动电动机模块 X202、X203 为伺服反馈信号输入，分别接两台交流伺服电动机反馈信号。

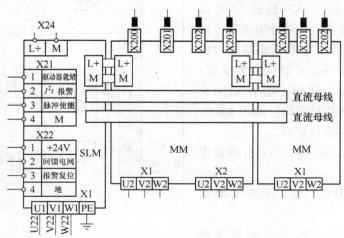

图 4-36　5kW SLM 及驱动器接口

双轴驱动电动机模块 X200 为高速驱动通信接口 DRIVE-CLIQ，指令信号输入，接数控装置 SINUMERIK 802D 的 X1 接口。

双轴驱动电动机模块 X201 为高速驱动通信接口 DRIVE-CLIQ，指令信号输出，接单轴驱动 X200。

单轴驱动电动机模块 X1 为三相动力输出，接一台交流伺服电动机。

单轴驱动电动机模块 X202 为伺服反馈信号输入，接交流伺服电动机反馈信号。

单轴驱动电动机模块 X200 为高速驱动通信接口 DRIVE-CLIQ，指令信号输入，接双轴驱动 X201。

单轴驱动电动机模块 X201 为高速驱动通信接口 DRIVE-CLIQ，指令信号输出。

实训项目 1　步进伺服系统的调试与使用

1. 实训目的

（1）熟悉 SIEMENS 公司的 STEPDRIVE C/C$^+$ 步进驱动系统的控制原理。

（2）掌握 STEPDRIVE C/C$^+$ 步进驱动与 SINUMERIK 802S 之间的连接。

（3）了解步进驱动系统的进给速度与指令脉冲频率的关系。

2. 实训内容

数控系统选用 SINUMERIK 802S Baseline，通过实训，学生应掌握数控车床的 X、Z 轴步进伺服系统的连接与调试。

3. 实训步骤

（1）SINUMERIK 802S Baseline 系统接口　图 4-37 所示为 SINUMERIK 802S Baseline 系统连接框图。端子 X1 外接直流 24V 工作电源；端子 X2 是通信接口 RS232；端子 X6 外接主轴脉冲编码器；端子 X7 是步进驱动器与主轴驱动器模拟输入接口；端子 X10 外接手摇脉冲发生器；端子 X20 是高速输入接口；端子 X100 ~ X105 是开关量输入信号接口；端子 X200、X201 是开关量输出信号接口。

（2）802S Baseline 接口 X7 引脚及说明（表 4-13）

（3）STEPDRIVE C/C$^+$ 步进驱动的连接

1）电源的连接。输入电源为单相

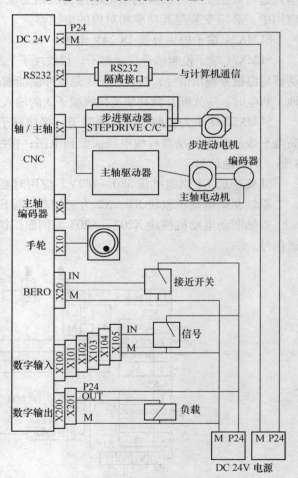

图 4-37　SINUMERIK 802S Baseline 系统连接框图

AC220V，必须使用伺服隔离变压器。

表 4-13　Baseline 接口 X7 引脚及说明

引脚	信号	说明	引脚	信号	说明	引脚	信号	说明
1	n. c	没用	18	ENABLE1	1 轴使能正	35	n. c	没用
2	n. c	没用	19	ENABLE1_N	1 轴使能负	36	n. c	没用
3	n. c	没用	20	ENABLE2	2 轴使能正	37	A04	主轴模拟负
4	AGND4	主轴模拟正	21	ENABLE2_N	2 轴使能负	38	PULS1_N	1 轴脉冲负
5	PULS1	1 轴脉冲正	22	M	接地	39	DIR1_N	1 轴方向负
6	DIR1	1 轴方向正	23	M	接地	40	PULS2	2 轴脉冲正
7	PULS2_N	2 轴脉冲负	24	M	接地	41	DIR2	2 轴方向正
8	DIR2_N	2 轴方向负	25	M	接地	42	PULS3_N	3 轴脉冲负
9	PULS3	3 轴脉冲正	26	ENABLE3	3 轴使能正	43	DIR3_N	3 轴方向负
10	DIR3	3 轴方向正	27	ENABLE3_N	3 轴使能负	44	PULS4	4 轴脉冲正
11	PULS4_N	4 轴脉冲负	28	ENABLE4	4 轴使能正	45	DIR4	4 轴方向正
12	DIR4_N	4 轴方向负	29	ENABLE4_N	4 轴使能负	46	n. c	没用
13	n. c	没用	30	n. c	没用	47	n. c	没用
14	n. c	没用	31	n. c	没用	48	n. c	没用
15	n. c	没用	32	n. c	没用	49	n. c	没用
16	n. c	没用	33	n. c	没用	50	SE4. 2	主轴使能
17	SE4. 1	主轴使能	34		没用			

2）指令与使能信号的连接。步进驱动器的指令脉冲（ + PULS/ – PULS）方向（ + DIR/ – DIR）与使能（ + ENA/ – ENA）信号从控制端输入，以上信号直接来自 CNC。

+ PULS/ – PULS：指令脉冲输出，上升沿有效，每一脉冲输出控制步进电动机运动一步（0. 36°）。输出脉冲的频率决定了步进电动机的转速（即工作台运动速度），输出脉冲数决定了步进电动机运动的角度（即工作台运动距离）。

+ DIR/ – DIR：步进电动机旋转方向选择。"0"为顺时针，"1"为逆时针。电动机实际转向与驱动器的设定有关。

+ ENA/ – ENA：驱动器使能控制信号。"0"为驱动器禁止，"1"为驱动器使能。驱动器禁止时，步进电动机无保持力矩。

3）"准备好"信号的连接。STEPDRIVEC/C$^+$系列驱动器的"准备好"信号输出通常使用 24V 电源，电源需要外部提供。RDY 为驱动器的"准备好"输出信号。

4）电动机的连接。驱动器与步进电动机的连接非常简单，直接将驱动器上的 A ~ E 与电动机的对应端连接即可。

4. 实训考核

实训结束以后，通过提问、答辩、实测等方式对学生进行考核，了解学生对接口信号意义的理解，考查学生对步进伺服驱动连接动手能力。根据考核情况综合打分。

5. 撰写实训报告

1）绘出 CNC 系统与步进伺服系统电气原理图。

2）调试结果。

3）总结实训体会以及遇到的问题与解决办法。

实训项目 2 FANUC 系统 α 系列交流伺服单元的连接与调试

1. 实训目的和要求

1）熟悉 FANUC 系统 α 系列伺服单元的组成。

2）掌握系统 α 系列伺服单元的具体连接。

3）理解和掌握 α 系列伺服单元参数设定与初始化操作。

2. 实训内容

以数控车床为例，说明 α 系列伺服单元的组成。通过对 FANUC 系统 α 系列进给伺服单元之间的连接，使学生熟悉和掌握进给伺服单元原理。图 4-38 所示为 FANUC – 0TD 系统与 α 系列伺服单元。

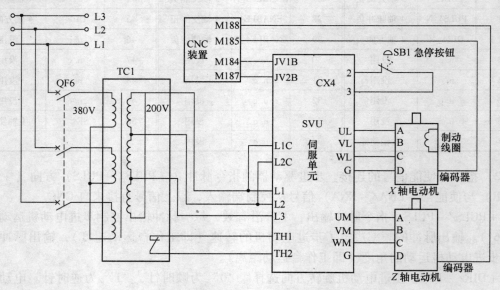

图 4-38 FANUC – 0TD 系统与 α 系列伺服单元

3. 实训步骤

（1）α 系列伺服单元端子功能

1）接线端子功能

L1、L2、13：三相输入动力电源端子，AC200V。

L1C、L2C：单相输入控制电路电源端子，AC200V（出厂时已与 L1、L2 短接）。

TH1、TH2：过热报警输入端子（出厂时，TH1、TH2 已短接），可用于伺服变压器及制动电阻的过热信号的输入。

UL、VL、WL：第一轴伺服电动机动力线。

UM、VM、WM：第二轴伺服电动机动力线。

2）电缆接口功能。

JV1B、JV2B：A 型接口的伺服控制信号输入接口。

JS1B、JS2B：B 型接口的伺服控制信号输入接口。

JF1、JF2：B 型接口的伺服位置反馈信号输入接口。

JA4：伺服电动机内装绝对编码器电池电源接口（6V）。

CX3：伺服装置内 MCC 动作确认接口，一般可用于伺服单元主电路接触器的控制。

CX4：伺服紧急停止信号输入端，用于机床面板的急停开关（常闭触点）。

（2）α 系列伺服单元的组成　FANUC 系统 α 系列伺服单元由主电路板和控制电路板组成。伺服单元的主电路板内部由整流模块、智能功率模块、制动电阻组成。整流模块把输入的三相交流电（200V、50Hz）整流成直流电压输出，为逆变模块提供直流电源（DC300V）；智能功率模块（一个伺服单元同时控制两个进给伺服轴）进行直流电源 DC300V 的逆变，变成频率连续可调的三相交流电源供给伺服电动机，同时具有伺服驱动、检测和保护功能控制；制动电阻为伺服电动机再生能量释放提供放电回路，防止伺服系统出现过电压。

（3）伺服参数的设定与初始化操作　数控车床 X 轴伺服电动机与滚珠丝杠同轴连接，Z 轴伺服电动机采用同步带与滚珠丝杠连接，齿轮比为 1:1，Z 轴进给丝杠端安装一个独立编码器（2 000p/r），作为 Z 轴位置反馈信号。X、Z 轴丝杠的螺距均为 6mm。

X 轴进给齿轮比 $N/M = (6 \times 1000)/1000000 = 3/500$。

Z 轴进给齿轮比 $N/M = (6 \times 1000)/(2000 \times 4) = 3/4$。

图 4-39 所示为伺服系统参数的设定。

SERVO SETTING	X AXIS	Z AXIS
INITIAL SET BIT	00000010	00000010
MOTOR ID NO	8	8
AMR	00000000	00000000
CMR	2	2
FEED GEAR N	3	3
(N/M)　　M	500	4
DIRECTION SET	111	−111
VELOCCITY PULSE NO	8192	8192
POSETION PULSE NO	12500	2000
REF COUNTER	6000	6000

图 4-39　伺服系统参数的设定

将初始化设定位设定为"00000000"然后系统断电再重新上电，完成伺服系统参数初始化操作。

4. 实训考核

调试完成后，要对每一位学生进行考核，了解学生对伺服驱动知识的掌握情况。检查系统部件的连接，根据电气控制设计图样、安装和调试的情况综合打分。

5. 撰写实训报告

1）数控车床伺服单元的电气连接原理图。

2）伺服单元参数设置结果。

3）总结实训体会，包括实训中遇到的问题及解决方法。

复习思考题

1. 填空题

1）数控伺服系统是以机床运动部件的_____和_____为控制量的自动控制系统。

2）步进电动机的角位移量和角速度分别与指令脉冲的_____和_____成正比。

3）进给直流伺服的调速是由_____实现调速控制的。

4）用电动机上的_____来控制变频装置的是自控变频调速系统。

5）SIMODRIVE 611A 伺服驱动系统内部连接有两个总线，一个是_____，另一个是_____。

2. 选择题

1）闭环控制系统与半闭环控制系统的区别是（　　）。

A. 采用的伺服电动机不同　　　　　　　　B. 采用的传感器不同

C. 伺服电动机安装位置不同　　　　　　　D. 传感器安装位置不同

2）一台三相反应式步进电动机，当采用三相六拍通电方式运行时，其步距角为 0.75°，则转子的齿数为（　　）。

A. 40　　　　　　B. 60　　　　　　C. 80　　　　　　D. 120

3）PWM 是脉冲宽度调制的缩写，PWM 调速单元是指（　　）。

A. 晶闸管相控整流器速度控制单元　　　　B. 直流伺服电动机及其速度检测单元

C. 大功率晶体管斩波器速度控制单元　　　D. 感应电动机变频调速系统

4）在 CNC 与速度控制单元的联系信号中，速度控制命令 VCMD 的传输方向是（　　）。

A. 在 CNC 与速度控制单元之间双向传递　　B. 由速度控制单元传递到 CNC

C. 由反馈检测元件传递到 CNC　　　　　　D. 由 CNC 传递到速度控制单元

3. 判断题

1）由于有电刷和换向器，所以直流伺服电动机不能高速运转。　　　　　　　（　　）

2）闭环系统精度只取决于测量装置的精度和安装精度。　　　　　　　　　　（　　）

3）FAUNC 直流主轴伺服可实现基速以上的调压调速和基速以下的弱磁调速。（　　）

4）SPWM 波是与正弦波等效的等宽不等幅的矩形脉冲波。　　　　　　　　　（　　）

5）在数控车床中，变频器输入的主轴速度到达信号可用于螺纹切削控制。　　（　　）

4. 简答题

1）数控机床中的伺服系统由哪些部分组成？基本要求是什么？

2）环形分配的目的是什么？根据图 4-1 说明 CNC 与驱动器之间是如何传输信号的？

3）试比较高低压、恒流斩波驱动电源的特点。

4）比较晶体管与 PWM 直流调速的特点及适用场合，说明为什么交流伺服调速能取代直流调速。

5）数控机床中主轴变频器一般有哪些功能参数？如何实现主轴正、反转？

6）比较 SIMODRIVE 611A 和 611D 驱动器的接口信号。

7）全数字式伺服系统在伺服控制方面有何优点？

5. 计算题

步进电动机有 80 个齿，采用三相六拍工作方式，丝杆螺距为 5mm，工作台最大移动速度为 10mm/s，求：

① 步进电动机的步距角 β。

② 脉冲当量 Δ。

③ 步进电动机的最高工作频率 f_{max}。

6. 分析题

图 4-40 所示为 βi SVPM 交流伺服单元的连接图，查阅技术资料，说明各器件功能。

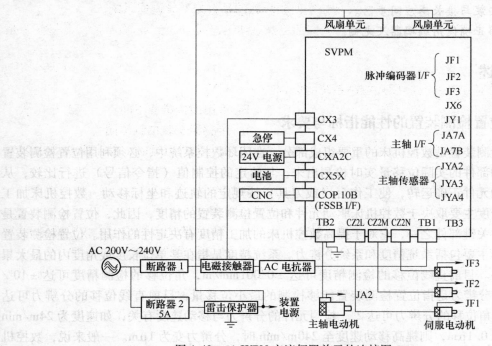

图 4-40　βi SVPM 交流伺服单元的连接图

第5章　位置检测装置

5.1　概述

5.1.1　位置检测装置的性能指标与要求

位置检测装置是数控机床的重要组成部分，在闭环数控系统中，必须利用位置检测装置把机床运动部件的实际位移量实时检测出来，与给定的控制值（指令信号）进行比较，从而控制驱动元件正确运转，使工作台（或刀具）按规定的轨迹和坐标移动。数控机床加工中的位置精度主要取决于数控机床驱动元件和位置检测装置的精度，因此，位置检测装置是数控机床的关键部件之一，它对于提高数控机床的加工精度有决定性的作用。位置检测装置的精度指标主要包括系统精度和系统分辨力。系统精度是指在某单位长度或角度内的最大累积检测误差。目前直线位移的检测精度可达 ±0.001mm/m，角位移的检测精度可达 ±10″/360°。系统分辨力是指位置检测装置能够检测的最小位移量，目前直线位移的分辨力可达0.001mm，角位移的分辨力可达2″。检测元件的分辨力与移动速度有关，如速度为24m/min时分辨力为0.1μm，则提高移动速度至240m/min时，分辨力变为1μm。一般来说，数控机床上使用的位置检测装置应满足如下要求：

1）受温度、湿度影响小，具有高可靠性，抗干扰能力强。

2）满足精度和速度要求。

3）使用维护方便，适合机床运行环境。

4）便于与计算机连接。

5）成本低。

不同类型的数控机床对测量系统的精度与速度要求不同。一般来说，对于大型数控机床，以满足速度要求为主，而对于中小型和高精度数控机床则以满足精度要求为主。选择检测系统的分辨力或脉冲当量时，一般要比加工精度高一个数量级。

5.1.2 位置检测的分类

表 5-1 为数控机床上常用的位置检测装置。按检测量的检测基准分为增量式检测和绝对式检测；按检测信号类型分为数字式检测和模拟式检测；按检测对象和所用检测装置的安装位置关系分为直接检测和间接检测。图 5-1 所示为脉冲编码器与光栅检测元件实物。

表 5-1　数控机床常用位置检测装置

名　　称	增量式	绝对式	直接式	间接式	模拟式	数字式
光栅	●		●			●
旋转变压器	●			●	●	
感应同步器	●				●	
光电式脉冲编码器						●
绝对式脉冲编码器		●				●
磁栅	●					●

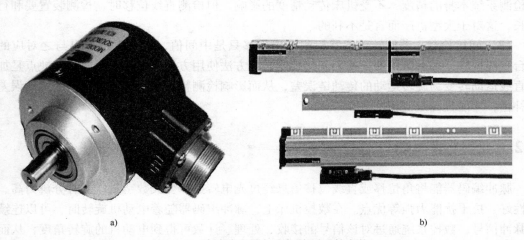

a)　　　　　　　　　　　　　　　　　b)

图 5-1　脉冲编码器与光栅检测元件实物
a) 旋转编码器　b) 直线式光栅

1. 增量式检测和绝对式检测

（1）增量式检测　增量式检测只检测相对位移量，如检测单位为 0.001mm，则每移动 0.001mm 就发出一个脉冲信号。在轮廓控制数控机床上多采用这种检测方式，其优点是检测装置结构简单，但由于检测结果是增量形式的，一旦某一处检测有误，则其后的累加检测值均是错误的，因此可能会产生累积误差。增量式检测在断电后不能记忆绝对坐标值，所以采用这种检测方式的数控机床在开机的时候必须进行回零操作，在发生断电故障时，不能再找到事故前的正确位置，只能在故障排除后，回零并重新计数，才能找到正确位置。

（2）绝对式检测　绝对式检测方式对被检测点位置的确定是以一个固定的零点作为基准的，每一点都有一个相应的检测值。采用这种检测方式，分辨力要求越高，量程越大，结构就越复杂。

2. 数字式检测和模拟式检测

（1）数字式检测　测量量以数字形式表示。数字式检测的输出信号一般是电脉冲，可以直接送到数控装置进行比较、处理。数字式测量的特点如下：

1）被测量量化后转换为脉冲个数，便于显示处理。

2）测量精度取决于测量单位，与量程基本无关。

3）检测装置比较简单，脉冲信号抗干扰能力强。

（2）模拟式检测　模拟式检测是将被测量用连续的变量表示，如用电压或相位的变化来表示。在大量程内做精确的模拟式检测技术要求较高，因此在数控机床中，模拟式检测主要用于小量程测量。它的主要特点如下：

1）直接对被测量进行检测，无需量化。

2）在小量程内可以实现高精度检测。

3）可用于直接检测和间接检测。

3. 直接检测和间接检测

（1）直接检测　若检测传感器检测所得到的指标就是所要求的指标，即直线型传感器检测直线位移，回转型传感器检测角位移，则该检测方式为直接检测。其检测精度主要取决于检测系统本身的精度，不受机床传动精度的影响。但检测直线位移时，检测装置要和行程等长，这对于大型机床而言是不利的。

（2）间接检测　若回转传感器检测的角位移只是中间值，由它再推算出与之对应的工作台直线位移，那么该检测方式为间接检测。该方法使用方便又无长度限制，其缺点是加入了直线运动转变为旋转运动的传动链误差，从而影响检测精度。一般需对机床的传动误差进行补偿，才能提高定位精度。

5.2. 脉冲编码器

脉冲编码器能将角位移或直线位移信息经过光电转换，变成数字量，具有分辨力高、可靠性好、抗干扰能力强等优点。在数控机床上，脉冲编码器随着电动机旋转时，可以连续发出脉冲信号，数控系统通过对该信号的接收、处理、计数可得到电动机的旋转角度，从而算出当前工作台的位置及部件的运行速度。

5.2.1 增量式脉冲编码器

1. 结构和工作原理

图 5-2 所示为增量式光电码盘检测系统的工作原理。它由光源 5、聚光镜 6、光电码盘 4、光栅板 7、光敏元件 8 和信号处理电路等组成。其中光电码盘与工作轴连在一起。码盘可用玻璃材料制成，表面镀上一层不透光的金属铬，再在上面制成向心透光狭缝 3。透光狭缝在码盘圆周上均匀分布，数量从几百条到几千条不等。这样，整个码盘圆周上就等分成若干透明与不透明区域。增量式光电码盘也有用薄钢板或铝板制成，然后在圆周上切割出均匀分布的若干条槽做透光狭缝，其余部分均不透光。光源最常用的为白炽灯（钨灯），与聚光镜组合使用，将发散光变为平行光，现在使用激光作为光源。当光电码盘随工作轴一起转动时，在光源的照射下，透过光电码盘和光栅板形成忽明忽暗的光信号，光敏元件把此光信号

转换成电信号，通过信号处理电路的整形、放大、分频、计数、译码后输出或显示。

当光电码盘转动时，光电元件把通过光电码盘和光栏板射来的忽明忽暗的光信号（近似于正弦信号）转换为电信号，经整形、放大等电路的变换后变成脉冲信号，通过计量脉冲的数目，即可测出工作轴的转角。为了检测出转向，光栏板的两个狭缝距离比码盘上两个狭缝之间的距离小 1/4 节距（两个狭缝间的距离），使两个光敏元件的 A 和 B 脉冲输出信号相差 π/2 相位差。图 5-3 所示为脉冲编码器的输出波形。

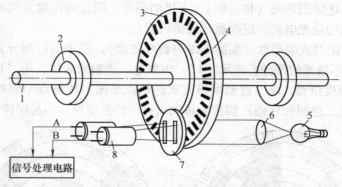

图 5-2　增量式光电码盘检测系统工作原理
1—旋转轴　2—滚珠轴承　3—透光狭缝　4—光电码盘
5—光源　6—聚光镜　7—光栏板　8—光敏元件

此外，在脉冲编码器的内圈还有一条透光条纹，码盘旋转一周产生一个基准脉冲 Z，又称零点脉冲。

光电码盘的检测精度取决于它所能分辨的最小角度，分辨角与码盘圆周内所分的狭缝数量成反比，还与测量线路的细分倍数有关。分辨角为

$$\alpha = \frac{360°}{mn} \qquad (5-1)$$

式中　m——狭缝数；

　　　n——细分倍数。

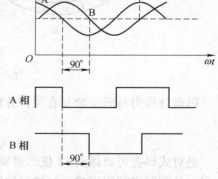

图 5-3　脉冲编码器的输出波形

由于增量式光电码盘每转过一个分辨角就发出一个脉冲，因此可得出如下结论：

1）根据脉冲的数目可得出工作轴的回转角度，然后由传动速比换算为直线位移距离。

2）根据脉冲的频率可得工作轴的转速。

3）根据光栏板上的两条狭缝中信号 A 和 B 的先后顺序（相位）可判断光电码盘的转向。

2. 脉冲编码器检测方式的特点

1）检测方式为非接触式的，无摩擦和磨损，驱动力矩小。

2）由于脉冲变换器性能的提高，可得到较快的响应速度。

3）可以制造高分辨力、高精度的光电盘，母盘制作后，复制很方便，而且成本低。

4）抗污染能力差，容易损坏。

常用的增量式脉冲编码器每转输出脉冲数有 2000、2500、3000 等几种，应根据数控机

床滚珠丝杠的螺距来选择相应的脉冲编码器。在高速、高精度的进给伺服系统中，要使用高分辨力的编码器，如 20 000p/r、25 000p/r、30 000p/r 等。

5.2.2 绝对式脉冲编码器

1. 结构和工作原理

绝对式编码器是通过读取编码盘上的代码来测定角位移的。编码盘的编码类型有多种，如二进位编码、二进制循环码（格雷码）、十进制码等。码盘的读取方式有接触式、光电式和电磁式，最常用的是光电式二进制循环码编码器。

图 5-4 所示为绝对式编码盘（实际的编码盘较复杂），图中白的部分是透光部分，表示"0"。黑的部分是不透光的部分，表示"1"。内侧是二进制的高位，用"1011"读出的是十进制的"11"的角度位置。纯二进制编码方式的缺点是图案转移点不明确，易产生读数错误。由于格雷码（二进制循环码）切换时每次只有一位数变换，不易误读，应用较广。

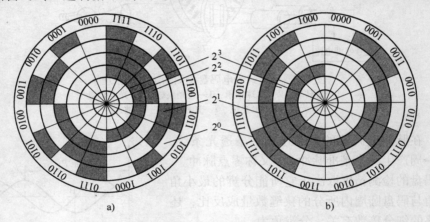

图 5-4　绝对式编码盘

a）二进制编码盘　b）格雷码盘

码盘分辨力与码道数 n 有关，分辨力为

$$\alpha = \frac{360°}{2^n} \tag{5-2}$$

绝对式码盘可以做到 18 位二进制数，如果要求更多的位数，用单片码盘，其扇形区段太多，分割起来就很困难。二进制位数的多少决定了检测角度的分辨力，要提高分辨力与检测范围，可以采用组合式绝对码盘，即用粗计数码盘和精计数码盘组合进行计数，精计数码盘转一圈向粗计数码盘进一位，使粗计数盘转过一格。两个码盘之间用一定传动比的齿轮连接，从精到粗按照进位数制进行降速传动。

2. 绝对式脉冲编码器的特点

1）不仅反映被测值（角度、位移等）的绝对值，而且也能测出变化量的相对值（读出初始值和终值），不怕掉电。

2）如检测值大于 360°，则需要用两个码盘，由齿轮精确传动，大码盘转一周，小码盘转一个单位。这样，只要读出大码盘和小码盘的值，就可测出较大的角度范围。

3）抗干扰能力强，检测精度高。

4）码盘的码道数增加，分辨力也增加，精度提高，但尺寸会增大，造价昂贵。码道宽度由光电接收器的几何参数和物理特性决定。

5.2.3 脉冲编码器在数控机床中的应用

1. 位移检测

根据脉冲的数量、传动比及丝杠螺距可以得出移动部件的直线位移。如果编码器的伺服电动机与滚珠丝杠直接连接（传动比1∶1），光电编码器1200p/r，丝杠螺距6mm，在数控系统位置控制中断时间内计数600脉冲，则在该时间段里，工作台移动的距离为3mm。在数控回转工作台中，通过回转轴末端的编码器，可直接检测回转工作台的角位移。

2. 主轴控制

（1）主轴旋转与坐标轴进给的同步控制　在螺纹加工中，为了保证切削螺纹的螺距，必须有固定的起刀点和退刀点。图5-5所示为编码器在主轴控制中的应用。安装在主轴上的编码器在切削螺纹时主要解决如下问题：

1）通过对编码器输出脉冲的计数，保证主轴每转一周，刀具准确地移动一个螺距（导程）。

2）一般的螺纹加工要经过几次切削才能完成，每次重复切削时，开始进刀的位置必须相同。为了保证重复切削不乱牙，数控系统在接收到光电编码器中的一转脉冲Z信号后，开始螺纹切削的计算。

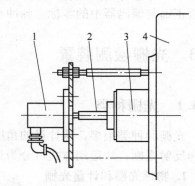

图5-5　编码器在主轴控制中的应用
1—编码器　2—橡胶管
3—主轴　4—主轴箱

（2）恒线速切削控制　车床和磨床进行端面或锥形面切削时，为了使加工表面粗糙度 Ra 保持一定的数值，要求刀具与工件接触点的线速度为恒值。因此，随着刀具的径向进给及切削直径的逐渐减小或增大，应不断提高或降低主轴转速，保持切削速度 v_c 为常数，即

$$v_c = \frac{2\pi Dn}{1000 \times 60} = 常数 \tag{5-3}$$

式中　v_c——切削速度（m/s）；

　　　D——工件切削直径（mm）；

　　　n——主轴转速（r/min）。

工件切削直径 D 随刀具进给不断变化，数据经过软件处理转换成速度控制信号后送至主轴驱动装置，控制主轴转速变化。

（3）主轴定向控制　通过安装在主轴或主轴电动机上的编码器，实现加工中心换刀或精镗孔退刀时的主轴定向与准停控制。

3. 测速

光电编码器输出脉冲的频率与其转速成正比，光电编码器可代替测速发电机。在速度检测时，脉冲信号需经过频率–电压转换器（f/U）转换成正比于频率的电压信号。测速方法有M法、T法和M/T法。

4. 在永磁交流伺服电动机中的应用

永磁交流伺服电动机的定子是三相绕组，转子是永久磁铁构成的磁极，同轴连着用于位置检测的光电编码器。编码器的作用有以下三个：

1）提供电动机定子、转子之间的相互角度位置信息，与控制电路配合，使得三相绕组中的电流和转子位置转角成正弦函数关系，彼此相差120°，实现矢量控制。

2）通过频率/电压转换电路，提供电动机的转速反馈信号。

3）提供数控系统的位置反馈信号。

5. 回参考点控制

采用增量式编码器时，数控机床在接通电源后要做回参考点的操作。这是因为机床断电后，系统失去了对各坐标轴位置的记忆，所以在接通电源后，必须让各坐标轴回到机床某一固定点上，这一固定点就是机床坐标系的原点或零点，也称为机床参考点。机床参考点位置是否正确与编码器中的零标志脉冲有很大关系。

5.3 光栅检测装置

5.3.1 光栅种类

光栅的种类很多，从计量的角度来分，有物理光栅和计量光栅；从材料上可分为透射光栅和反射光栅；从运动方式可分为长光栅和圆光栅等。

1. 物理光栅和计量光栅

物理光栅刻线细而密，栅距（两刻线间的距离）为 $0.002 \sim 0.005$ mm，通常用于光谱分析和光波长的测定。计量光栅相对来说刻线较粗，栅距为 $0.004 \sim 0.25$ mm，通常用于数字检测系统，是数控机床上应用较多的一种检测装置。

2. 透射光栅和反射光栅

（1）玻璃透射光栅　在玻璃的表面上制成透明与不透明间距相等的条纹，制造工艺为在玻璃表面感光材料的涂层上或金属镀膜上刻成光栅条纹，也有用刻蜡、腐蚀、涂黑工艺。其特点如下：

1）光源可以采用垂直入射，光电元件可直接接受光信号，信号幅度大，读数头结构比较简单。

2）刻线密度较大，栅距为 0.01mm，再经过电路细分，可做到微米级。

（2）金属反射光栅　在钢直尺或不锈钢带的镜面上用照相腐蚀工艺制作光栅，或者用钻石刀直接刻制光栅条纹。常用的反射光栅的刻线密度为 4 条/mm、10 条/mm、25 条/mm、40 条/mm、50 条/mm。其特点如下：

1）光栅的线膨胀系数很容易做到与机床材料一致。

2）光栅的安装和调整比较方便。

3）易于接长或制成整根的钢带长光栅。

4）不易碰碎。

5）分辨力比透射光栅低。

3. 长光栅和圆光栅

长光栅用于直线位移检测；圆光栅是在玻璃圆盘的外环端面上，做成黑白间隔条纹，条纹呈辐射状、相互间的夹角相等。根据不同的使用要求，其圆周内条纹数也不相同。一般有三种形式：

1）六十进制，如 10800、21600、32400、64800 等。

2）十进制，如 1000、2500、5000 等。

3）二进制，如 512、1024、2048 等。

5.3.2　直线透射光栅的组成及工作原理

1. 直线透射光栅的组成

光栅的条纹数越多，分辨力越高。光栅上条纹之间的间距称为栅距，条纹与运动方向垂直。为了检测位移，使两块栅距相等的光栅重叠使用，一块为标尺光栅，固定在移动部件上，长度应大于或等于量程，另一块为指示光栅，固定在读数头里，长度较短。

在检测时，两块光栅平行并保持 0.05 ~ 0.1mm 的间隙，指示光栅在自身平面内倾斜一个微小的角度 θ。由于光的透射及衍射作用，产生明暗交替的干涉条纹，称为莫尔条纹。图 5-6 所示为光栅检测装置，它由光源、光栅尺和光电转换元件组成。从光源 1 发出的光经聚光镜变为平行光线，照射在光栅 3、4 上，其中 3 为标尺光栅，4 为指示光栅。当两光栅相对移动时，两光栅尺形成明暗相间的放大条纹并照射在光电池 5 上，光电池

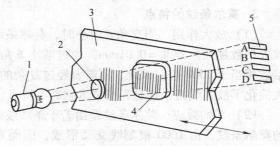

图 5-6　光栅检测装置组成
1—光源　2—透镜　3—标尺光栅
4—指示光栅　5—光电池

接收信号，变换处理为脉冲信号，通过对脉冲计数就可以计算出移动部件的位移。

2. 检测的工作原理

由图 5-6 可知，当两光栅 3、4 相对移动时，形成的明暗相间条纹的方向几乎与刻线方向垂直。两光栅尺间的夹角越小，明暗条纹就越粗，光栅相对移动一个栅距时，明暗条纹也正好移过一个节距，如图 5-7 所示。图中 θ 为两光栅尺夹角，$a-a$ 和 $b-b$ 为两条明带或两条暗带之间的间距，称为莫尔条纹的节距 L，W 为栅距。图 5-8 所示为横向莫尔条纹参数。

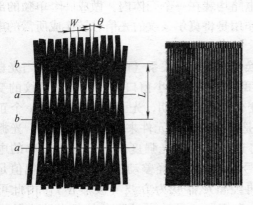

图 5-7　横向莫尔条纹

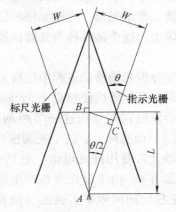

图 5-8　横向莫尔条纹参数

133

在 $\triangle ABC$ 中，$BC = AB\sin\dfrac{\theta}{2}$

其中，$BC = \dfrac{W}{2}$，$AB = L$，故

$$L = \frac{W}{2\sin\dfrac{\theta}{2}} \qquad (5\text{-}4)$$

由于 θ 很小，$\sin\dfrac{\theta}{2} \approx \dfrac{\theta}{2}$，则

$$L = \frac{W}{\theta} \qquad (5\text{-}5)$$

式中　θ——光栅倾角（rad）。

3. 莫尔条纹的特点

（1）放大作用　当交角 θ 很小时，莫尔条纹节距 L 为光栅栅距 W 的 $1/\theta$ 倍，θ 越小，则放大倍数越大。若 $W = 0.01\text{mm}$，通过减小 θ 角，将莫尔条纹的节距调成 10mm 时，其放大倍数相当于 1000 倍。因此，不需要经过复杂的光学系统，便将光栅的栅距放大了，从而大大简化了放大线路，这是光栅技术独有的特点。

（2）平均效应　莫尔条纹是由若干条线纹组成的。例如每毫米 100 线的光栅，10mm 长的莫尔条纹，由 1000 根刻线交叉形成，因而对个别栅线的间距误差（或缺陷）就平均化了。因此莫尔条纹的节距误差就取决于光栅刻线的平均误差。

（3）莫尔条纹的移动规律　莫尔条纹的移动与栅距之间的移动成比例，当光栅向左或向右移动一个栅距 W，莫尔条纹相应地向上或向下准确地移动一个节距 L。莫尔条纹的移动还具有以下规律：若标尺光栅不动，将指示光栅逆时针方向转过很小的角度（设为 $+\theta$）后，并使指示光栅向右移动，则莫尔条纹向下移动；反之，当指示光栅向左移动时，则莫尔条纹向上移动。若将指示光栅顺时针方向转过很小的角度（设为 $-\theta$）后，当指示光栅向右移动时，莫尔条纹向上移动；反之指示光栅向左移动，则莫尔条纹向下移动。

4. 光栅检测系统

（1）光栅检测的基本电路　图 5-9 所示为光栅检测系统及信号。光栅检测系统由光源、透镜、光栅尺、光敏元件和一系列信号处理电路组成，如图 5-9a 所示。信号处理电路又包括放大、整形和鉴向倍频电路。通常情况下，除标尺光栅与工作台装在一起随其移动外，光源、透镜、指示光栅、光敏元件和信号处理电路均装在一个壳体内，做成一个单独的部件固定在机床上，这个部件称为光栅读数头，其作用是将莫尔条纹的光信号转换成所需的电脉冲信号。

首先分析光栅移动过程中位移量与各转换信号的相互关系（配合图 5-9b）。当光栅移动一个栅距，莫尔条纹便移动一个节距。假定我们开辟一个小窗口来观察莫尔条纹的变化情况，就会发现它在移动这一节距期间明暗变化了一个周期，光强度变化近似一个正弦波（波形Ⅰ）。而实际上，这个观测窗口的任务是由一个光敏元件来完成的。通常，光栅检测中的光敏元件使用硅光电池，它的作用是将近似正弦的光强度信号变为同频率的电压信号（波形Ⅱ）。由于硅光电池产生的电压信号较弱，所以经差动放大器放大到幅值足够大（16V 左右）的同频率正弦波（波形Ⅲ），再经整形器变为方波（波形Ⅳ）。由此可以看出，每产生一个方波，就表示光栅移动了一个栅距。最后通过鉴向倍频电路中的微分电

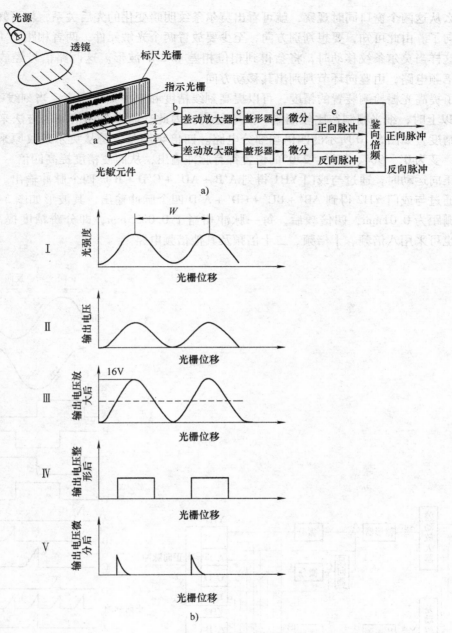

图 5-9　光栅检测系统及信号
a）光栅检测系统　b）信号波形

路变为一个窄脉冲（波形Ⅴ）。这样就变成了由脉冲来表示栅距，而通过对脉冲计数便可得到工作台的移动距离。鉴向倍频电路的作用除了将栅距变为脉冲外，还起到辨别方向和细分的作用。

（2）鉴向倍频电路　若按前面所述只开一个窗口观察，虽可根据其明暗的周期变化得到移动距离，但却无法判断移动方向。因为无论莫尔条纹上移或下移，从一个固定位置看其明暗周期变化是相同的。于是我们可以想象，如果开两个窗口，它们相距1/4莫尔条纹节距，那么从这两个窗口同时观察，就可看出莫尔条纹明暗变化的先后关系，就可知道光栅的移动方向了。由此可知，要想判别方向，至少要放置两个光敏元件，两者相距1/4莫尔条纹节距，这样当莫尔条纹移动时，将会得到相位相差 π/2 的波形。这两路信号经放大整形后送鉴向倍频电路，由鉴向环节判别出其移动方向。

为了提高光栅检测装置的精度，可以提高刻线精度和增加刻线密度。当刻线密度达200条/mm以上时，细光栅制造比较困难，成本较高。因此，通常采用倍频的方法来提高光栅的分辨精度，如图 5-10 所示的四倍频细分电路。四倍频细分就是从莫尔条纹原来的一个脉冲信号，变为0°、90°、180°、270°的位置都有脉冲输出，从而使精度提高四倍。

当正向运动时，通过与或门 YH1 得到 A′B + AD′ + C′D + B′C 四个脉冲输出。当反向运动时，通过与或门 YH2 得到 AB′ + BC′ + CD′ + A′D 四个脉冲输出，其波形如图 5-10b 所示。若光栅栅距为 0.01mm，四倍频后，每一脉冲相当于 0.0025mm，即分辨精度提高了四倍。此外，也可采用八倍频、十倍频、二十倍频及其他倍频电路。

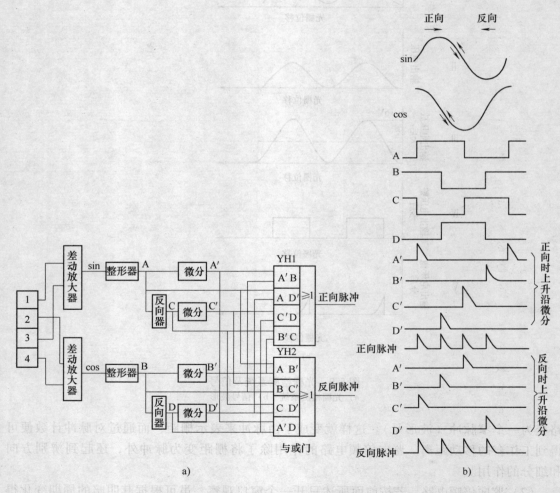

图 5-10 四倍频细分电路

a）原理框图 b）波形图

5.3.3 光栅测量系统的应用

1. HEIDENHAIN 光栅检测系统

德国 HEIDENHAIN 公司生产的光栅位置检测系统由光栅尺和前置放大器（进行脉冲放大整形及细分）两大部分组成。光栅尺检测机床的实际位移，并输出与位移量和位移方向有关的两路信号到前置放大器进行放大、整形和细分，经驱动后输出到 CNC，形成全闭环控制系统。

HEIDENHAIN 公司生产的指示光栅通常有 5 个短光栅，其排列如图 5-11a 所示，与此对应，在信号检测回路中使用了三相共 6 个光电池，如图 5-11b 所示。通过光电池把莫尔条纹的明暗变化，转换成电流信号输出。在空间位置上，指示光栅 G1 和 G2 相差 1/2 栅距，使得光电池 S1 处于亮区时，S2 正好处在暗区。这样，当莫尔条纹移动时，这组光电池就可以输出一个图 5-12 所示的按正弦规律变化的电流信号 I_{e1}。同理，指示光栅 G3 和 G4 也相差 1/2 栅距，对应的光电池 S3 和 S4 将形成正弦电流信号 I_{e2}。而且，指示光栅之间各相差 1/4 栅距。这样，在电流信号 I_{e1} 和 I_{e2} 之间形成了 $\pi/2$ 的相位差，用于数控系统识别坐标轴运动方向。

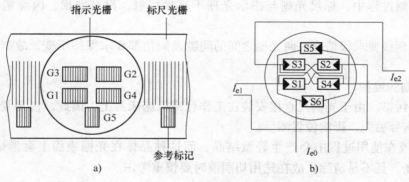

图 5-11 光栅应用
a）光栅组成结构 b）光栅信号检测

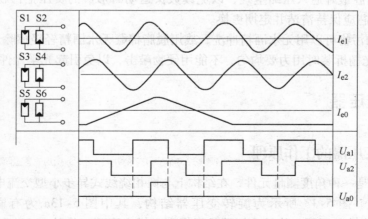

图 5-12 I_{e0}、I_{e1}、I_{e2} 之间的关系图

指示光栅 G5 用于读取参考点标记信号，相对应的光电池 S5 和 S6 将其转换为参考点标记的电流信号输出。数控机床的回参考点过程，实质上就是在规定的坐标区内寻找参考点信号的过程。当指示光栅移动到标尺光栅上的参考点时，S5 和 S6 上就会产生参考标记信号 I_{e0}。图 5-12 所示为 I_{e0}、I_{e1}、I_{e2} 之间关系图。

光栅的精度决定了整个测量系统的精度，它一方面取决于刻线精度，另一方面与光栅尺所用的材料有关。HEIDENHAIN 公司通过特殊的制造工艺，可以控制这些材料的热膨胀系数，将玻璃光栅尺的膨胀系数做到和钢一样，克服因机床的热变形引起的误差。

在刻线方面，HEIDENHAIN 公司于 1950 年首创了镀铬、光刻复制工艺，通过在基板上沉淀一层薄的铬层，然后通过激光刻线提高精度。这种工艺还可以用复制的方法制造出与母板精度完全一样的光栅，大大降低了生产成本。

2. 光栅检测装置的特点与维护

（1）光栅检测装置的特点

1）由于光栅的刻线可以制作得十分精确，同时莫尔条纹对刻线局部误差有均化作用，因此栅距误差对检测精度影响较小；采用倍频的方法获得更多的脉冲信号，提高了分辨力，所以光栅检测精度高。

2）在检测过程中，标尺光栅与指示光栅不直接接触，没有磨损，因而精度可以长期保持。

3）光栅刻线要求很精确，两光栅之间的间隙及倾角都要求保持不变，故制造调试比较困难。

（2）光栅的维护

1）防止污染。由于光栅尺直接安装在工作台或机床床身上，因此，极易受到切削液的污染，造成信号丢失，影响位置测量。

① 切削液在使用过程中会产生轻微结晶，而这种晶体在光栅表面上会形成一层薄膜，从而影响透光，且不易清除，故在选用切削液时要慎重考虑。

② 在加工过程中，注意切削液的压力不能过大，否则切削液会形成大量的水雾进入光栅内部。

③ 光栅尺内腔最好通入压缩空气，以免读数头运动时形成的负压把污物吸入。压缩空气必须净化，滤芯应保持清洁并定期更换。

④ 光栅上的污物可以用无水酒精冲洗，或用脱脂棉蘸无水酒精轻轻擦除。

2）防振。光栅拆装时用力要均匀，不能用硬物敲击，以免引起光学元件的损坏。

5.4 旋转变压器

5.4.1 旋转变压器的工作原理

旋转变压器是一种角度测量元件，在结构上与两相绕线式异步小型交流电动机相似，由定子和转子组成。图 5-13 所示为旋转变压器结构，其中图 5-13a 为有刷旋转变压器，图 5-13b 为无刷旋转变压器。旋转变压器是根据电磁感应原理工作的，它在结构设计与制造上保证了定子与转子之间的空气间隙内磁通分布呈正弦规律。其中定子绕组作为变压器的一次侧，接受励磁电压，励磁频率通常用400Hz、50Hz及5000Hz。转子绕组是变压器的二次侧。当定子绕组加上交流励磁电压时，通过电磁耦合在转子绕组中产生感应电动势，其输出电压的大小取决于定子与转子两个绕组轴线在空间的相对位置。两者平行时互感最大，二次侧的感应电动势也最大；两者垂直时互感的电感量为零，感应电动势也为零。

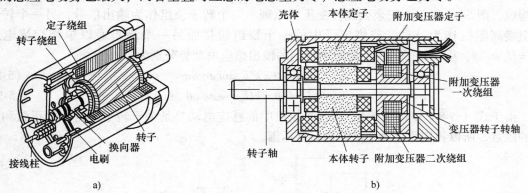

图 5-13　旋转变压器结构

a）有刷旋转变压器的结构　b）无刷旋转变压器的结构

旋转变压器分为单极旋转变压器和多极旋转变压器两种。为便于理解旋转变压器工作原理，下面以单极旋转变压器的工作情况为例介绍。如图5-14所示，单极旋转变压器的定子和转子各有一对磁极，假设加到定子绕组的励磁电压为 $U_1 = U_m \sin \omega t$，则转子通过电磁耦合，产生感应电动势 e_2。当转子转到使它的绕组磁轴和定子绕组磁轴垂直时，转子绕组感应电动势 $e_2 = 0$；当转子绕组的磁轴自垂直位置转过一定角度 θ 时，转子绕组中产生的感应电动势为

$$e_2 = ke_1 \sin \theta = kU_m \sin \omega t \sin \theta \qquad (5\text{-}6)$$

式中　k——旋转变压器的电压比，$k = n_1 / n_2$；

n_1、n_2——定子、转子绕组匝数；

U_m——最大瞬时电压（V）；

θ——两绕组轴线间夹角（°）。

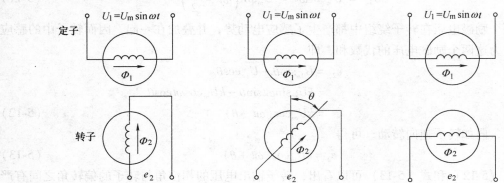

图 5-14　单极旋转变压器工作原理

当转子转过 $\pi/2$（即 $\theta = 90°$）时，两磁轴平行，此时转子绕组中感应电动势最大，即

$$e_2 = kU_m \sin \omega t \qquad (5\text{-}7)$$

旋转变压器在结构上保证了转子绕组中的感应电动势随转子的转角以正弦规律变化。当转子绕组中接负载时，其绕组中便有正弦感应电流通过，该电流所产生的交变磁通将使定子和转子间的气隙中的合成磁通畸变，从而使转子绕组中的输出电压也发生畸变。为了克服上述缺点，通常采用正余弦旋转变压器，其定子和转子绕组均由两个匝数相等且相互垂直的绕组构成，图 5-15 所示为正余弦旋转变压器原理。一个转子绕组作为输出信号，另一个转子绕组接高阻抗作为补偿。若将定子中的一个绕组短接而另一个绕组通以单相交流电压 $U_1 = U_m \sin\omega t$，则在转子的两个绕组中得到的输出感应电动势分别为

$$e_{2c} = kU_1\cos\theta = kU_m\sin\omega t\cos\theta \tag{5-8}$$

$$e_{2s} = kU_1\sin\theta = kU_m\sin\omega t\sin\theta \tag{5-9}$$

由于式（5-8）和式（5-9）中两个绕组中的感应电动势是关于转子转角 θ 的正弦和余弦的函数，所以我们称之为正余弦旋转变压器。

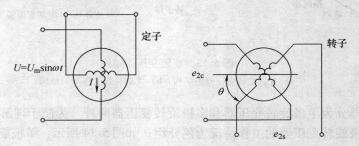

图 5-15　正余弦旋转变压器原理

5.4.2　旋转变压器的工作方式

1. 鉴相工作方式

给定子的两个绕组分别通以同幅、同频但相位相差 $\pi/2$ 的交流励磁电压，即

$$U_{1s} = U_m\sin\omega t \tag{5-10}$$

$$U_{1c} = U_m\cos\omega t = U_m\sin\left(\omega t + \frac{\pi}{2}\right) \tag{5-11}$$

这两个励磁电压在转子绕组中都产生了感应电动势，并叠加在一起，因而转子中的感应电动势应为这两个励磁电压的代数和，即

$$\begin{aligned}
e_2 &= U_{1s}\sin\theta + U_{1c}\cos\theta \\
&= kU_m\sin\omega t\sin\theta + kU_m\cos\omega t\cos\theta \\
&= kU_m\cos(\omega t - \theta)
\end{aligned} \tag{5-12}$$

同理，假如转子逆向转动，可得

$$e_2 = kU_m\cos(\omega t + \theta) \tag{5-13}$$

由式（5-12）和式（5-13）可以看出，转子输出电压的相位角与转子的偏转角之间有严格的对应关系，只要检测出转子输出电压的相位角，就可知道转子的转角。由于旋转变压器的转子和被测轴连接在一起的，故可检测被测轴的角位移。

2. 鉴幅工作方式

给定子的两个绕组分别通以同频率、同相位但幅值不同的交变电压，即

$$U_{1s} = U_{sm}\sin\omega t \qquad (5-14)$$

$$U_{1c} = U_{cm}\sin\omega t \qquad (5-15)$$

其幅值分别为正、余弦函数，即

$$U_{sm} = U_m\sin\alpha \qquad (5-16)$$

$$U_{cm} = U_m\cos\alpha \qquad (5-17)$$

则定子上的叠加感应电动势为

$$\begin{aligned} e_2 &= U_{1s}\sin\theta + U_{1c}\cos\theta \\ &= kU_m\sin\alpha\sin\omega t\sin\theta + kU_m\cos\alpha\sin\omega t\cos\theta \\ &= kU_m\cos(\alpha - \theta)\sin\omega t \end{aligned} \qquad (5-18)$$

同理，如果转子逆向转动，可得

$$e_2 = kU_m\cos(\alpha + \theta)\sin\omega t \qquad (5-19)$$

由式（5-18）和式（5-19）可以看出，转子感应电动势的幅值随转子的偏转角而变化，测量出幅值即可求得转角 θ。

在实际应用中，应根据转子误差电压的大小，不断修改励磁信号中的 α 角（即励磁幅值），使其跟踪 θ 的变化。

普通旋转变压器精度较低，为了提高精度，近来在数控系统中广泛采用磁阻式多级旋转变压器（又称细分解算器），简称多级旋转变压器，其误差不超过 3.5V。这种旋转变压器是无接触式磁阻可变的耦合变压器。在多极旋转变压器中，定子（或转子）的极对数根据精度要求而不同，增加定子（或转子）的极对数，使电气转角为机械转角的倍数，从而提高精度，其比值即为定子（或转子）的极对数。

5.5 感应同步器

5.5.1 感应同步器的结构和分类

感应同步器是由旋转变压器演变而来的。它是利用两个平面形印制绕组（其间保持 0.25mm ± 0.05 mm 间隙），相对平行移动时，根据交变磁场和互感原理而工作的。实际上，感应同步器是多极旋转变压器的展开形式，两者的工作原理基本相同。

感应同步器分为两种：测量直线位移的称为直线型感应同步器；测量角位移的称为圆形感应同步器。直线型感应同步器由定尺和滑尺组成；圆形感应同步器由转子和定子组成。

1. 感应同步器的结构

图 5-16 所示为直线型感应同步器的结构。其中长尺称为定尺，短尺称为滑尺。标准感应同步器定尺长度为 250mm，滑尺长度为 100mm。定尺为连续绕组，节距 $W_2 = 2(a_2 + b_2)$，其中 a_2 为导电片宽，b_2 为片间间隙，定尺节距常取 $W_2 = 2mm$。

滑尺上为分段绕组，分为正弦和余弦绕组两部分，可做成 W 形或 U 形。图 5-16b、c 中的 $1-1'$ 为正弦绕组，$2-2'$ 为余弦绕组，两者在空间错开 1/4 定尺节距（电角度错开 $\pi/2$）。两绕组的节距都为 $W_1 = 2(a_1 + b_1)$，其中，a_1 为导电片宽，b_1 为片间间隙，一般取 $W_1 = W_2$ 或者取 $W_1 = (2/3)W_2$。正弦绕组和余弦绕组的中心距 l_1 为

$$l_1 = (n/2 + 1/4)W_2 \qquad (5-20)$$

式中 n——任意正整数。

感应同步器由基板、绕组、保护层等组成。基板通常采用与机床热膨胀系数相近的钢板制成，厚度为 10mm。平面绕组为铜箔，通常采用厚度为 0.05mm 或 0.07mm 的纯铜箔，利用刻蚀方法制成所需绕组形式。在绕组表面上涂上一层耐切削液的清漆涂层，防止切削液的飞溅影响。在滑尺绕组表面上贴一层带塑料薄膜的铝箔，防止在感应绕组中因静电感应产生的附加的容性电势。

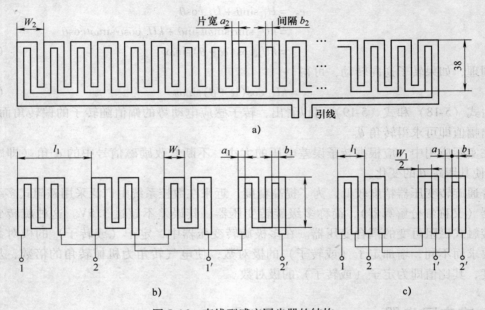

图 5-16 直线型感应同步器的结构

a）定尺绕组 b）W 形滑尺绕组 c）U 形滑尺绕组

2. 直线型感应同步器的种类

根据不同的运行方式、精度要求、测量范围、安装条件等，直线式感应同步器可设计成各种不同的尺寸、形状和种类。

（1）标准型 标准型直线感应同步器精度高，应用最普遍，每根定尺长 250mm。如果测量长度超过 175 mm 时，可将几根定尺接起来使用，甚至可连接长达十几米，但必须保持安装平整，否则极易损坏。

（2）窄型 窄型直线同步感应器中定尺、滑尺长度与标准型相同，只是定尺宽度为标准型的一半。它用于安装尺寸受限制的设备，精度稍低于标准型。

（3）带型 定尺的基板改用钢带，滑尺做成滑标式，直接套在定尺上。安装表面不用加工，使用时只需将钢带两头固定即可。

（4）三重型 在一根定尺上有粗、中、精三种绕组，以便构成绝对坐标系统。

5.5.2 直线型感应同步器的工作原理

图 5-17 所示为直线型感应同步器的绕组结构。滑尺上有正弦和余弦励磁绕组，在空间位置上相差 1/4 节距。定尺和滑尺绕组的节距相同，即 $W = W_1 = W_2 = 2\tau = 2mm$（$\tau$ 为绕组宽

度，单位为 mm）。若滑尺绕组加励磁电压时，由于电磁感应，在定尺绕组上就会产生感应电动势，图 5-18 所示为产生感应电动势原理。

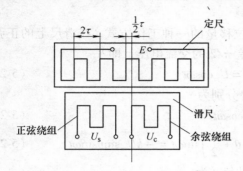

图 5-17　直线型感应同步器的绕组结构

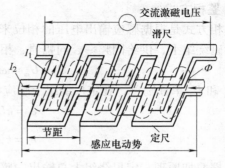

图 5-18　产生感应电动势原理

图 5-18 中的电流 I_1 为滑尺上的励磁电流，Φ 为 I_1 产生的耦合磁通，I_2 为定尺绕组由于磁通耦合所产生的感应电流。图 5-19 所示为定尺绕组产生感应电动势原理，若定尺和滑尺的绕组（只一个绕组励磁）相重合时，如图中的 A 点，这时感应电动势最大；当滑尺相对定尺做平行移动时，感应电动势就慢慢减小，在刚好移动 1/4 节距的位置时，即移到 B 点位置，感应电动势为零；如果再继续移动到 1/2 节距处，即到 C 点位置，得到的感应电动势值与 A 点位置时的相同，但极性相反；其后，移到 3/4 节距处，即 D 点位置，感应电动势又变为零。这样，滑尺在移动一个节距的过程中，感应电动势（按余弦波形）变化了一个周期。若励磁电压为

$$U = U_m \sin\omega t \qquad (5-21)$$

则在定尺绕组产生的感应电动势 e 为

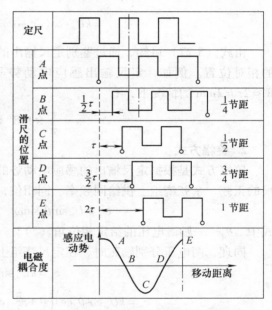

图 5-19　定尺绕组产生感应电动势原理

$$e = kU_m \cos\theta \cos\omega t \qquad (5-22)$$

式中　U_m——励磁电压幅值（V）；

　　　ω——励磁电压角频率（rad/s）；

　　　k——比例常数，其值与绕组间最大互感系数有关；

　　　θ——滑尺相对于定尺在空间的相对角（°）。

在一个节距 W 内，位移 x 与 θ 的关系应为

$$\theta = \frac{2\pi}{W}x = \frac{2\pi}{2\tau}x = \frac{\pi}{\tau}x \qquad (5-23)$$

感应同步器就是利用这个感应电动势的变化，来检测在一个节距 W 内的位移量的，可见这为绝对式测量。

5.5.3 感应同步器的工作方式

1. 鉴相方式

鉴相方式是根据感应输出电压的相位来检测位移量的一种工作方式。在滑尺上的正弦、余弦励磁绕组上，供给同频率、同幅值、相位相差 $\pi/2$ 的交流电压，即

$$U_s = U_m \sin\omega t \qquad U_c = U_m \cos\omega t \qquad (5\text{-}24)$$

U_s 和 U_c 单独励磁，在定尺绕组上感应电动势分别为

$$e_s = kU_m \cos\theta \cos\omega t \qquad (5\text{-}25)$$

$$e_c = kU_m \cos\left(\theta + \frac{\pi}{2}\right)\sin\omega t = -kU_m \sin\theta \sin\omega t \qquad (5\text{-}26)$$

根据叠加原理，定尺绕组上总输出的感应电动势 e 为

$$e = e_s + e_c = kU_m \cos\theta \cos\omega t - kU_m \sin\theta \sin\omega t$$

$$= kU_m \cos(\omega t - \theta) = kU_m \cos\left(\omega t - \frac{\pi}{\tau}x\right) \qquad (5\text{-}27)$$

由式（5-27）可知，通过鉴别定尺输出的感应电动势的相位，就可测量定尺和滑尺之间的相对位置。例如，定尺输出感应电动势与滑尺励磁电压之间相位差为 $1.8°$，在节距 $W = 2\tau = 2\mathrm{mm}$ 的情况下，有

$$x = \frac{\tau}{\pi} \times 1.8° \times \frac{\pi}{180} = 0.01\mathrm{mm}$$

2. 鉴幅方式

鉴幅方式是根据定尺输出的感应电动势的振幅变化来检测位移量的一种工作方式。在滑尺的正弦、余弦绕组上供给同频率、同相位，但不同幅值的励磁电压，即

$$U_s = U_m \sin\theta_d \sin\omega t \qquad U_c = U_m \cos\theta_d \sin\omega t \qquad (5\text{-}28)$$

式中 θ_d ——励磁电压的给定相位角（°）。

同理，两电压分别励磁时，在定尺绕组上产生的输出感应电动势分别为

$$e_s = kU_m \sin\theta_d \cos\theta \cos\omega t \qquad (5\text{-}29)$$

$$e_c = kU_m \cos\theta_d \cos\left(\theta + \frac{\pi}{2}\right)\cos\omega t = -kU_m \cos\theta_d \sin\theta \cos\omega t \qquad (5\text{-}30)$$

根据叠加原理，定尺上输出的总感应电动势为

$$e = e_s + e_c = kU_m(\sin\theta_d \cos\theta - \cos\theta_d \sin\theta)\cos\omega t$$

$$= kU_m \sin(\theta_d - \theta)\cos\omega t$$

$$= kU_m \sin\left(\theta_d - \frac{2\pi}{W}x\right)\cos\omega t \qquad (5\text{-}31)$$

若原始状态 $\theta_d = \theta$，则 $e = 0$。然后滑尺相对定尺有一位移，使 $\theta_d = \theta + \Delta\theta$，则感应电动势的增量为

$$\Delta e = kU_m \frac{2\pi}{W}\Delta x \cos\omega t \qquad (5\text{-}32)$$

由此可知，在 Δx 较小的情况下，Δe 与 Δx 成正比，也就是鉴别 Δe 的幅值，即能测量 Δx 的大小。当 Δx 较大时，通过改变 θ_d，使 $\theta_d = \theta$，则 $\Delta e = 0$。根据 θ_d 可以确定 θ，从而测量位移量 Δx。

5.5.4 感应同步器的应用

1. 鉴相测量系统

图 5-20 所示为感应同步器鉴相测量系统框图。此系统测量的前提是感应同步器应工作在相位工作状态。这时感应同步器将工作台机械位移变为电压信号的相位变化。通过测量定尺感应电动势 e，经放大滤波整形后作为实际相位 θ_2 送鉴相器。

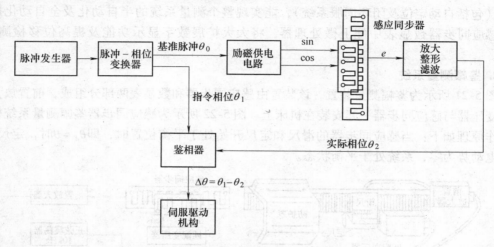

图 5-20　感应同步器鉴相测量系统框图

数控系统发出指令脉冲，经脉冲 – 相位变换器转换成相对于基准相位 θ_0 而变化的指令相位 θ_1，即表示位移量的指令，是以相位差角度值给定的。其中 θ_1 的大小取决于指令脉冲数，θ_1 随时间变化的快慢取决于指令脉冲频率，而其相对于 θ_0 的超前与滞后，则取决于指令方向（正向或反向）。

以脉冲 – 相位变换器输出的基准相位信号，经励磁供电电路给感应同步器滑尺的两励磁绕组供电，其过程为基准相位 θ_0 经 $\pi/2$ 移相，变为幅值相等、频率相同、相位相差 $\pi/2$ 的正弦、余弦信号，经功率放大后给正弦、余弦绕组励磁。这样，由于是同一个基准相位 θ_0，所以定尺绕组上所取的感应电动势 e 的相位 θ_2 则反映出两者的相对位置。因此，将指令相位 θ_1 和实际相位 θ_2 在鉴相器中进行比较，若两者相位一致，即 $\theta_1 = \theta_2$，则表示感应同步器的实际位置与给定指令位置相同，$\Delta\theta = 0$，相位差为零。反之，若两者位置不一致，则利用其产生的相位差作为伺服驱动机构的控制信号，控制执行机构带动工作台向减小相位差的方向移动。

具体控制过程为：脉冲 – 相位变换器每接收一个脉冲便产生一个指令相位增量，此相位增量的大小取决于脉冲 – 相位变换器的分频系数 N，而分频系数取决于系统分辨力。如果感应同步器一个节距为 2mm，脉冲当量选定为 0.002mm，则

$$360° \times \frac{0.002\text{mm}}{2\text{mm}} = 0.36°$$

一个脉冲当量相当于 0.36° 的相位移。因此需要将一个节距分为 1000 等分，即分频系数 $N = 1000$。这样，每发出一个指令脉冲，指令相位增加 0.36°，若原来 $\Delta\theta = 0$，此时便产

生了一个 $0.36°$ 的相位差，此偏差信号控制伺服机构带动工作台移动，随动过程中 θ_2 逐渐增大，$\Delta\theta$ 逐渐减小，直至 $\Delta\theta = 0$；此时，指令脉冲又使指令相位增加 $0.36°$，又产生一个 $\Delta\theta$，如此循环，使 θ_1 随指令连续变化，而 θ_2 紧跟 θ_1 变化，从而控制伺服电动机带动工作台连续移动，直至数控装置不再发出脉冲指令时工作台停止移动。

感应同步器的应用十分广泛。它与数字位移显示装置（简称感应同步器数显表）配合，能进行各种位移的精密测量，并进行数字显示。它若与相应电气控制系统组成位置伺服控制系统（包括自动定位及闭环伺服系统），能实现整个测量系统的半自动化及全自动化控制；如在感应同步器数显表中配上微处理器，将大大扩展数字显示功能及提高位移检测的可靠性。

2. 鉴幅测量系统

图 5-21 所示为鉴幅测量装置，该装置由感应同步器和数显表两部分组成，前置放大器、匹配变压器与感应同步器一起安装在机床上。图 5-22 所示为感应同步器鉴幅测量系统框图，其工作原理如下：当感应同步器的滑尺和定尺开始处于平衡位置时，即 $\theta_d = \theta$ 时，定尺上的感应电动势为零，系统处于平衡状态。

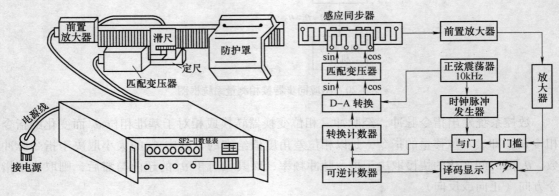

图 5-21 鉴幅测量装置   图 5-22 感应同步器鉴幅测量系统框图

若滑尺移动 Δx 后，在定尺上就有误差电动势 Δe 输出。此误差信号经放大后与门槛电路的基准电压相比较。若超过门槛基准电压，则说明机械位移量 Δx 大于或等于仪器所设定的数值（0.01mm），此时门槛电路打开，输出一个高电平到与门，并译码显示位移量（即脉冲当量为 0.01mm）；另一方面又进入转换计数器，使电子开关的状态改变一次，从而使函数变压器输出的励磁电压改变一次电角度，使 $\theta_d = \theta$，于是感应电动势重新为零，系统重新进入平衡状态。

若滑尺继续移动 0.01mm，系统又不平衡，则门槛电路就继续发出一个脉冲，计数器计一个数，函数变压器再校正一个角度，系统又恢复平衡。这样，滑尺每移动 0.01mm，系统从不平衡到平衡，如此不断循环，达到计数及显示目的。

若机械位移量小于 0.01mm，则门槛电路打不开，脉冲不能通过，后面各步的动作就不再进行，LED 数码管显示的数值不变。此时的误差进入 μm 表电路，经解调后，由 μm 表指示出 μm 级的位移量。

3. 感应同步器的特点及使用中应注意的事项

感应同步器的特点及使用范围和光栅比较相似。但与光栅相比，它的抗干扰性较强，对环境要求低，机械结构简单，大量程接长方便，加之成本较低，所以虽然精度不如光栅好，但在数控机床位移检测中得到广泛应用。感应同步器的特点如下：

1）精度高。因为感应同步器直接对机床位移进行测量，不经过任何机械传动装置，所以测量结果只受本身精度的限制。又由于定尺上的感应电动势信号是多周期的平均效应，从而减少了绕组局部尺寸误差的影响，达到较高的测量精度。直线型感应同步器的精度可达±0.01mm，重复精度为0.002mm，灵敏度为0.0005mm。

2）工作可靠，抗干扰性强。在感应同步器绕组的每个周期内，任何时间都可以给出仅与绝对位置相对应的单值电压信号，不受干扰的影响。此外，感应同步器平面绕组的阻抗很低，受外界电场的影响较小。直线型感应同步器金属基尺与安装部件材料（钢或铸铁）的热膨胀系数相近，当环境温度变化时，两者的变化规律相同，不影响测量精度。

3）维修简单、寿命长。定尺、滑尺之间无接触磨损，在机床上安装简单。使用时需加防护罩，防止切屑进入定尺、滑尺之间，划伤滑尺与定尺的绕组。感应同步器不受灰尘、油雾的影响。

4）测量距离长。感应同步器可以用拼接的方法，增大测量尺寸，故在大、中型机床使用较广。

5）工艺性好、成本低、便于成批生产。但与旋转变压器相比，感应同步器的输出信号比较弱，需要一个放大倍数很高的前置放大器。还应注意安装时定尺与滑尺之间的间隙，一般在（0.02~0.25）mm ± 0.05mm 以内。滑尺移动过程中，由于晃动所引起的间隙变化也必须控制在0.01mm之内。如间隙过大，必将影响测量信号的灵敏度。

5.6 磁栅

磁栅是一种录有等节距磁化信号的磁性标尺或磁盘，可用于数控系统的位置测量，其录磁和拾磁原理与普通磁带相似。在检测过程中，磁头读取磁性标尺上的磁化信号并把它转换成电信号，然后通过检测电路把磁头相对于磁尺的位置送微机或数显。磁栅与光栅、感应同步器相比，测量精度略低一些。但它有其独特的优点：

1）制作简单，安装、调整方便，成本低。磁栅上的磁化信号录制完，若发现不符合要求，可抹去重录；也可安装在机床上再录磁，避免安装误差。

2）磁尺的长度可任意选择，也可录制任意节距的磁信号。

3）耐油污、灰尘等，对使用环境要求低。

5.6.1 磁栅的结构

磁栅按其结构可分为线型磁栅、尺型磁栅和旋转型磁栅三种。磁栅测量装置由磁性标尺、拾磁磁头和测量电路组成。

1. 磁性标尺

磁性标尺是在非导磁材料（如铜、不锈钢、玻璃或其他合金材料）的基体上，用涂敷、化学沉积或电镀方法覆盖一层 $10 \sim 20 \mu m$ 厚的磁性材料（如 Ni – Co – P 或 Fe – Co 合金），称为磁性膜，再用录磁磁头在尺上记录等节距（节距常为 0.05mm、0.1mm、0.2mm、1mm）的周期变化的磁信号，以此作为测量基准。为防止磁头和磁性标尺频繁接触，造成磁性膜的磨损，可在磁性膜上均匀涂敷一层 $1\sim 2\mu m$ 的耐磨塑料保护层。磁性标尺基体不导磁，要求材质好，热膨胀系数与普通钢铁相近。

2. 拾磁磁头

拾磁磁头是一种磁电转换器，用来把磁性标尺上的磁化信号检测出来变成电信号送给测量电路。拾磁磁头可分为动态磁头和静态磁头。

（1）动态磁头　也称为速度响应式磁头，磁头上仅有一组绕组，当磁头与磁性标尺相对运动并有一定的相对速度时，读取磁化信号，并将磁化信号转换为电压信号输出。录音机、磁带机磁头就是使用动态磁头，而数控设备需要在两相对运动部件相对速度很低或处于静止时能测量位移或位置，因此不能使用。

（2）静态磁头　又称为磁通响应式磁头，是在普通动态磁头上加有带励磁线圈的可饱和铁心，利用可饱和铁心的磁性调制的原理，在磁头与磁性标尺间没有相对运动情况下也能进行检测。静态磁头分为单磁头、双磁头和多磁头。

5.6.2　磁栅的工作原理

图 5-23 所示为磁通响应式拾磁磁头，磁头有两个绕组，一个为输出绕组（拾磁绕组），一个为励磁绕组。在励磁绕组中加一高频的交变励磁信号，则在铁心上产生周期性正反向饱和磁化，每周期两次被电流产生的磁场饱和磁化。当磁头靠近磁性标尺时，磁性标尺上的磁通在磁头气隙处进入铁心，并流过拾磁绕组产生感应电动势 e

$$e = k\varPhi_m \sin \frac{2\pi x}{\lambda} \sin 2\omega t \tag{5-33}$$

式中　$\varPhi_m$——磁通量的峰值（Wb）；

　　　　λ——磁尺上磁化信号的节距（mm）；

　　　　x——磁头在磁尺上的位移量（mm）；

　　　　ω——励磁电流的角频率（rad/s）。

由式（5-33）可以看出，拾磁绕组输出信号的幅值与磁栅进入铁心漏磁通的大小成比例，频率是励磁电流频率的两倍。

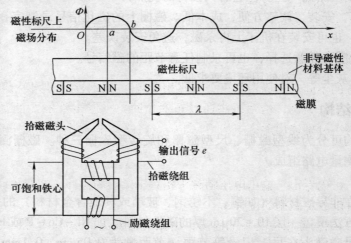

图 5-23　磁通响应式拾磁磁头

双磁头是为了识别磁栅的移动方向而设置的。图 5-24 所示为辨向磁头配置，两磁头按 $(m\pm1/4)\lambda$ 配置（m 为自然数）。

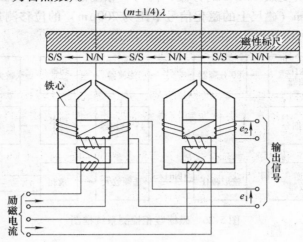

图 5-24　辨向磁头配置

由于单磁头读取磁性标尺上的磁化信号输出电压很小，而且对磁性标尺上磁化信号的节距和波形要求高，图 5-25 所示为多间隙磁通响应式磁头，可将多个磁头以一定方式串联起来形成多间隙磁头。这种磁头放置时铁心平面与磁栅长度方向垂直，每个磁头以相同间距即 $\lambda/2$ 放置。若将相邻两个磁头的输出绕组反相串接，则能把各磁头输出电压叠加。多磁头的特点是使输出电压幅值增大，同时使各铁心间误差平均化，因此精度较单磁头高。

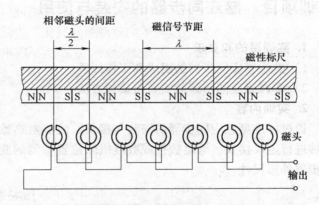

图 5-25　多间隙磁通响应式磁头

5.6.3　磁栅检测电路

根据检测方法的不同，磁栅检测可分为鉴相检测和鉴幅检测，鉴相检测应用较多。

鉴相检测以双磁头为例，给两磁头通以频率相同、相位相差 $\pi/2$ 的励磁电压，则在两个磁头的拾磁绕组中分别输出感应电压 U_1 和 U_2，将两输出信号求和后可得

$$U = k\Phi_{\mathrm{m}}\sin\left(2\omega t + \frac{2\pi x}{\lambda}\right) \tag{5-34}$$

从式（5-34）可以看出，输出电压随磁头相对于磁栅的位移 x 的变化而变化，因而根据 U 的相位的变化可以测定磁栅的位移 x。

图 5-26 所示为磁栅鉴相检测系统框图，由振荡器发出的 400kHz 脉冲信号，经 80 分频器分频后得到 5kHz 的励磁信号，再经滤波器变为正弦信号，分成两路，一路经功率放大器送到第一组磁头励磁绕组，另一路经 $\pi/4$ 移相后送入第二组磁头励磁绕组。两磁头获得的

输出信号 U_1 和 U_2，送到求和电路中相加，即得到相位按位移量变化的合成信号，该信号经选频放大、整形微分后变成 10kHz 的方波，再与一相励磁信号（基准相位）鉴相及细分，即可得到分辨力为 5μm（磁尺上的磁化信号节距为 200μm）的位移测量信号，送可逆计数器计数。

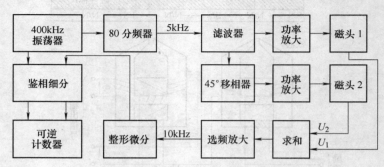

图 5-26　磁栅鉴相检测系统框图

实训项目　感应同步器的安装与使用

1. 实训目的和要求

1）熟悉感应同步器的组成和工作原理。

2）掌握感应同步器的安装与接长方法。

2. 实训内容

通过标准型感应同步器的安装与接长，使学生熟悉和掌握感应同步器的装配技术要求，能够进行定尺接长，满足数控或数显机床位置检测的要求。图 5-27 所示为标准型直线感应同步器外形尺寸。

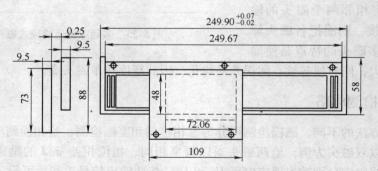

图 5-27　标准型直线感应同步器外形尺寸

3. 实训步骤

（1）感应同步器的安装　图 5-28 所示为直线感应同步器安装示意图，由定尺组件、滑尺组件和防护罩三部分组成。定尺组件与滑尺组件由尺子和尺座组成，分别安装在机床的不动部分 1 和移动部分 2 上，防护罩 4 用于保护感应同步器不使切屑和油污侵入。图 5-29 所示为定尺和滑尺装配要求，安装时应按照图示要求，保证定尺和滑尺在全部工作长度上正常

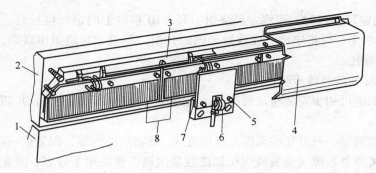

图 5-28　直线感应同步器安装示意图

1—机床不动部分　2—机床移动部分　3—定尺座　4—防护罩
5—滑尺　6—滑尺座　7—调整板　8—定尺

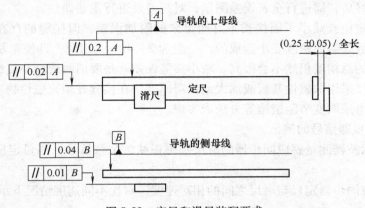

图 5-29　定尺和滑尺装配要求

耦合，减少测量误差。

（2）感应同步器的接长　直线感应同步器的定尺长度一般为175mm，当需要增加测量范围时，可将定尺加以拼接，图5-30所示为定尺绕组的接长方式。在拼接定尺时，需要根据电压信号调整两个定尺接缝的大小，使其零位误差曲线在拼接时平滑过渡。

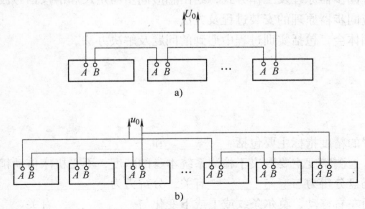

图 5-30　定尺绕组的接长方式

a）串联方式　b）串并联方式

10 根以内的定尺接长时，可将定尺绕组串联。10 根以上的定尺接长时，为使线圈电阻和电感不致过分增大，可把定尺分成数量相同的几组，每组定尺绕阻串联后，再并联起来，这样可以提高信噪比。

感应同步器接长的具体步骤如下：

1）将选好的定尺初步安装在定尺座上，将滑尺安装在可动滑台上，并调好定尺、滑尺之间的基本尺寸。

2）将滑尺移到第一根定尺的无误差点位置 A，使输出值为零，固紧第一定尺。

3）使用距离测量系统（金属线纹尺加读数显微镜、量块加千分表、激光干涉仪或标准定尺等测量系统），按无误差点之间的距离（以定尺节距为单位），将滑尺准确地移动到第二定尺的无误差点 B，微调第二定尺，使输出值为零，固紧第二定尺。

4）重复步骤 3），依次将所有定尺调整固紧。

全部定尺接好后，需进行全长误差测量，对超差处进行重新调整。

正确地接长避免或减小了因接长不好而带来的附加误差，但接缝的存在将导致接缝误差。这是由于接缝处磁通密度变小造成的，一般为 2～4μm。因此，即使单块定尺的精度选得很高，接长后的总精度仍然不会很高。减小接缝误差就是要消除或减小接缝处磁场的不均匀性，可通过定尺采用非磁性基板或加大绝缘层厚度，在接缝处填充磁性物质，或者对靠近接缝处的定尺绕组采取变节距措施等方法来实现。

（3）感应同步器信号的测量

1）用双踪示波器测量感应同步器的滑尺励磁正弦、余弦信号，测量定尺绕组感应电动势信号。

2）改变感应同步器定尺与滑尺之间的相对速度，对比不同速度情况下示波器波形。

4. 实训考核

实训结束以后，通过提问、答辩、实测等方式对学生进行考核，了解学生对感应同步器等检测元件的掌握情况，考查学生对信号来源的熟悉程度。根据对安装情况及在实训中的表现综合打分。

5. 撰写实训报告

1）说明感应同步器原理及工作方式，绘出感应同步器定尺和滑尺信号波形。

2）说明感应同步器原理的安装过程及方法。

3）总结实训体会，包括实训过程中遇到的问题及解决办法。

复习思考题

1. 填空题

1）检测装置的精度指标主要包括_____和_____。

2）_____检测精度主要取决于检测系统本身的精度，不受机床传动精度的影响。

3）增量式码盘分辨力与_____有关，分辨力为_____。

4）标尺光栅左右移动，莫尔条纹或上或下变化与_____有关。

5）旋转变压器是根据_____原理工作的。

6）旋转变压器鉴相工作时，两个励磁绕组分别加_____电压。

2. 选择题

1）对于数控机床的位置传感器，下面哪种说法是正确的（　　）？

A. 机床位置传感器的分辨力越高，则其测量精度就越高

B. 机床位置传感器的精度越高，机床的加工精度就越高

C. 机床位置传感器的分辨力越高，机床的加工精度就越高

D. 直线位移传感器的材料会影响传感器的测量精度

2）增量脉冲编码盘为 2000 线，它的 Z 相输出为（　　）p/r。

A. 1　　　　　　　　B. 10　　　　　　　　C. 100　　　　　　　　D. 2000

3）格雷码的特点是（　　）。

A. 相邻两个数码之间只有一位变化

B. 编码顺序与数字的大小有关

C. 编码直观易于识别

D. 相邻两个数码是二进制关系

4）直线型感应同步器滑尺的正弦和余弦绕组在空间错开的电角度为（　　）。

A. $\pi/6$　　　　　　　B. $\pi/3$　　　　　　　C. $\pi/2$　　　　　　　D. π

5）为提高输出信号的幅值，在磁性标尺检测装置中常将若干个磁头连接起来，其中相邻两磁头的输出绕组（　　）。

A. 正向串联　　　　B. 反向串联　　　　C. 正相并联　　　　D. 混联

3. 判断题

1）检测系统的分辨力与机床加工精度数量级相同。　　　　　　　　　　（　　）

2）增量式检测与绝对式检测相比精度要高。　　　　　　　　　　　　　（　　）

3）脉冲编码器输出 A 和 B 信号目的是辨别方向。　　　　　　　　　　（　　）

4）根据编码器输出脉冲的频率可得工作轴的转速。　　　　　　　　　　（　　）

5）物理光栅比计量光栅刻线细而密，栅距小。　　　　　　　　　　　　（　　）

6）莫尔条纹的节距误差取决于光栅刻线的误差。　　　　　　　　　　　（　　）

4. 简答题

1）数控机床中常用哪些位置检测元件？对这些检测元件的要求如何？

2）简述脉冲编码器在数控机床中的应用。脉冲编码器安装在滚珠丝杠驱动前端和末端有何区别？

3）试述直线光栅的工作原理，莫尔条纹的作用是什么？方向判别是怎样实现的？

4）旋转变压器和感应同步器各由哪些部件组成？判别相位工作方式和幅值工作方式的依据是什么？

5）磁栅由哪些部件组成？被测位移量与感应电压的关系是怎样的？动态拾磁磁头和静态拾磁磁头有何不同？

5. 计算题

1）光电编码器与伺服电动机同轴安装，指标为 1024p/r，伺服电动机与螺距为 6mm 滚珠丝杠通过联轴器相连，在伺服中断 4ms 内，光电编码器输出脉冲信号经 4 倍频处理后，共计脉冲数 5K（1K = 1024），问：

① 倍频的作用。

② 工作台移动了多少毫米？

③ 伺服电动机的转速为多少？

④ 伺服电动机的旋转方向是怎样判别的？

2）数控机床上某直线式光栅刻线数为 100 线/mm，未细分时测得莫尔条纹数为 1000，问光栅位移为多少？若经过 4 倍细分后，计数脉冲仍为 1000，问光栅位移为多少？此时的测量分辨力为多少？

第6章 数控机床中的 PLC 控制

1. 掌握数控机床中 PLC 输入/输出控制。
2. 熟悉 FANUC 系统的 PMC 的指令。
3. 熟悉 SIEMENS 系统的 PLC 的指令。

1. 编写简单数控机床 PLC 控制程序。
2. 能够看懂数控机床的 PLC 程序。

6.1 数控机床 PLC 概述

6.1.1 数控机床 PLC 的输入/输出控制及应用

1. PLC 的输入/输出控制

（1）操作面板控制　将机床操作面板上各开关、按钮等发出的控制信号直接送入 PLC，以控制数控系统的运行。这些开关输入信号包括机床的急停按钮、主轴的正转和反转及停止、工件的夹紧与松开、润滑系统的控制按钮、冷却系统的控制按钮等。

（2）机床外部开关输入信号控制　将机床侧各种状态的开关信号送入 PLC，经逻辑处理和分析判断后，输出控制指令。这些开关输入信号包括各类控制开关、行程开关、接近开关、压力开关和温控开关等。

（3）输出信号控制　PLC 的输出信号控制电气控制柜中的继电器、接触器、电磁阀，通过机床侧液压缸、气压缸、电动机及电磁制动器等执行机构的动作，对刀库、机械手、回转工作台等进行控制。

2. PLC 的应用

（1）S、T、M 功能控制　S 功能主要完成主轴转速的控制。T 功能是 PLC 根据系统指令，经过译码、检索，找到 T 代码指定的刀具号，进行换刀控制。M 功能是系统送出 M 指令给 PLC 后，经过译码及逻辑处理，输出控制机床辅助动作的信号。

（2）机床进给轴的运动控制　如执行快速移动、各轴进给时可以不用 CNC 的 G00 和 G01 代码指令控制，而是由 PMC 程序控制，即 PMC 的轴控制功能。PMC 轴控制的指令编入 PMC 程序（梯形图）中，编制方法与通常的 PMC 程序相同，按顺序将轴控制信号编入梯形图。由于修改不便，故这种方法通常只用于移动量固定的进给轴控制，如换刀轴、分度轴等。

（3）伺服使能控制　检测伺服驱动所需的各种条件和逻辑关系，输出控制主轴和伺服进给驱动装置的使能信号，通过主轴及伺服驱动装置，驱动相应的伺服电动机。

（4）报警处理控制　收集电气控制柜、机床侧各种开关信号和伺服驱动装置的故障信号，经逻辑处理、分析判断后输入数控系统，系统便显示报警号及报警文本。

6.1.2　数控机床 PLC 的分类

数控机床中的 PLC 一般分两类：一类是专为实现数控机床的顺序控制而设计制造的，PLC 是 CNC 的一部分，称为内装型（或集成型）PLC；另一类具备完整的输入/输出接口技术规范、程序储存容量及运算速度和控制功能，能够独立完成数控机床的控制任务，称为独立型（或外装型）PLC。

1. 内装型 PLC

内装型 PLC 从属于 CNC，它与 CNC 间的信息传送在 CNC 内部实现，PLC 与机床（MT）间信息的传送则通过 CNC 的输入/输出接口电路来实现。图 6-1 所示为内装型 PLC 系统框图。

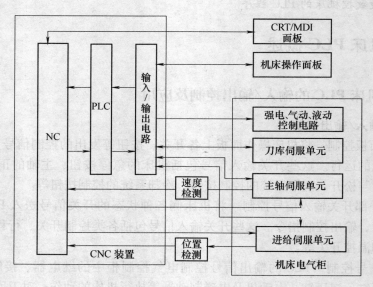

图 6-1　内装型 PLC 系统框图

内装型 PLC 有以下特点：

1）内装型 PLC 的性能指标（如输入/输出点数、程序最大步数、每步执行时间、程序扫描时间等）是根据 CNC 系统的规格、性能、适用机床的类型等确定的。PLC 硬件和软件是被作为 CNC 系统的基本功能，与 CNC 系统统一设计制造的。因此，系统硬件和软件整体结构紧凑，具有针对性，技术指标合理、实用，适用于单台数控机床。

2）在系统的结构上，内装型 PLC 可与 CNC 共用 CPU，也可单独使用一个 CPU，可单独制成一块附加板，插装到 CNC 主板上，使用 CNC 系统本身的 I/O 接口。一般情况下，其输入口电源由 CNC 装置提供，输出口电源由外设提供。

3）采用内装型 PLC 结构，CNC 系统可以具有某些高级的控制功能，如梯形图编辑和传送功能等。

内装型 PLC 的信息能通过 CNC 显示器显示，PLC 的编程更为方便，具有结构紧凑、稳定、方便等优点。著名的 CNC 系统厂家大多开发了内装型 PLC 功能，无论在技术上还是经济上都是非常有利的。

2. 独立型 PLC

独立型 PLC 与 CNC 装置分开，具备完整的硬件结构和软件功能，能独立完成规定的控制任务。图 6-2 所示为独立型 PLC 系统框图，具有以下特点：

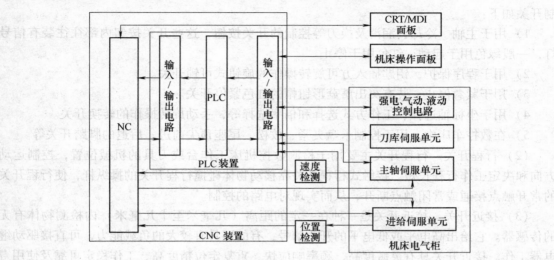

图 6-2　独立型 PLC 系统框图

1）独立型 PLC 的基本功能结构与内装型 PLC 完全相同。

2）独立型 PLC 一般应用在中型或大型数控机床上，I/O 点数一般在 200 点以上，多采用积木式模块化结构，具有安装方便、功能易于扩展等优点。例如，采用 D-A 和 A-D 模块可对外部伺服装置直接进行控制；采用计数模块可以对加工数量、刀具使用次数、回转工作台的分度数等进行检测和控制；采用定位模块可以直接对刀库、回转工作台、旋转轴等机械运动部件进行控制。

3）独立型 PLC 的 I/O 点数，可以通过 I/O 模块的增减灵活配置。有的独立型 PLC 还可通过多个远程终端连接器构成网络，实现集中控制。

6.1.3　数控机床常用输入/输出元件

PLC 输入端口的作用是将机床外部开关接线端子转换成 I/O 模块的针形插座，使外部控制信号输入至 PLC 中。同样，PLC 输出端口的作用是将 PLC 的输出信号经针形插座转换为外部执行元件的接线端子。图 6-3 所示为 PLC 输入/输出元件及其连接方式，每个接线端口在 PLC 中均有规定的地址。

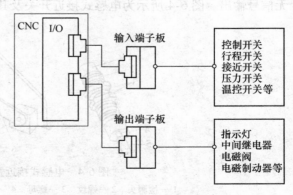

图 6-3　PLC 输入/输出元件及其连接方式

1. 输入元件

（1）控制开关　控制开关有常开触点和常闭触点。为了避免误操作，通常将开关按钮设计为红、绿、黑、黄、蓝、白、灰等颜色。国标 GB 5226—2008 对按钮颜色作了规定：停止和急停按钮必须是红色，当按钮按下时设备必须停止工作或断电；起动按钮的颜色是绿色；起动和停止交替动作的按钮用黑白、白色或灰白；点动按钮必须是黑色；复位按钮必须是蓝色，当复位按钮还有停止作用时，则必须是红色。在数控机床的操作面板上，常见的控制开关如下：

1）用于主轴、冷却、润滑及换刀等控制的开关按钮，这些开关按钮内部往往装有信号灯，一般绿色用于起动，红色用于停止。

2）用于程序保护，钥匙插入方可旋转操作的旋钮式可锁开关。

3）用于紧急停止，装有突出蘑菇形钮帽的红色紧停开关。

4）用于坐标轴选择、工作方式选择和倍率选择等，手动旋转操作的转换开关。

5）在数控车床中，用于控制卡盘夹紧、放松，尾座顶尖前进、后退的脚踏开关等。

（2）行程开关　行程开关主要用于检测数控机床工作台或刀具的机械位置，控制运动方向和决定工作行程长短。接触式行程开关靠移动物体碰撞行程开关的操纵杆，使行程开关的常开触点接通或常闭触点断开，从而实现对电路的控制。

（3）接近开关　接近开关是一种在一定的距离（几毫米至十几毫米）内检测物体有无的传感器。它给出高电平或低电平的开关信号，有的还具有较大的负载能力，可直接驱动继电器工作。接近开关具有灵敏度高、频率响应快、重复定位精度高、工作稳定可靠及使用寿命长等优点。接近开关将检测头与测量转换电路及信号处理电路做在一个壳体内，壳体上带有螺纹，以便安装和调整距离；同时在外部有指示灯，指示传感器的通断状态。在数控机床中常用的接近开关有电感式接近开关、电容式接近开关、磁感应式接近开关、光电式接近开关及霍尔式接近开关等。

1）电感式接近开关。内部有一个高频振荡器和一个整形放大器。振荡器振荡后，在开关的感应面上产生振荡磁场，当金属物体接近感应面时，金属体产生涡流，吸收振荡器的能量，使振荡减弱以至停振。振荡和停振两种不同状态，由整形放大器转换成开关量信号，从而达到检测位置的目的。在数控机床中电感式接近开关常用于刀库、机械手及工作台的位置检测。在实际应用中，如果感应块和开关之间的间隙变大，接近开关的灵敏度会下降，甚至无信号输出。图 6-4 所示为电感式接近开关及其安装方式。

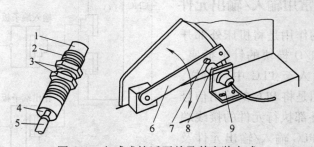

图 6-4　电感式接近开关及其安装方式

1—检测头　2—螺纹　3—螺母　4—指示灯　5—信号输出及电源电缆
6—运动部件　7—感应块　8—电感式接近开关　9—安装支架

2）电容式接近开关。外形与电感式接近开关类似，除了可以对金属材料进行无接触式检测外，还可以对非导电性材料进行无接触式检测。

3）磁感应式接近开关又称磁敏开关，主要对气缸内活塞位置进行非接触式检测。图6-5所示为气缸活塞磁感应式接近开关的应用。

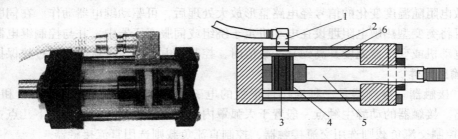

图6-5　气缸活塞磁感应式接近开关的应用
1—磁感应式接近开关　2—安装支架气缸　3—磁性环　4—活塞　5—活塞杆　6—气缸

气缸缸体多用非导磁的铝合金制成，磁感应式接近开关固定在缸体外部。当活塞移动到磁感应式接近开关部位时，固定在活塞上的永久磁铁（磁性环）由于其磁场的作用，使磁感应式接近开关振荡线圈中的电流发生变化，内部放大器将电流转换成输出开关信号，达到控制活塞行程的目的。根据气缸形式的不同，磁感应式接近开关有绑带式安装和支架式安装等类型。

4）霍尔式接近开关。将霍尔元件、稳压电路、放大器、施密特触发器和集电极开路（OC）、门等做在同一个芯片上。典型的霍尔集成电路有 UGN3020 等。霍尔集成电路受到磁场作用时，集电极开路门由高电阻态变为导通状态，输出低电平信号；当霍尔集成电路离开磁场作用时，集电极开路门重新变为高阻态，输出高电平信号。霍尔式接近开关有 NPN 和PNP 两种型号。图6-6 所示为 LD4 系列电动刀架，是霍尔式接近开关检测刀位的典型应用。

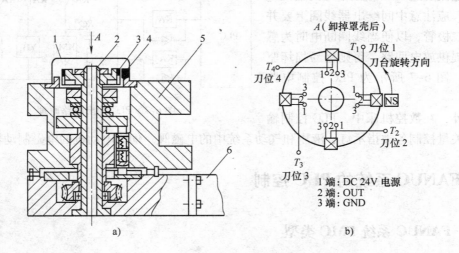

图6-6　LD4 系列电动刀架
a）结构　b）电路原理
1—罩壳　2—定轴　3—霍尔集成电路　4—磁钢　5—刀台　6—刀架底座

（4）压力开关 压力开关是通过被控介质压力的变化，由机械机构带动触点动作的一种开关。压力开关在数控机床中主要检测液压、气压系统的压力，当系统的压力达不到规定的数值时，数控系统报警，机床停止运行。

（5）温控开关 温控开关是利用温度敏感元件随温度变化的原理制成的一种开关。例如，热敏电阻随温度变化的信号经电路整形放大处理后，可驱动继电器动作。在伺服驱动系统中，可将突变型热敏电阻埋设在电动机定子绕组或伺服变压器中，并与控制继电器线圈串联，当电动机或变压器温度升高到某一数值时，控制继电器动作，从而实现过热保护。

2. 输出元件

（1）接触器 接触器是一种通用性很强的电磁式电器，它可以频繁地接通和分断交、直流电路。接触器的动静主触点一般置于灭弧罩内。使用接触器时应注意以下几点：

1）控制交流负载则选用交流接触器，控制直流负载则选用直流接触器。

2）主触点的额定工作电压应大于或等于负载电路的电压。

3）主触点的额定工作电流应大于或等于负载电路的电流。

4）线圈的额定电压应与控制回路电压相一致，当接触器线圈电压达到额定电压的85%或更高时，触点机构应能可靠动作。

（2）继电器 继电器是一种根据输入信号来控制电路中电流通与断的自动切换电器。继电器和接触器的动作原理大致相同，但继电器的结构简单、体积小，没有灭弧装置，触点的种类和数量也较多。

需要指出的是，一般 PLC 的 I/O 采用直流电源，由于受到输出容量的限制，直流开关输出信号一般控制机床强电箱中的中间继电器线圈和指示灯等，每个中间继电器的典型驱动电流为 10mA。在开关量输出电路中，当被控制的对象是电磁阀、电磁离合器等交流负载，或者虽是直流负载，工作电压或电流超过 PLC 输出信号的最大允许值时，应注意中间继电器线圈上要并联续流二极管，以便当线圈断电时为感应电流提供放电回路，否则极易损坏驱动电路。图 6-7 所示为 PLC 控制电路原理。

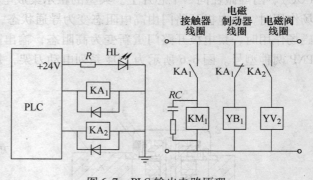

图 6-7　PLC 输出电路原理

另外，在数控机床中，PLC 控制输出的开关量控制各类指示灯、液压和气动系统中的电磁阀、伺服电动机的电磁制动器等。

6.2　FANUC 系统的 PLC 控制

6.2.1　FANUC 系统 PMC 类型

FANUC 系统中的 PLC 均为内装型 PMC。内装型 PMC 的性能指标由所属 CNC 系统的规格确定。其硬件和软件都被作为 CNC 系统的基本组成，与 CNC 系统统一设计制造。FANUC 系统中的 PMC 常用规格有 PMC-L、PMC-M、PMC-SA1、PMC-SA3、PMC-SB7 等几种。

图 6-8 所示为 FANUC 系统 PMC 信息交换流程。X 为机床到 PMC 的信号；Y 为 PMC 到机床的信号；G 为 PMC 到 CNC 系统的信号；F 为 CNC 系统到 PMC 的信号。

图 6-8　FANUC 系统 PMC 信息交换流程

FANUC – 0i 系列有 0iA、0iB、0iC 三种。其中，FANUC – 0iA 选用 PMC-SA1 或 PMC-SA3，一般系统配置 PMC-SA3。FANUC-0iB/0iC 选用 PMC-SA1 或 PMC-SB7，一般系统配置 PMC-SB7。同一类型的 PMC 在不同的数控系统中其性能也有所不同。Power mate 是 0i 系列的简化版，PMC 选用 PMC-PA1。表 6-1 为 PMC-PA1、PMC-SA1、PMC-SA3 和 PMC-SB7 的规格参数。

表 6-1　PMC-PA1、PMC-SA1、PMC-SA3 和 PMC-SB7 的规格参数

系　　统	Power Mate 0	FANUC – 0i 系列		
		A、B、C	A	B、C
类型	PMC-PA1	PMC-SA1	PMC-SA3	PMC-SB7
编程语言	梯形图	梯形图	梯形图	梯形图
程序级数	2	2	2	3
第一级执行周期/ms	8	8	8	8
基本指令处理时间/（μs/步）	4.5	5.0	0.15	0.033
梯形图步数/步	约 3000	约 5000	约 12 000	约 64 000
基本指令数	12	12	14	14
功能指令数	47	48	66	69
内部继电器 R/B	1100	1110	1118	8500
最大输入点数	48	1024	1024	2048
最大输出点数	32	1024	1024	2048
顺序程序存储介质/KB	SRAM	Flash ROM 64	Flash ROM 128	Flash ROM 128 ~ 768

6.2.2　PMC 的信号地址

PMC 程序的地址代表不同的信号。地址有机床侧输入（X）、输出线圈（Y），NC 系统部分输入（F）、输出线圈（G），内部继电器（R）、计数器（C）、保持型继电器（K）、数据表（D）、信息显示请求信号（A）、计数器（T）等，每一地址由地址号和位号组成。本节以 FANUC – 0i 系统为例介绍 PMC 的信号地址。不同型号的 PMC 地址也有所不同，实际使用时需查看相关手册。

1. 机床侧到 PMC 的输入信号地址 （MT→PMC）

当使用 I/O Link 时，输入信号地址为 X0 ~ X127；如果采用内装 I/O 卡时，FANUC - 0iA 输入信号地址为 X1000 ~ X1011 （96 点输入），FANUC - 0iB 输入信号地址为 X0 ~ X11 （96 点输入）。有些输入信号不需要通过 PMC，而直接由 CNC 监控。这些信号的地址是固定的，CNC 运行时直接应用。表 6-2 为 FANUC 系统固定输入地址。

表 6-2　FANUC 系统的固定输入地址

信　　号		符　　号	地　　址	
			当使用 I/O Link 时	当使用内装 I/O 卡时
T 系列	X 轴测量位置到达信号	XAE	X4.0	X1004.0
	Z 轴测量位置到达信号	ZAE	X4.1	X1004.1
	+X 方向信号	+MIT1	X4.2	X1004.2
	−X 方向信号	−MIT1	X4.3	X1004.3
	+Z 方向信号	+MIT2	X4.4	X1004.4
	−Z 方向信号	−MIT2	X4.5	X1004.5
M 系列	X 轴测量位置到达信号	XAE	X4.1	X1004.1
	Y 轴测量位置到达信号	YAE	X4.1	X1004.2
	Z 轴测量位置到达信号	ZAE	X4.2	X1004.3
公用（T、M）系列	跳转信号	SKIP	X4.7	X1004.7
	急停信号	*ESP	X8.4	X1008.4
	第 1 轴参考点返回减速信号	*DEC1	X9.0	X1009.0
	第 2 轴参考点返回减速信号	*DEC2	X9.1	X1009.1
	第 3 轴参考点返回减速信号	*DEC3	X9.2	X1009.2
	第 4 轴参考点返回减速信号	*DEC4	X9.3	X1009.3

注：* 表示低电平有效。

2. PMC 到机床侧的输出信号地址 （PMC→MT）

当使用 I/O Link 时，输出信号地址为 Y0 ~ Y127；如果采用内装 I/O 卡时，FANUC - 0iA 输出信号地址为 Y1000 ~ Y1008 （72 点输出），FANUC - 0iB 输出信号地址为 Y0 ~ Y8 （72 点输出）。

3. PMC 到 CNC 之间的输出信号地址 （PMC→CNC）

从 PMC 到 CNC 的输出信号的地址号为 G0 ~ G255，这些信号的功能是固定的，用户通过顺序程序（梯形图）实现 CNC 的各种控制功能。例如系统急停控制信号为 G8.4，循环启动信号为 G7.2，进给暂停信号为 G8.5，空运转信号为 G46.7，外部复位信号为 G8.7，程序保护钥匙信号为 G46.3 ~ G46.6，CNC 系统状态信号为 G43.0、G43.1、G43.2、G43.5、G43.7 等。

4. CNC 到 PMC 的输入信号地址 （CNC→PMC）

从 CNC 到 PMC 的输入信号的地址号为 F0 ~ F255，这些信号的功能也是固定的，用户通过顺序程序（梯形图）确定 CNC 系统的状态。例如 CNC 系统准备就绪信号为 F1.7，伺服准备就绪信号为 F0.6，系统报警信号为 F1.0，系统电池报警信号为 F1.2，系统复位信号为 F1.1，系统进给暂停信号为 F0.4，系统循环启动信号为 F0.5，T 码选通信号为 F7.3，M 码选通信号为 F7.0，S 码选通信号为 F7.2 等。

5. 寄存器/存储器地址

（1）定时器地址（T）　定时器分为可变定时器（用户可以修改时间）和固定定时器（定时时间存储到 ROM 中）两种。可变定时器有 40 个（T01 ~ T40），其中 T01 ~ T08 时间设定最小单位为 48ms，T09 ~ T40 时间设定最小单位为 8ms。固定定时器有 100 个（PMC 为 SB7 时，固定定时器有 500 个），时间没定最小单位为 8ms。

（2）计数器地址（C）　系统共有 20 个计数器，其地址为 C1 ~ C20。

（3）保持型继电器（K）　FANUC - 0iA 系统的保持型继电器地址为 K0 ~ K19，其中 K16 ~ K19 是系统专用继电器，不能作为它用；FANUC - 0iB/0iC（PMC 为 SB7）系统的保持型继电器地址为 K0 ~ K99（用户使用）和 K900 ~ K919（系统专用）。

（4）中间继电器地址　系统中间继电器可分为内部继电器（R）和外部继电器（E）两种。内部继电器的地址为 R0 ~ R999，其中 R900 ~ R999 为系统专用。外部继电器的地址为 E0 ~ E999。注意只有 PMC-SB7 有外部继电器。

（5）信息继电器地址（A）　信息继电器通常用于报警信息显示请求，FANUC - 0iA/0iB系统有 200 个信息继电器（占用 25B），其地址为 A0 ~ A24。FANUC - 0iC 系统有 2 000 个信息继电器（500B）。

（6）数据表地址（D）　FANUC - 0iA 系统数据表共有 1860B，其地址为 D0 ~ D1859，FANUC - 0iB/0iC 系统（PMC 为 SB7）共有 10 000B，其地址为 D0 ~ D9999。

（7）子程序号地址（P）　通过 PMC 的子程序有条件调出 CALL 或子程序无条件调出 CALLU 功能指令，系统运行子程序的 PMC 控制程序，完成数控机床的重复动作，如加工中心的换刀动作。FANUC - 0iA（PMC 为 SA3）的子程序数有 513 个，其地址为 P0 ~ P512；FANUC - 0iB/0iC（PMC 为 SB7）的子程序数有 2001 个，其地址为 P0 ~ P2000。

（8）标号地址（L）　为了便于查找和控制，PMC 顺序程序用标号进行分块（一般按控制功能进行分块），系统通过 PMC 的标号跳转 JMPB 指令或 JMP 功能指令随意跳到所指定标号的程序进行控制。FANUC - 0iA 系统（PMC 为 SA3）的标号数有 999 个，其地址为 L1 ~ L999，FAUNC - 0iB/0iC 系统（PMC 为 SB7）的标号数有 9999 个，地址为 L1 ~ L9999。

6.2.3　FANUC 系统 PMC 指令

FANUC 系统 PMC 有两种指令：基本指令和功能指令。当设计顺序程序时，使用最多的是基本指令，功能指令用于机床特殊功能的编程。

在基本指令和功能指令执行中，用一个堆栈寄存器暂存逻辑操作的中间结果，堆栈寄存器有 9 位，图 6-9 所示为堆栈寄存器操作顺序，按先进后出、后进先出的原理工作。当操作结果入栈时，堆栈全部左移一位；相反地，取出操作结果时堆栈全部右移一位，最后压入的信号首先恢复读出。

图 6-9　堆栈寄存器操作顺序

1. 基本指令

基本指令是最常用的指令，它们执行一位运算，只是对二进制位进行与、或、非的逻辑操作。PMC-SA3 型号有 14 个基本指令，表 6-3 为这些基本指令及其功能。

表 6-3　基本指令及其功能

序号	指令		功　　能
	格式 1（代码）	格式 2（FAPT LADDER 键操作）	
1	RD	R	读入指定的信号状态并设置在 ST0 中
2	RD. NOT	RN	将读入的指定信号的逻辑状态取非后设置到 ST0
3	WRT	W	将逻辑运算结果（ST0 的状态）输出到指定的地址
4	WRT. NOT	WN	将逻辑运算结果（ST0 的状态）取非后输出到指定的地址
5	AND	A	逻辑与
6	AND. NOT	AN	将指定的信号状态取非后逻辑与
7	OR	O	逻辑或
8	OR. NOT	ON	将指定的信号状态取非后逻辑或
9	RD. STK	RS	将寄存器的内容左移 1 位，把指定地址的信号状态设置到 ST0
10	RD. NOT. STK	RNS	将寄存器的内容左移 1 位，把指定地址的信号状态取非后设置到 ST0
11	AND. STK	AS	ST0 与 ST1 逻辑与后，堆栈寄存器右移一位
12	OR. STK	OS	ST0 与 ST1 逻辑或后，堆栈寄存器右移一位
13	SET	SET	ST0 和指定地址中的信号逻辑或后，将结果返回到指定的地址中
14	RST	RST	ST0 的状态取反后和指定地址中的信号逻辑与，将结果返回到指定的地址中

综合基本指令的例子，来说明梯形图和指令代码的应用。此例用到 12 条基本指令，图 6-10 所示为梯形图，表 6-4 是针对图 6-11 用编程器输入的 PMC 程序编码表。

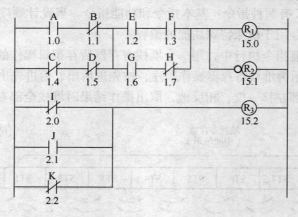

图 6-10　梯形图

表 6-4　图 6-10 程序编码表

序号	指　　令	地址号位数	备注	运　算　结　果		
				ST2	ST1	ST0
1	RD	1	A			A
2	AND. NOT	1.1	B			$A \cdot \bar{B}$
3	RD. NOT. STK	1.4	C		$A \cdot \bar{B}$	$\bar{C}$
4	AND. NOT	1.5	D		$A \cdot \bar{B}$	$\bar{C} \cdot \bar{D}$
5	OR. STK					$A \cdot \bar{B} + \bar{C} \cdot \bar{D}$
6	RD. STK	1.2	E		$A \cdot \bar{B} + \bar{C} \cdot \bar{D}$	E
7	AND	1.3	F		$A \cdot \bar{B} + \bar{C} \cdot \bar{D}$	$E \cdot F$
8	RD. STK	1.6	G	$A \cdot \bar{B} + \bar{C} \cdot \bar{D}$	$E \cdot F$	G
9	AND. NOT	1.7	H	$A \cdot \bar{B} + \bar{C} \cdot \bar{D}$	$E \cdot F$	$G \cdot \bar{H}$
10	OR. STK				$A \cdot \bar{B} + \bar{C} \cdot \bar{D}$	$E \cdot F + G \cdot \bar{H}$
11	AND. STK					$(A \cdot \bar{B} + \bar{C} \cdot \bar{D}) \cdot (E \cdot F + G \cdot \bar{H})$
12	WRT	15.0	R_1			$(A \cdot \bar{B} + \bar{C} \cdot \bar{D}) \cdot (E \cdot F + G \cdot \bar{H})$
13	WRT. NOT	15.1	R_2			$\overline{(A \cdot \bar{B} + \bar{C} \cdot \bar{D}) \cdot (E \cdot F + G \cdot \bar{H})}$
14	RD. NOT	2	I			$\bar{I}$
15	OR	2.1	J			$\bar{I} + J$
16	OR. NOT	2.2	K			$\bar{I} + J + \bar{K}$
17	WRT	15.2	R_3			$\bar{I} + J + \bar{K}$

2. 功能指令

数控机床用 PLC 的指令必须满足数控机床信息处理和动作控制的特殊要求，如 CNC 输出的 M、S、T 二进制代码信号译码（DEC、DECB），机械运动状态或液压系统动作状态的延时确认（TMR、TMRB），加工零件的计数（CTR），刀库、分度工作台沿最短路径旋转和现在位置至目标位置步数的计算（ROT、ROTB），换刀时数据检索（DSCH、DSCHB）和数据变址传送指令（XMOV、XMOVB）等。对于上述的译码、定时、计数、最短路径选择，以及比较、检索、转移、代码转换、四则运算、信息显示等控制功能，仅用一位操作的基本指令编程，实现起来将会十分困难，因此要增加一些具有专门控制功能的指令，这些专门指令就是功能指令。功能指令都是一些子程序，应用功能指令就是调用相应的子程序。FANUC PMC 的功能指令数目视型号不同而不同。表 6-5 为功能指令种类和处理过程。

（1）功能指令的格式　功能指令不能用继电器符号表示，图 6-11 所示为功能指令通用格式，包括控制条件、指令、参数和输出。表 6-6 为与图 6-11

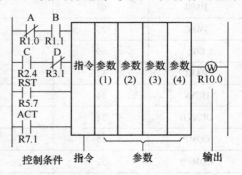

图 6-11　功能指令通用格式

相对应的功能指令的编码和运行结果。

表 6-5 功能指令种类和处理过程

名称（梯形图）	SUB 号（穿孔带）	处 理 过 程	型　号	
			FANUC－0iA	
			PMC－SA1	PMC－SA3
END1	1	第一组程序结束	○	○
END2	2	第二级程序结束	○	○
TMR	3	定时器	○	○
TMRB	24	固定定时器	○	○
TMRC	54	定时器	○	○
DEC	4	译码	○	○
DECB	25	二进制译码	○	○
CTR	5	计数器	○	○
CTRC	55	计数器	○	○
ROT	6	旋转控制	○	○
ROTB	26	二进制旋转控制	○	○
COD	7	代码转换	○	○
CODB	27	二进制代码转换	○	○
MOVE	8	逻辑乘后的数据传送	○	○
MOVOR	28	逻辑除后的数据传送	○	○
MOVB	43	字节数据传送	×	○
MOVW	44	字数据传送	×	○
MOVN	45	块数据传送	×	○
COM	9	公共线控制	○	○
COME	29	公共线控制结束	○	○
JMP	10	跳转	○	○
JMPE	30	跳转结束	○	○
JMPB	68	标号 1 跳转	×	○
JMPC	73	标号 2 跳转	×	○
LBL	69	标号	×	○
PARI	11	奇偶校验	○	○
DCNV	14	数据转换	○	○
DCNVB	31	扩展数据转换	○	○
COMP	15	比较	○	○
COMPB	32	二进制比较	○	○
COIN	16	一致性检测	○	○

名称（梯形图）	SUB 号（穿孔带）	处 理 过 程	型 号	
			FANUC – 0iA	
			PMC – SA1	PMC – SA3
SFT	33	寄存器移位	○	○
DSCH	17	数据搜寻	○	○
DSCHB	34	二进制数据搜寻	○	○
XMOV	18	变址数据传送	○	○
XMOVB	35	二进制变址数据传送	○	○
ADD	19	加法	○	○
ADDB	36	二进制加法	○	○
SUB	20	减法	○	○
SUBB	37	二进制减法	○	○
MUL	21	乘法	○	○
MULB	38	二进制乘法	○	○
DIV	22	除法	○	○
DIVB	39	二进制除法	○	○
NUM	23	常数定义	○	○
NUMB	40	二进制常数定义	○	○
DISP	41	扩展信息显示	○	○
EXIN	42	外部数据输入	○	○
AXCTL	53	PMC 轴控制	○	○
WINDR	51	读窗口数据	○	○
WINDW	52	写窗口数据	○	○
MMC3R	88	读 MMC3 数据	○	○
MMC3W	89	写 MMMC3 窗口数据	○	○
MMCWR	98	读 MMC2 窗口数据	○	○
MMCWW	99	写 MMC2 窗口数据	○	○
DIFU	57	上升沿检测	×	○
DIFD	58	下降沿检测	×	○
EOR	59	异或	×	○
AND	60	逻辑与	×	○
OR	61	逻辑或	×	○
NOT	62	逻辑非	×	○
END	64	子程序结束	×	○
CALL	65	条件子程序调用	×	○
CALLU	66	无条件子程序调用	×	○
SP	71	子程序	×	○
SPE	72	子程序结束	×	○

注：○—可以用，×—不能用。

表 6-6　与图 6-11 相对应的功能指令的编码和运行结果

	编 码 表			运行结果状态			
序号	指令	地址号	说明	ST3	ST2	ST1	ST0
1	RD	R1. 0	A				$\overline{A}$
2	AND	R1. 1	B				$\overline{A} \cdot B$
3	RD. STK	R2. 4	C			$\overline{A} \cdot B$	C
4	AND. NOT	R3. 1	D			$\overline{A} \cdot B$	$C \cdot \overline{D}$
5	RD. STK	R5. 7	RST		$\overline{A} \cdot B$	$C \cdot \overline{D}$	RST
6	RD. STK	R7. 1	ACT	$\overline{A} \cdot B$	$C \cdot D$	RST	ACT
7	SUB	○○	指令	$\overline{A} \cdot B$	$C \cdot D$	RST	ACT
8	（PRM）（Note2）	○○○○	参数 1	$\overline{A} \cdot B$	$C \cdot D$	RST	ACT
9	（PRM）	○○○○	参数 2	$\overline{A} \cdot B$	$C \cdot D$	RST	ACT
10	（PRM）	○○○○	参数 3	$\overline{A} \cdot B$	$C \cdot D$	RST	ACT
11	（PRM）	○○○○	参数 4	$\overline{A} \cdot B$	$C \cdot D$	RST	ACT
12	WRT	R10. 0	W1 输出	$\overline{A} \cdot B$	$C \cdot D$	RST	ACT

指令格式中各部分内容说明如下：

1）控制条件。每条功能指令控制条件的数量和含义各不相同，控制条件存在于堆栈寄存器中，控制条件及指令、参数和输出（W）必须无遗漏地按照固定的编码顺序编写。

2）指令。有梯形图、穿孔带、编程机等多种格式（表 6-5）。

3）参数。与基本指令不同，功能指令可以处理数据。也就是说，数据或存有数据的地址均可作为参数写入功能指令。参数的数目和含义随指令的不同而不同。

4）输出 W。功能指令操作结果用逻辑"0"或"1"状态输出，地址由编程者任意指定。有些功能指令没有 W，如 MOVE、COM、JMP 等。

功能指令处理的数据为二进制表示的十进制代码（BCD）或二进制代码（BIN）。功能指令中所处理数据为 2B 或 4B 时，指令参数中给出的地址最好为偶地址，以减小一些执行时间。

（2）部分功能指令说明

1）顺序结束指令（END1，END2）。END1 为高级顺序结束指令；END2 为低级顺序结束指令。指令格式如图 6-12 所示。

其中 $i = 1$ 或 2，分别表示高级和低级顺序结束指令。

END1 在顺序程序中必须指定一次，其位置在高级顺序的末尾；当无高级顺序程序时，则在低级顺序程序的开头指定。END2 在低级顺序程序末尾指定。

2）定时器指令 TMR。指令格式如图 6-13 所示。

功能：继电器延时导通。

控制条件：ACT = 0 时，关闭定时继电器；ACT = 1 时，定时继电器开始延时，当到达预先设定的值时，输出 W = 1。

参数：定时器号为 1~8 号的定时器，定时单位为 48ms；定时器号为 9~40 号的定时器，定时单位为 8ms。通过操作面板 CRT/MDI 来设定时间。

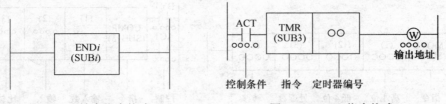

图 6-12　结束指令格式　　　　　　　图 6-13　TMR 指令格式

3）固定定时器指令 TMRB。指令格式如图 6-14 所示。

功能：继电器延时导通。本指令的固定定时器的时间与顺序程序一起写入 ROM 中，因此一旦写入就不能更改。用于机床换刀的动作时间、机床自动润滑时间控制等。

控制条件：ACT = 0 时，关闭定时继电器；ACT = 1 时，定时继电器开始延时。到达预先设定的值时，输出 W = 1。

参数：定时器号为 1~100 号，定时单位为 8ms。

4）译码指令 DEC。指令格式如图 6-15 所示。

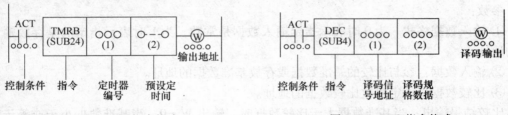

图 6-14　TMRB 指令格式　　　　　　图 6-15　DEC 指令格式

功能：当两个 BCD 码与给定数值一致时输出继电器导通，输出为 1。该指令常用于机床的 M 指令或 T 指令译码。

控制条件：ACT = 0 时，关闭译码输出结果；ACT = 1 时，进行译码。即当给定数值与 BCD 代码信号一致时，输出 W = 1。

参数：

① 译码信号地址。指定包含两个 BCD 代码信号的地址。

② 译码规格数据。由译码数值和译码位数两部分组成。译码数值为译出的译码数值，要求是两位数。例如，M03 的译码值为 03。译码位数为 01 时只译低位数，高位数为 0；为 10 时只译高位数，低位数为 0；为 11 时高、低两位均译码。

5）逻辑乘数据传送指令 MOVE。指令格式如图 6-16 所示。

功能：使比较数据和处理数据进行逻辑与运算，并将结果传送至指定地址。可用于将指定地址的 8 位信号中不需要的位去掉。

控制条件：当 ACT = 1 时，执行 MOVE 指令，否则不执行。

参数：

① 高 4 位与低 4 位比较数据共同组成一个逻辑与运算的数据。

② 处理数据地址：指定参与逻辑运算的数据地址。

③ 转移地址：指定运算结果的转移地址。

6）比较指令 COMP。指令格式如图 6-17 所示。

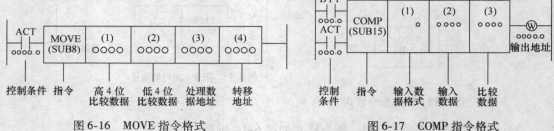

图 6-16　MOVE 指令格式　　　　　图 6-17　COMP 指令格式

功能：输入值与基准数值进行比较，并将比较结果输出。

控制条件：

① BYT 指定数据大小。当 BYT = 0 时，处理数据（输入值和比较值）为两位 BCD；当 BYT = 1 时，处理数据（输入值和比较值）为四位 BCD。

② ACT 执行指令。当 ACT = 0 时，不执行 COMP 指令，输出不变；当 ACT = 1 时，执行 COMP 指令，输出结果。

参数：

① 输入数据格式。为 0 时表示指定输入数据是常数，为 1 时表示指定的是存放输入数据的地址。

② 输入数据：参与比较的基准数据或存放基准数据的地址。

③ 比较数据：指定存放比较数据的地址。

比较结果输出：当基准数据大于比较数据时，输出 W = 0；当基准数据小于或等于比较数据时，输出继电器导通，输出为 W = 1。

7）一致性检测指令 COIN。指令格式如图 6-18 所示。

功能：检测输入值与比较值是否一致。该指令只适用于 BCD 码数据。用于检查刀库、回转工作台等旋转体是否达到目标位置。

控制条件：

①BYT 指定数据大小。当 BYT = 0 时，处理数据（输入值和比较值）为两位 BCD 代码；当 BYT = 1 时，处理数据（输入值和比较值）为四位 BCD 代码。

②ACT 执行指令。当 ACT = 0 时，不执行 COIN 指令，输出不变；当 ACT = 1 时，执行 COIN 指令，输出结果。

参数：

①输入数据格式。为 0 时表示指定输入数据是常数，为 1 时表示指定的是存放输入数据的地址。

②输入数据。参与比较的基准数据或存放基准数据的地址。

③比较数据。指定存放比较数据的地址。

比较结果输出：当基准数据不等于比较数据时，输出为 W = 0；当基准数据等于比较数据时，输出为 W = 1。

8）常数定义指令 NUME。指令格式如图 6-19 所示。

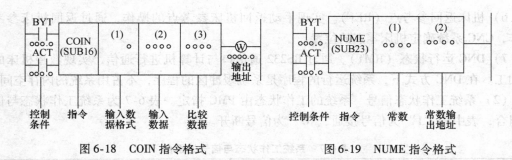

图 6-18　COIN 指令格式　　　　　图 6-19　NUME 指令格式

功能：定义常数，实现数控机床自动换刀的实际刀号定义，或者采用附加伺服轴（PMC 轴）控制的换刀装置数据等控制。

控制条件：

① BYT 指定数据大小。当 BYT = 0 时，常数为两位 BCD 代码；当 BYT = 1 时，常数为四位 BCD 代码。

② ACT 执行指令。当 ACT = 0 时，不执行 NUME 指令；当 ACT = 1 时，执行 NUME 指令。

参数：

① 常数。指定常数。

② 常数输出地址。指定常数的输出地址。

除以上介绍的指令外，还有将代码地址所指示的数据表内容传送至指定地址存储单元中的转换指令；用于控制梯形图流向的跳转指令、公共线控制指令、调用子程序及返回指令；对代码信号进行奇偶校验的奇偶校验指令；BCD 码与二进制编码间的译码指令；在数据表中搜索指定数据的数据检索指令；对数据进行数学处理的算术、逻辑运算指令和移位指令；用于控制信号特性的边沿控制指令等。由于篇幅等原因就不一一介绍，读者如果需要可查阅相关手册。

6.2.4　PMC 在数控机床中的应用

1. 数控机床工作状态开关 PMC 控制

（1）系统的工作状态

1）编辑状态（EDIT）。即编辑存储到 CNC 内存中的加工程序文件。编辑操作包括插入、修改、删除和替换，以及删除整个程序和自动插入顺序号。

2）存储运行状态（MEM）。又称自动运行状态（AUTO）。在此状态下，系统运行的加工程序为系统存储器内的程序。选择这些程序，按下机床操作面板上的【循环启动】按钮后，机床自动运行。

3）手动数据输入状态（MDI）。通过 MDI 面板编制最多十行的程序并执行，程序格式和普通程序一样。MDI 适用于简单的测试操作。

4）手轮进给状态（HND）。选择要移动的轴，通过旋转手摇脉冲发生器，使刀具或工件移动。

5）手动连续进给状态（JOG）。按下操作面板的进给轴及方向选择开关，使刀具沿着所选轴的方向连续移动。

6）机床返回参考点（REF）。实现手动返回机床参考点的操作，通过返回机床参考点操作，CNC系统确定机床零点的位置。

7）DNC运行状态（RMT）。通过RS232通信口与计算机进行通信，实现数控机床的在线加工。在DNC方式下，系统运行的程序是系统缓冲区的程序，不占用系统的内存空间。

（2）系统工作状态信号　系统的工作状态由PMC指定。表6-7为系统工作状态与信号的组合，表中的"1"为信号接通，"0"为信号断开。

表6-7　系统工作状态与信号的组合

工作状态		系统及系统状态显示	ZRN	DNC1	MD4	MD2	MD1
		FANUC – 0C/0D	G120.7	G127.5	G122.2	G122.1	G122.0
	FANUC – 16/18/21/0i		G43.7	G43.5	G43.2	G43.1	G43.0
程序编辑	EDIT	EDIT	0	0	0	1	1
自动运行	MEM	AUTO	0	0	0	0	1
手动数据输入	MDI	MDI	0	0	0	0	0
手轮进给	HND	HND	0	0	1	0	0
手动连续进给	JOG	JOG	0	0	1	0	1
返回参考点	REF	ZRN	1	0	1	0	1
DNC运行	RMT	RMT	0	1	0	0	1

（3）系统工作状态的PMC控制　下面以FANUC – 16/18/21/0iA系统或FANUC – 16i/18i/21i/0iB/0iC系统为例，机床操作面板采用标准操作面板，设计PMC梯形图。图6-20所示为系统工作状态PMC梯形图（FANUC – 0i）。

状态开关信号的输入/输出地址是由系统I/O Link模块进行分配的。

编辑状态：输入信号（面板操作开关）地址为X4.1，输出信号（指示灯）地址为Y4.1。

存储运行（又称自动运行）：输入信号（面板操作开关）地址为X4.0，输出信号（指示灯）地址为Y4.0。

远程运行（又称DNC）：输入信号（面板操作开关）地址为X4.3，输出信号（指示灯）地址为Y4.3。

手轮进给（又称手摇脉冲进给）：输入信号（面板操作开关）地址为X6.7。

手动数据输入：输入信号（面板操作开关）地址为X4.2，输出信号（指示灯）地址为Y4.2。

手动连续进给（又称点动进给）：输入信号（面板操作开关）地址为X6.5，输出信号（指示灯）地址为Y6.5。

返回参考点（又称回零）：输入信号（面板操作开关）地址为X6.4，输出信号（指示

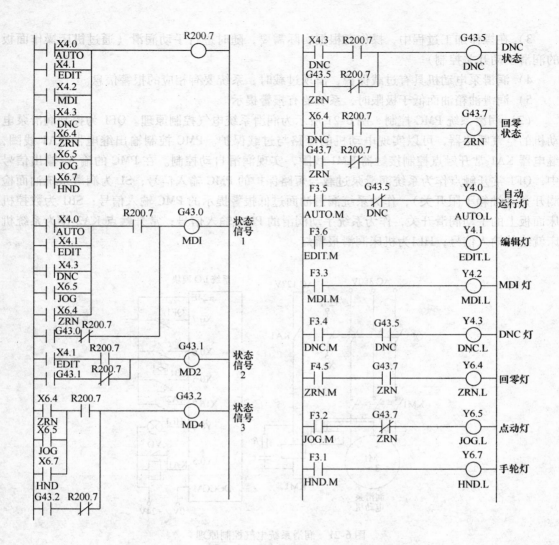

图 6-20 系统工作状态 PMC 梯形图（FANUC – 0i）

灯）地址为 Y6.4。

信号 F3.6 表示系统处于编辑状态；信号 F3.5 表示系统处于自动运行状态；信号 F3.3 表示系统处于手动数据输入状态；信号 F3.4 表示系统处于 DNC 状态；信号 F3.2 表示系统处于手动连续进给状态；信号 F3.1 表示系统处于手轮控制状态；信号 F4.5 表示系统处于返回参考点状态。

2. 数控机床润滑系统 PMC 控制

数控机床润滑系统的形式一般有两种，即电动机间歇润滑和定量式润滑。在实际工作过程中，需要根据情况调整参数，以改变润滑时间和油泵工作时间。

（1）电气设计要求

1）首次开机时，自动润滑 16s（2.4s 打油、2.4s 关闭）。

2）机床运行时，达到润滑间隔固定时间（如 30min）自动润滑一次，用户可以对润滑间隔时间进行调整（通过 PMC 参数）。

3）在操作加工过程中，操作者根据实际需要，随时进行手动润滑（通过机床操作面板的润滑手动开关控制）。

4）润滑泵电动机具有过载保护，出现过载时，系统要有相应的报警信息。

5）润滑油箱油面低于极限时，系统要有报警提示。

（2）润滑系统 PMC 控制　图 6-21 所示为润滑系统电气控制原理。QF1 为控制润滑泵电动机的空气断路器，可以实现电动机的短路与过载保护。PMC 控制输出继电器 KA1 线圈，继电器 KA1 常开触点控制接触器 KM1 线圈，实现润滑自动控制。在 PMC 的输入/输出信号中，QF1 常开触点作为系统润滑泵过载与短路保护的 PMC 输入信号；SL 为润滑系统油面检测开关（油箱下限开关），作为系统润滑油面过低报警提示的 PMC 输入信号；SB1 为数控机床面板上的手动润滑开关，作为系统手动润滑的 PMC 输入信号；常开触点 KA2 作为系统机床就绪的输入信号；HL1 为机床润滑报警灯。

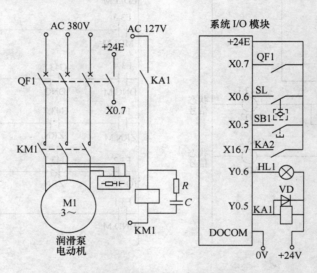

图 6-21　润滑系统电气控制原理

润滑系统 PMC 控制梯形图如图 6-22 所示。机床自动润滑时间和每次润滑的间歇时间由于不需要用户修改，所以系统 PMC 采用固定时间定时器 9、10（设定时间为 8ms）来控制每次润滑的间歇时间（2.4s 打油、2.4s 关闭）。固定定时器 11 用来控制自动运行时的润滑时间（16s），固定定时器 12 用来控制机床首次开机的润滑时间（16s）。自动润滑的时间根据机床实际加工情况进行调整，所以自动润滑的间隔时间控制采用可变定时器，且两个可变定时器（TMR01 和、TMR02，设定时间为 48ms）串联，扩大定时时间，用户通过操作进入 PMC 参数的定时器界面，设置或调整参数，从而改变自动润滑间隔时间。

当机床首次开机时，机床准备就绪信号 X16.7 为 1，起动机床润滑泵电动机（Y0.5 输出），同时启动固定定时器 12，机床自动润滑 16s，（2.4s 打油、2.4s 关闭）后，固定定时器 12 的延时断开常闭点 R526.6 切断润滑，完成机床首次开机的自动润滑操作。机床运行过程中，通过可变定时器 TMR01 和 TMR02 设定的延时时间后，机床自动润滑一次，润滑的时间由固定定时器 11 设定（16s），通过固定定时器 11 的延时断开常闭点 R526.3 切断运行润滑控制回路，从而完成一次机床运行时润滑的自动控制，机床周而复始地进润滑。当润滑系统出现过载或短路故障时，X0.7 输入信号，立即停止输出信号 Y0.5，KA1 线圈失电，KM1 接触器释放，润滑泵停止，并发出润滑系统报警信息（#1007）。当润滑系统的油面下降到极限时，机床润滑系统报警灯 HL1 闪亮，提示操作者加润滑油。

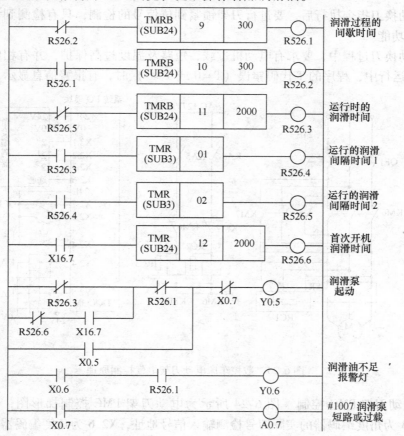

图 6-22　润滑系统 PMC 控制梯形图

3. 数控车床自动换刀 PMC 控制

数控车床的电动刀架上夹持着各种不同用途的刀具，通过旋转分度定位可实现机床的换刀动作。下面以电动刀架 BWD40 – 1 为例，分析数控车床自动换刀的 PMC 控制过程（系统采用 FANUC – 0iTB）。

BWD40 – 1 电动刀架为六工位，采用蜗杆传动，刀架电动机正转实现刀架松开并进行分度，反转进行锁紧并定位。电动机的正、反转由接触器 KM6、KM7 控制，刀架的松开和锁紧靠微动行程开关 SQ1 进行检测，刀架的分度由刀架电动机后端的角度编码器进行检测。图 6-23 所示为数控车床电动刀架电气控制原理。

（1）电气设计要求

1）机床接收到换刀指令（程序的 T 码指令）后，刀架电动机正转，松开刀架并进行分度控制，分度过程中要有转位时间的检测，检测时间设定为 10s，每次分度时间超过 10s，系统就发出分度故障报警。

2）刀架分度并到位后，通过电动机反转进行锁紧和定位控制。为了防止反转时间过长导致电动机过热，要求电动机反转控制时间不得超过 0.7s。

3）电动机正、反转控制过程中，还要求有正转停止的延时时间控制和反转开始的延时时间控制。

4）自动换刀指令执行后，要进行刀架锁紧到位信号的检测，只有检测到该信号，才能完成 T 代码功能。

5）自动换刀过程中，要求有电动机过载、短路及温度过高保护，并有相应的报警信息显示。自动运行中，程序的 T 代码错误（T = 0 或 T > 7）时，有报警信息显示。

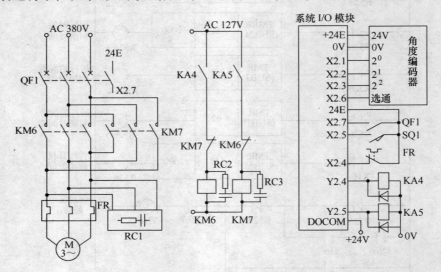

图 6-23　数控车床电动刀架电气控制原理

（2）电动刀架 PMC 控制　图 6-24 所示为电动刀架 PMC 控制梯形图，图中的 X2.1、X2.2、X2.3 为角度编码器的实际刀号检测输入信号地址，X2.6 为角度编码器位置选通输入信号（每次转到位就接通）地址，通过常数定义指令（NUME），把刀架当前实际位置的刀号写入到地址 D302 中。通过判别一致指令（COIN），把当前位置的刀号（D302 中的数值）与程序的 T 码选刀刀号（F26 中的数值）进行比较，如果两个数值相同，则 T 码辅助功能结束（说明程序要的刀号与当前实际刀号一致）；如果两个数值不相同，则进行分度控制。通过判别指令（COIN）和比较指令（COMP）与数字 0 和数字 7 进行比较，如果程序指令的 T 码为 0 或大于或等于 7 时，系统要有 T 代码错误报警信息显示，同时停止刀架分度指令的输出。当程序指令的 T 码与刀架实际刀号不一致时，系统发出刀架分度指令（继电器 R0.3 为"1"），刀架电动机正转（输入继电器 Y2.4 为"1"），通过蜗杆传动松开锁紧凸轮，凸轮带动刀盘转位，同时角度编码器发出转位信号（X2.1、X2.2、X2.3），当刀架转到换刀位置，系统判别一致指令（COIN）信号 R0.0 为"1"，发出刀架分度到位信号（继电器 R0.4 为"1"），刀架电动机经过定时器 01 延时（定时器 TMR01 为 50ms）后，切断刀架电动机正转输出信号 Y2.4，同时接通反转运行开始定时器 02，经过延时后，系统发出刀架电动机反转输出信号 Y2.5，电动机开始反转，进行定位，锁紧凸轮锁紧并发出刀架锁紧到位信号（X2.5），经过反转停止延时定时器 03 的延时（定时器 TMR03 设定为 0.6s）后，发出电动机反转停止信号（R0.7 为"1"），切断刀架电动机反转运转输出信号 Y2.5。通过刀架锁紧到位信号 X2.5 接通 T 辅助功能完成指令（R1.1 为"1"），系统辅助功能结束指令信号 G4.3 为"1"，切断刀架分度指令 R0.3，从而完成换刀的自动控制。在整个换刀过程中，如换刀过程超时（TMR04）、电动机过载温升过高（X2.4）及断路器 QF1（X2.7）信号动作时，系统立即停止换刀动作并发出系统换刀故障信息。

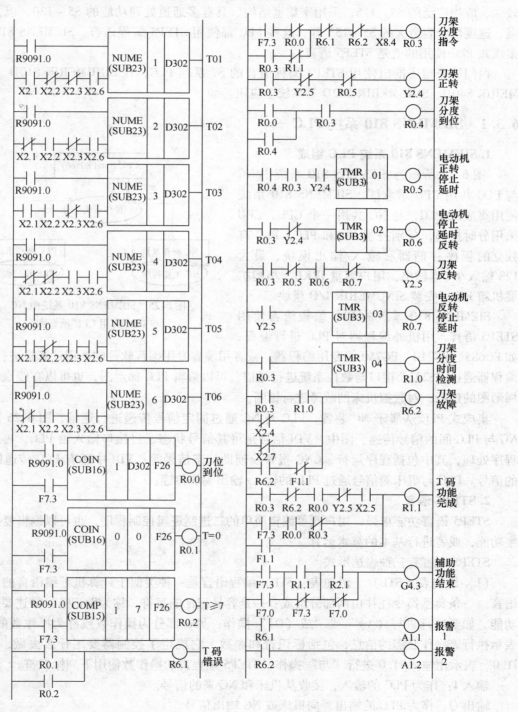

图 6-24 电动刀架 PMC 控制梯形图

6.3 SIEMENS 系统的 PLC 控制

西门子公司生产的 PLC 装置很多，如简单的 S5-101，采用模块化的 S5-100U，功能较强、应用广泛的 S5-115，采用密集型结构、具有多通道处理功能的 S5-130，以及功能强、速度快、容量大的 S5-155 等。这些 PLC 都使用 STEP5 编程语言。SIEMENS 810 系统集成式 PLC 使用的就是 STEP5 语言。

西门子公司还推出使用 STEP7 编程语言的 S7 系列 PLC，在 SINUMERIK 810D、SINU-MERIK 840D、SINUMERIK 802D 等系统上应用。

6.3.1 SIEMENS 810 系统 PLC

1. SIEMENS 810 系统 PLC 组成

图 6-25 所示为 SIEMENS 810 系统中 NC 与 PLC 共用 CPU 示意图。SIEMENS 810 系统使用集成式 PLC，与 NC 共用一个 CPU，CPU 采用分时控制，分别控制 NC 和 PLC。PLC 有独立的程序存储器和输入/输出模块，最大 128 输入/64 点输出，用户容量 12KB，小型扩展机箱 EU 可安装 SINUMERIK I/O 模块。

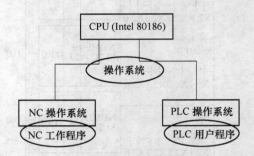

图 6-25　SIEMENS 810 系统中 NC
与 PLC 共用 CPU 示意图

SIEMENS 810 系统的 PLC 编程语言使用 STEP5 语言，用机外编程器对 PLC 进行编程，如 PG685、PG710、PG750 等专用编程器，或者用装有专用编程软件的通用计算机进行编程。编程器通过 RS232C 接口与数控系统进行通信，可以编辑 PLC 梯形图，也可以在线观察 PLC 梯形图的运行，对数控机床的故障进行诊断。

集成式 PLC 从属于 NC 装置，PLC 与 NC 通过固定信号传递进行通信，图 6-26 所示为 NC 与 PLC 间的信号传递，图中，VDI 信号是将其信号状态通过接口输入给 PLC，再由 PLC 程序处理，其中包括程序运行、CNC 报警及辅助状态信号等；VDI 中还有 PLC 传递给 CNC 的信号。PLC 与机床侧信号通过 PLC 的输入/输出模块传递。

2. STEP5 语言

STEP5 语言功能很强，用户既可编辑简单的二进制逻辑控制程序，也可以编辑复杂的数字功能，或者进行基本的算术运算。

STEP5 语言有三种表达形式。

（1）语句表（STL）　语句表（STL）编程语言是一种类似于计算机汇编语言的助记符语言。一条典型指令往往由两部分组成：一是容易记忆的字符，称为助记符，描述要执行的功能，如要进行"与（A）"或"或（O）"操作；另一部分为操作数或称为操作数的地址，表示执行该操作必需的信息，包括标识符和参数，它规定了控制器要用什么去做，如"A I1.0"表示用输入 I1.0 进行"与"操作。STEP5 编程言的操作数使用下列标识符。

输入 I：作为 PLC 的输入，接收从机床和 NC 来的信号。

输出 Q：作为 PLC 的输出，向机床或 NC 输出信号。

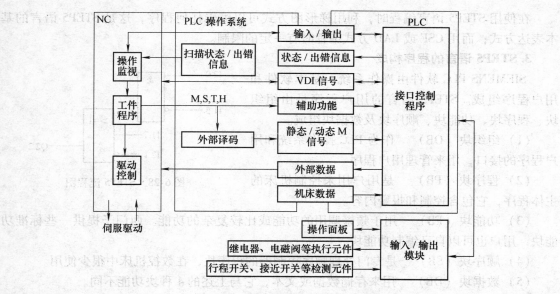

图 6-26　NC 与 PLC 间的信号传递

标志 F：用来存储二进制运算的中间结果。

数据 D：用来存储数字运算的中间结果。

定时器 T：用来执行定时器功能。

计数器 C：用来执行计数器功能。

外围设备 P：I/O（输入/输出模块）被直接调用。

常数 K：表示一个固定的数值。

块 OB、PB、FB、DB：用来构成程序。

（2）梯形图（LAD）　用电路图符号形式表示控制功能，图 6-27 所示为 STEP5 梯形图。

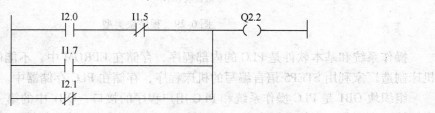

图 6-27　STEP5 梯形图

梯形图接近强电逻辑控制的形式，便于使用者接受，但不适用于复杂的逻辑编程，也不能用于编辑复杂的数字功能或进行算术运算的编程。与图 6-27 对应的指令表为：

A　　　I2.0　　　　　　ON　　　I2.1

AN　　I1.5　　　　　　=　　　　Q2.2

O　　　I1.7

（3）流程图（CSF）　用逻辑符号表示的控制功能，图 6-28 所示为 STEP5 流程图。这种形式因为对操作与维修人员来说比较生疏，所以不太常用。

在使用 STEP5 语言编程时，利用梯形图方式可以编辑任何程序，这是 STEP5 语言的基本表达方式；而用 CSF 或 LAD 方式编程时有一定的限制。

3. STEP5 语言的程序构成

SIEMENS PLC 软件由操作系统、基本软件和用户程序组成。STEP5 语言的用户程序是由组织块、程序块、功能块、顺序块及数据块组成。

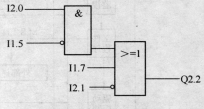

图 6-28　STEP5 流程图

（1）组织块（OB）　作为 PLC 操作系统和用户程序的接口，用来管理用户程序。

（2）程序块（PB）　是用户用来控制机床的主体程序，它包含控制和报警内容。

（3）功能块（FB）　用于频繁调用的功能或比较复杂的功能。西门子提供一些标准功能块，用户也可以自己编制功能块。

（4）顺序块（SB）　是专门处理顺序控制器的程序块，在数控机床中很少使用。

（5）数据块（DB）　用来存储数据或文本，它与上述的 4 种块功能不同。

用户可根据控制系统的控制要求分别编制不同的块，然后通过调用等方式组合成程序。这种语言适合结构化编程。程序块类型如图 6-29 所示。

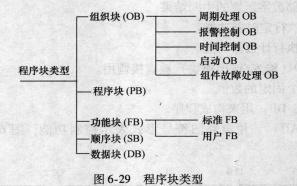

图 6-29　程序块类型

操作系统和基本软件是 PLC 的内部程序，存储在 EPROM 中，不能修改。用户软件则是机床制造厂家利用 STEP5 语言编写的机床程序，存储在 PLC 存储器中。

组织块 OB1 是 PLC 操作系统和 PLC 用户程序的接口，OB1 中的第一个语句也是用户程序的第一个语句，也就是用户程序的开始。SIEMENS 810 系统周期性地扫描 OB1，执行用户程序。扫描到最后一个语句之后，就返回到第一个语句并再次开始扫描。扫描时间在机床数据 MD155 中设定，默认为 66ms。

在组织块 OB1 中，可分别调用程序块、顺序块、功能块，组成用户程序，在这些调用的块中还可以调用其他块，这样的调用称为嵌套。SIEMENS 810 系统嵌套深度最多可达到 12 层。

图 6-30 所示为 SIEMENS 810 系统 PLC 输入/输出信号，图 6-31 所示为 SIEMENS 810 系统 PLC 标志位，具体含义可查阅该系统的 PLC 编程手册。

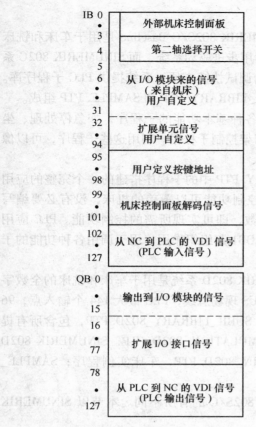

図6-30 SIEMENS 810 系统 PLC 输入/
输出信号

图6-31 SIEMENS 810 系统
PLC 标志位

6.3.2 SINUMERIK 802S/C/D 系统 PLC

SINUMERIK 802S/C/D 采用 32 位微处理器，是一种经济型的 CNC 系统，PLC 采用 Programming Tool PLC802 编程工具，其运行环境是个人计算机系统。编程工具以梯形图为基础并支持符号编程，直观的在线调试功能使得 PLC 用户程序设计非常容易。编程工具中包含了用于车床的标准 PLC 用户程序，用户可在此基础上编辑和修改，很快建立自己的应用程序。PLC 模块可以达到 64 点输入和 64 点输出。编程工具 PLC802 以 S7 – 200 的 STEP7 – Micro/WIN32 工具为基础，使用 S7 – 200 的子集。

图6-32 所示为西门子系统 PLC 信息交换流程。I 为机床到 PLC 的信号；Q 为 PLC 到机床的信号；V 为 PLC 到 NC 系统或为 NC 系统到 PLC 的信号。

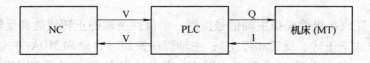

图6-32 西门子系统 PLC 信息交换流程

1. 概述

（1）SINUMERIK 802S/C 系统的 PLC SINUMERIK 802S/C Baseline 是用于车床和铣床的紧凑型数控系统。其中 SINUMERIK 802S 系统适用步进驱动系统，而 SINUMERIK 802C 系统适用模拟伺服驱动系统。为使数控系统与机床的调试快捷方便，系统提供 PLC 子程序库。子程序库由其说明文件、两个 PLC 项目文件 SUBR_LIBRARY.PTP 和 SAMPLE.PTP 组成。

在项目文件 SUBR_LIBRARY.PTP 中，提供了各种基本功能的子程序，如急停处理、坐标控制等，以及诸如冷却控制、润滑控制、简易刀架控制子程序。利用这些子程序，可以像搭积木一样，将各个所需的子程序放在主程序中。

项目文件 SAMPLE.PTP 是利用 SUBR_LIBRARY.PTP 中的子程序搭建的一个完整的应用程序，已经预装入系统中。对于 SAMPLE.PTP 的控制功能可以覆盖的机床，没有必要编写任何 PLC 应用程序，只需通过设定相关的 PLC 参数，即可实现所需的控制功能。PLC 应用程序采用主程序 OB1 和子程序 SBR 结构。主程序 OB1 起组织作用，用于调用各种功能的子程序，子程序 SBR 则用来完成各个功能。

（2）SINUMERIK 802D 系统的 PLC SINUMERIK 802D 系统是用于车床和铣床的全数字数控系统，它与其他单元之间的通信采用 PROFIBUS 现场总线，PLC 最大 144 个输入点，96 个输出点。该系统的子程序库包括 4 个项目文件：SUBR_LIBRARY_802D.PTP，包含所有提供的子程序和一个空的主程序（OB1）；MCP_SIMULATION_802D.PTP，SINUMERIK 802D 数控系统机床控制面板 MCP 仿真；SAMPLE_TURN_802D.PTP，车床实例程序；SAMPLE_MILL_802D.PTP，铣床实例程序。

SINUMERIK 802D PLC 子程序与 SINUMERIK 802S/C 的有所不同。本节以 SINUMERIK 802S 数控系统为例介绍 PLC 的应用。

2. SINUMERIK 802S/C 系统的 PLC 程序

（1）标准 PLC 子程序功能 SINUMERIK 802S/C 系统的标准 PLC 程序，可适应大部分的车、铣数控机床。它以模块化的形式编制，包括如下功能子程序。

用户初始化：检查机床数据的设置错误。

PLC 初始化：完成激活测量系统；通道和轴接口的进给倍率生效；参数有效性检测。

急停处理：完成急停按钮处理；611U 电源模块上电与下电时序控制（T48，T63、T64）；611U 电源模块的状态监控（T72—驱动器就绪，T52—过电流、过热报警）。

MCP 信号处理：完成操作方式选择；NC 启动、停止、复位；主轴手动操作（主轴正转、反转和停止）；点动键处理；由 HMI 接口选择手轮。

坐标轴控制：完成各个坐标轴的使能控制（包括主轴）；硬限位处理（单或双开关逻辑）或超程链；参考点开关监控；步进电动机的旋转监控；进给电动机制动和释放。

刀架控制：车床 4 工位或 6 工位刀架的控制；刀架锁紧监控（时间由 PLC 机床参数设定）；刀架刀位反馈监控；换刀过程监控（在一定时间内没有找到目标刀具，自动停止）；换刀时进给停止。

主轴控制：完成单极性模拟主轴信号控制；单极性主轴的正转使能和反转使能；主轴手动操作（手动方式下正转、反转和停止）；主轴程序控制（自动和 MDA 方式）。

切削液控制：完成手动方式下用户键 K6 启动冷却使能；自动和 MDA 方式下 M07、M08、启动冷却电动机，M09 关闭冷却电动机；切削液位和冷却电动机过载监控。

导轨润滑控制：用户键 K5 启动润滑一次；定时定量自动润滑。

夹紧与放松控制：用于车床的卡盘夹紧与放松；用于铣床的刀具夹紧与放松。

伺服驱动器优化时制动的释放控制：产生 PLC 报警以提示调试人员。

（2）PLC 地址定义及范围　SINUMERIK 802S/C 数控系统的 PLC 属内装型，表 6-8 为 PLC 地址定义及范围。

表 6-8　PLC 地址定义及范围

操作符	说　　　明	范　　　围
V	NC – PLC 信号接口	见表 6-10（V0000 0000.0 ~ V9999 9999.7）
T	定时器	T0 ~ T15（单位：100ms）
C	计数器	C0 ~ C31
I	数字量输入	I0.0 ~ I7.7
Q	数字量输出	Q0.0 ~ Q7.7
M	标志存储器	M0.0 ~ M127.7
SM	特殊状态存储器	SM0.0 ~ SM0.6
A	逻辑累加器	AC0、AC1（UDWORD）
A	算术累加器	AC2、AC3（DWORD）

CNC 与 PLC 之间的数据交换通过数据表 V 地址（PLC 变量）进行联系。SINUMERIK 802S/C 系统的 PLC 变量见表 6-9。

表 6-9　802S/C 系统 PLC 变量

序号	信号流向	变量含义	V 地址（PLC 变量）
1	PLC 数据（可读/写）	可保持标志位	1400 0000 ~ 1400 0063
2	PLC→NC（可读/写）	通用接口信号	2600 0000、2600 0001
	NC→PLC（只读）	通用接口信号	2700 0000 ~ 2700 0003
	PLC→NC（可读/写）	通用接口信号	3000 0000、3000 0001
	NC→PLC（只读）	通用接口信号	3100 0000、3100 0001
3	PLC→NC（可读/写）	NC 通道控制信号	3200 0000 ~ 3200 0007
	PLC→NC（可读/写）	NC 通道控制信号	3200 1000 ~ 3200 1009
4	NC→PLC（只读）	NC 通道状态信号	3300 0000 ~ 3300 0004
	NC→PLC（只读）	NC 通道状态信号	3300 1000 ~ 3300 1009
5	NC→PLC（只读）	传送 NC 通道的通用辅助功能	2500 0000、2500 0001
	NC→PLC（只读）	传送 NC 通道的辅助功能（M 功能译码）	2500 1000 ~ 2500 1012
	NC→PLC（只读）	传送 NC 通道的辅助功能（T 功能译码）	2500 2000
6	PLC→NC（可读/写）	坐标及主轴通用信号	380X 0000 ~ 380X 0005
	PLC→NC（可读/写）	坐标轴信号	380X 1000
	PLC→NC（可读/写）	主轴信号	3803 2000 ~ 3803 2003
	PLC→NC（可读/写）	步进电动机信号	380X 5000
	NC→PLC（只读）	坐标及主轴通用信号	390X 0000 ~ 390X 0005

序号	信 号 流 向	变 量 含 义	V 地址（PLC 变量）
6	NC→PLC（只读）	坐标轴信号	390X 1000 ~ 390X 1002
	NC→PLC（只读）	主轴信号	3903 2000 ~ 3903 2002
	NC→PLC（只读）	步进电动机信号	390X 3000
7	MMC→PLC（只读）	与操作面板 HMI 相关的信号（自动方式）	1700 0000 ~ 1700 002
	MMC→PLC（只读）	与操作面板 HMI 相关的信号（工作方式）	1800 0000、1800 0001
	MMC→PLC（只读）	与操作面板 HMI 相关的信号（手轮选择）	1900 1003、1900 1004
	PLC→MMC（可读/写）	与操作面板 HMI 相关的信号	1900 5000
8	MCP→PLC（只读）	机床控制面板区域 MCP 相关信号（按键）	1000 0000 ~ 1000 0005
	PLC→MCP（可读/写）	机床控制面板区域 MCP 相关信号（指示灯）	1100 0000、1100 0001
9	NC→PLC（只读）	PLC 机床数据 – 整型值（MD14510 2B）	4500 0000 ~ 4500 0062
10	NC→PLC（只读）	PLC 机床数据 – 十六进制（MD14512 1B）	4500 1000 ~ 4500 1031
11	NC→PLC（只读）	PLC 机床数据 – 符点值（MD14514 4B）	4500 2000 ~ 4500 2124
12	NC→PLC（只读）	PLC 机床数据 – 用户报警定义（MD14516）	4500 3000 ~ 4500 3031
13	PLC→NC（可读/写）	用户报警相关信号（激活报警位）	1600 0000、~ 1600 003
	PLC→NC（可读/写）	用户报警相关信号（报警变量 4B）	1600 1000 ~ 1600 1124
14	MMC→PLC（只读）	有效的报警应答	1600 2000
15	NC→PLC（只读）	坐标值和余程	570X 0000 ~ 570X 0004

PLC 机床数据主要是为了让机床的 PLC 程序能更加灵活地适应机床功能而设置的。在不改变 PLC 的情况下，可通过设置一些特殊的机床数据而改变 PLC 的功能。

（3）数字开关量输入/输出定义　表 6-10 为 PLC 输入信号，表 6-11 为 PLC 输出信号，表 6-12 为 MPC 按键定义。

表 6-10　PLC 输入信号

X100	车　床	铣　床
I0.0	硬限位 $X +$	硬限位 $X +$
I0.1	硬限位 $Z +$	硬限位 $Z +$
I0.2	X 参考点开关	X 参考点开关
I0.3	Z 参考点开关	Z 参考点开关
I0.4	硬限位 $X -$ [①]	硬限位 $X -$ [①]
I0.5	硬限位 $Z -$ [①]	硬限位 $Z -$ [①]
I0.6	过载（611 馈入模块的 T52）	过载（611 馈入模块的 T52）
I0.7	急停按钮	急停按钮
X101	车　床	铣　床
I1.0	刀架信号 T1	主轴低档到位信号

X100	车　床	铣　床
I1.1	刀架信号 T2	主轴高档到位信号
I1.2	刀架信号 T3	硬限位 $Y+$
I1.3	刀架信号 T4	Y 参考点开关
I1.4	刀架信号 T5[②]	硬限位 $Y-$[①]
I1.5	刀架信号 T6[②]	无定义
I1.6	超程释放信号（用于超程链）	—
I1.7	就绪信号（611 馈入模块的 T72）	—
X102 ~ X105	在实例程序中未定义	在实例程序中未定义

[①] 当某轴只有一个硬限位开关时，该输出无定义。
[②] 当选择四工位刀架时，I1.4、I1.5 无定义。

表 6-11　PLC 输出信号

X200	车　床	铣　床
Q0.0	主轴正转 CW[①]	主轴正转 CW[①]
Q0.1	主轴反转 CCW[①]	主轴反转 CCW[①]
Q0.2	冷却控制输出	冷却控制输出
Q0.3	润滑输出	润滑输出
Q0.4	刀架正转 CW	无定义
Q0.5	刀架正转 CCW	无定义
Q0.6	卡盘夹紧	卡盘夹紧
Q0.7	卡盘放松	卡盘放松

X201	车　床	铣　床
Q1.0	无定义	主轴低档输出
Q1.1	无定义	主轴高档输出
Q1.2	无定义	无定义
Q1.3	电动机制动释放	电动机制动释放
Q1.4	主轴制动	主轴制动
Q1.5	馈入模块端子 T48	馈入模块端子 T48
Q1.6	馈入模块端子 T63	馈入模块端子 T63
Q1.7	馈入模块端子 T64	馈入模块端子 T64

[①] 当使用双极性主轴时，Q0.1、Q0.2 无定义；当使用单极性主轴时 Q0.1、Q0.2 必须从 PLC 程序中去除，否则会损坏系统。

表 6-12　MPC 按键定义

键　号	车　床	铣　床
K1	驱动器使能或禁止	驱动器使能或禁止
K2	卡盘夹紧或放松	刀具夹紧或放松
K3	无定义	无定义
K4	手动换刀	无定义
K5	手动润滑启动或停止	手动润滑启动或停止
K6	手动冷却启动或停止	手动冷却启动或停止
K7 ~ K12	无定义	无定义
指示灯	车　床	铣　床
LED1	驱动器已使能	驱动器已使能
LED2	卡盘已夹紧	刀具已夹紧
LED3	无定义	无定义
LED4	正在换刀	无定义
LED5	正在润滑	正在润滑
LED6	正在冷却	正在冷却
LED7 ~ LED12	无定义	无定义

（4）标准 PLC 程序机床数据 MD14512 的定义

MD14512 [0]、[1] 定义有效输入位。

MD14512 [2]、[3] 定义输入位工作状态。

MD14512 [4]、[5] 定义有效输出位。

MD14512 [6]、[7] 定义输出位工作状态。

MD14512 [11] 定义 PLC 实例程序配置。

MD14512 [12] 定义进给/主轴倍率控制方式配置。

MD14512 [16] 定义主轴配置。

MD14512 [17] 定义带制动装置的进给电动机和回参考点倍率无效的轴。

MD14512 [18] 定义硬限位方式和驱动优化生效。

6.3.3　导轨润滑 PLC 程序

1. 控制导轨润滑时间程序

（1）程序块 45 – LUBRICAT（润滑控制）　要求润滑控制子程序按每个设定的间隔自动启动一次润滑，每次润滑的时间由参数设定。通过手动按键也可以启动一次润滑。另外还可以设定每次开机自动润滑一次。在急停、润滑电动机过载或润滑液位过低等情况下润滑停止。两个报警可以通过子程序生成如下报警信息：

Alarm 700020 – LUBRICATING MOTOR OVERLOAD！

Alarm 700021 – LUBRICANT LEVEL LOW！

表 6-13 为润滑控制程序块使用的局部变量。

表 6-13　润滑控制程序块使用的局部变量

输　入			输　出		
变量	类型	含　义	变量	类型	含　义
Lintv	WORD	润滑间隔（单位：1min）	L_out	BOOL	润滑输出
Ltime	WORD	每次润滑时间（单位：0.1s）	L_LED	BOOL	润滑状态显示
L_key	BOOL	手动润滑键（触发信号）	ERR1	BOOL	错误：润滑电动机过载
L1st	BOOL	上电润滑设定	ERR2	BOOL	错误：润滑液位过低
Ovload	BOOL	润滑电动机过载			
L_low	BOOL	润滑液位过低			

占用的标志存储器：

L_cmd	M152.0	润滑命令
L_interval	C30	作为润滑间隔定时器（单位：1min）
L_time	T13	作为润滑时间定时器（单位：0.1s）

相关的 PLC 机床参数：

MD14510［24］：润滑间隔（单位：1min）

MD14510［25］：润滑时间（单位：0.1s）

图 6-33 所示为润滑子程序块。

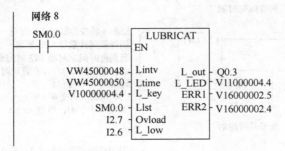

图 6-33　润滑子程序块

（2）润滑控制程序　表 6-14 为子程序局部变量表，图 6-34 所示为润滑 PLC 程序。

表 6-14　子程序局部变量

变量	键功能地址	键功能	变量	键功能地址	键功能
LW0	VW450 00048（MD14510［24］）	润滑时间间隔	I4.2	I2.7	润滑电动机过载
LW2	VW4500 0050（MD14510［25］）	润滑输出时间	I4.3	I2.6	润滑液位过低
I4.0	V1000 0004.4	手动润滑键	I4.4	Q0.3	润滑输出
I4.1	SM0.0	1 个 PLC 周期润滑	I4.5	V1100 0004.4	润滑状态显示

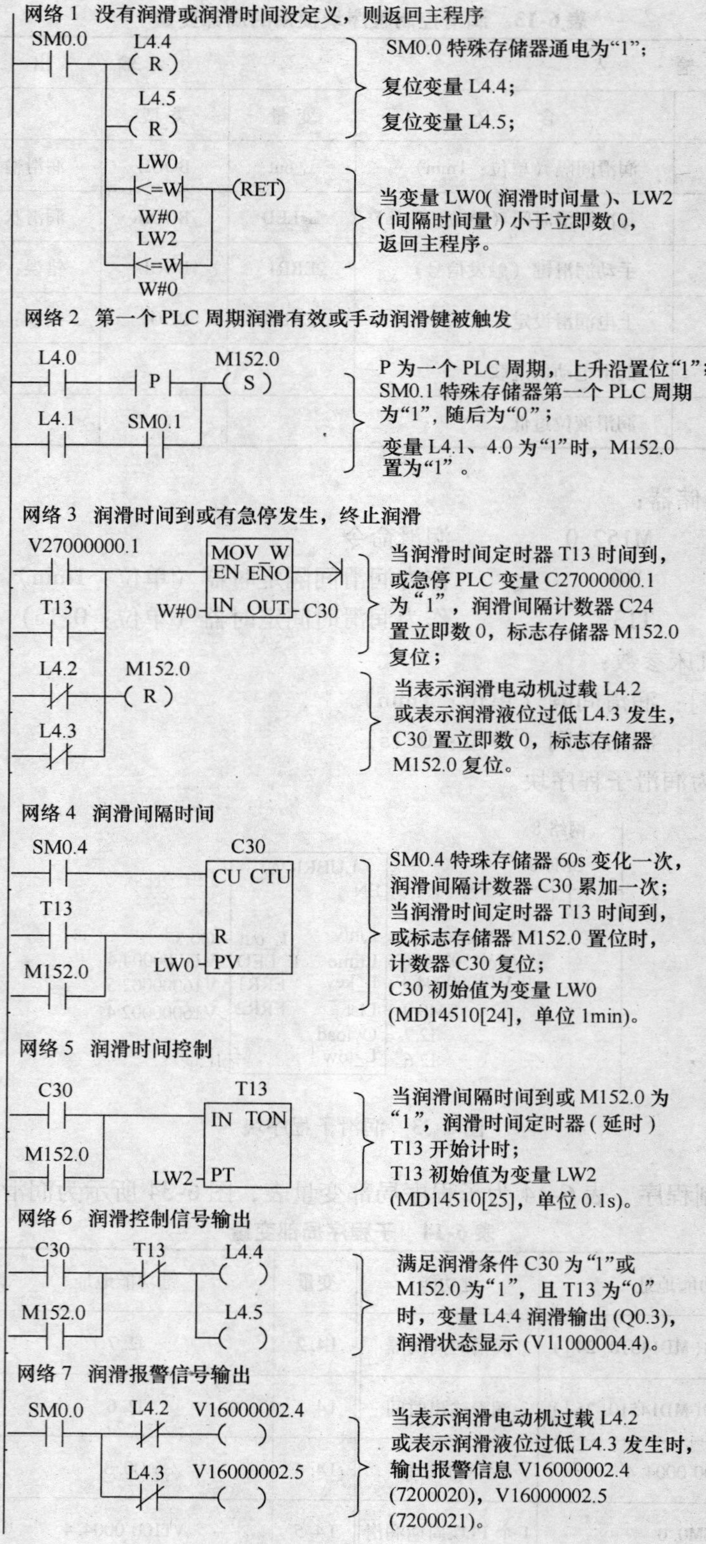

网络1 没有润滑或润滑时间没定义，则返回主程序

```
SM0.0      L4.4
 ├─┤ ├──────( R )
           L4.5
          ─( R )
           LW0
          ─┤<=W├──(RET)
           W#0
           LW2
          ─┤<=W├
           W#0
```

SM0.0 特殊存储器通电为"1"；
复位变量 L4.4；
复位变量 L4.5；

当变量 LW0（润滑时间量）、LW2（间隔时间量）小于立即数0，返回主程序。

网络2 第一个 PLC 周期润滑有效或手动润滑键被触发

```
L4.0        M152.0
├─┤ ├──┤P├──( S )
 L4.1  SM0.1
├─┤ ├──┤ ├
```

P 为一个 PLC 周期，上升沿置位"1"；
SM0.1 特殊存储器第一个 PLC 周期为"1"，随后为"0"；
变量 L4.1、4.0 为"1"时，M152.0 置为"1"。

网络3 润滑时间到或有急停发生，终止润滑

```
V27000000.1    ┌─MOV_W─┐
├───┤ ├────────┤EN  ENO├──
  T13          │       │
├───┤ ├───W#0──┤IN  OUT├─C30
 L4.2  M152.0
├───┤ ├──( R )
 L4.3
├───┤ ├
```

当润滑时间定时器 T13 时间到，或急停 PLC 变量 C27000000.1 为"1"，润滑间隔计数器 C24 置立即数0，标志存储器 M152.0 复位；

当表示润滑电动机过载 L4.2 或表示润滑液位过低 L4.3 发生，C30 置立即数0，标志存储器 M152.0 复位。

网络4 润滑间隔时间

```
SM0.4         C30
├───┤ ├───┌─CU  CTU─┐
  T13     │         │
├───┤ ├───┤R        │
 M152.0   │         │
├───┤ ├───LW0─PV    │
```

SM0.4 特殊存储器 60s 变化一次，润滑间隔计数器 C30 累加一次；
当润滑时间定时器 T13 时间到，或标志存储器 M152.0 置位时，计数器 C30 复位；
C30 初始值为变量 LW0（MD14510[24]，单位 1min）。

网络5 润滑时间控制

```
C30          T13
├───┤ ├───┌─IN  TON─┐
 M152.0   │         │
├───┤ ├───LW2─PT    │
```

当润滑间隔时间到或 M152.0 为"1"，润滑时间定时器（延时）T13 开始计时；
T13 初始值为变量 LW2（MD14510[25]，单位 0.1s）。

网络6 润滑控制信号输出

```
C30    T13    L4.4
├─┤ ├──┤/├───( )
 M152.0       L4.5
├─┤ ├────────( )
```

满足润滑条件 C30 为"1"或 M152.0 为"1"，且 T13 为"0"时，变量 L4.4 润滑输出（Q0.3），润滑状态显示（V11000004.4）。

网络7 润滑报警信号输出

```
SM0.0   L4.2   V16000002.4
├─┤ ├───┤/├───( )
        L4.3   V16000002.5
       ─┤/├───( )
```

当表示润滑电动机过载 L4.2 或表示润滑液位过低 L4.3 发生时，输出报警信息 V16000002.4（7200020），V16000002.5（7200021）。

图 6-34 润滑 PLC 程序

实训项目　FANUC 数控系统 PMC 编程

1. 实训目的

1）了解 CNC 与 PMC 信号接口功能，掌握各部分信号连接方法。

2）掌握操作面板设计及 PMC 编程方法。

2. 实训内容

数控系统以 FANUC PMC 为例，学习 CNC 中 PMC 的技术资料，了解 PMC 连接图、信号功能、接口功能、PMC 编程、参数设置方法和基本调试方法。

3. 实训步骤

1）熟悉 CNC 和 PMC 之间的关系，设计操作面板的输入/输出信号地址，编制操作面板 PMC 程序。

2）熟悉 PMC 编程基本原理和涉及的编程指令。

3）分步操作编制面板 PMC 程序。

① 编制机床操作方式程序。利用装置提供的模拟开关调试机床操作方式，当用模拟开关模拟某一操作方式时，若程序正确的话，应在显示屏上有对应的操作方式显示，相应的灯就会亮。在编制操作方式程序时，可以考虑用组合编码开关和独立按钮来编制程序。

② 编制手动运行方式下进给轴方向操作程序。编制进给轴方向程序并调试进给方向，在显示界面上坐标值应该有数字变化。

③ 编制手动进给轴速度倍率程序。首先列出 G 功能手动进给速度倍率功能地址；根据工艺需要列出具体设计的倍率值，根据此倍率值，确定所需的 PMC 输入点数；列出倍率值对应的 G 信号的组合值；根据 PMC 编程功能指令，编制手动进给速度倍率值程序；输入到 PMC 系统，利用 FANUC 装置提供的模拟开关量 I/O 功能，调试该程序。

④ 编制回参考点程序。列出与手动回参考点方式有关的 G 信号；选择回参考点的轴按钮和返回参考点结束信号的相关地址；编制程序，输入至 PMC；用实验装置提供的返回参考点减速信号进行操作；在伺服参数初始化后和手动运转正常后，进行回参考点调试，最终返回参考点结束信号灯亮。

⑤ 编制自动运行循环启动和停止程序。列出数控系统自动运行启动信号 G 地址、自动运行暂停信号 G 地址、自动运行启动中信号 F 地址和自动运行暂停信号 F 地址；确定操作面板上启动信号和停止信号按钮及输入地址和输出状态灯地址；编制启动和停止程序，输入至 PMC，调试该程序；在自动方式下，选择加工程序，按启动按钮，启动状态灯应该亮；按暂停按钮，启动灯灭，暂停灯点亮。

⑥ 编制 M 辅助功能程序。列出辅助选通信号地址、辅助功能代码信号地址和分配信号地址；列出辅助功能输出信号地址及确定状态灯；以 M08、M09 或 M03、M04、M05 为例，编制辅助功能译码程序，结果输出到确定的 Y 地址，输入程序至 PMC；在编辑（EDIT）方式下，编制含 M03、M04、M05、M08、M09 的加工程序；在自动（AUTO）方式下，选择编制的程序，运行该程序，观察 M08、M09、M03、M04、M05 相关信号灯和输出信号的通断；利用 PMC 提供的功能，监控调试 PMC 程序。

4. 实训考核

调试完成以后，要对每一位同学进行相应的测试，考核学生对 PMC 软件及硬件的掌握情况。主要检查学生对 CNC、PMC、MT 之间信号是否熟悉，是否正确进行 PMC 程序编写等。根据考核情况和调试的情况综合打分。

5. 撰写实训报告

1）画出电气原理及相应的接线图。

2）列出 PMC 程序单及调试结果。

3）总结实训体会，包括实训过程中遇到的问题和解决办法。

复习思考题

1. 填空题

1）数控机床中内装型 PLC 处于_____与_____之间。

2）采用 PLC 对机床辅助动作进行控制，其信息主要是_____量。

3）霍尔式接近开关有_____和_____两种型号。

4）堆栈寄存器按先_____、_____的原理工作。

5）SINUMERIK 810D、SINUMERIK 840D、SINUMERIK 802D 数控系统使用_____编程语言。

2. 选择题

1）国标 GB 5226—2008 对按钮颜色做了规定，停止和急停按钮必须是（　　）。

A. 红色　　　　　　B. 黄色　　　　　　C. 黑色　　　　　　D. 绿色

2）（　　）式接近开关中使用永久磁铁。

A. 光电　　　　　　B. 霍尔　　　　　　C. 电感　　　　　　D. 电容

3）在 FANUC 系统 PMC 的信息交换流中，（　　）信号从 CNC 系统到 PMC。

A. X　　　　　　　B. Y　　　　　　　C. G　　　　　　　D. F

4）FANUC 系统 PMC 功能指令中没有 W 的是（　　）指令。

A. MOVE　　　　　B. COMP　　　　　C. DEC　　　　　　D. COIN

5）在计数器指令 CTR 中指定初始值的是（　　）。

A. UPDOWN　　　B. RST　　　　　　C. CNO　　　　　　D. ACT

6）STEP5 语言三种形式没有（　　）。

A. 语句表　　　　　B. 流程图　　　　　C. 梯形图　　　　　D. 顺序图

7）在西门子系统 NC 与 PLC 及机床的信息交换间，（　　）为机床到 PLC 的信号。

A. I　　　　　　　B. Q　　　　　　　C. V　　　　　　　D. G

3. 判断题

1）电感式接近开关可以对非导电性材料进行无接触式检测。（　　）

2）将突变型热敏电阻埋设在伺服电动机定子绕组或伺服变压器中实现热保护。（　　）

3）直流中间继电器线圈上要并联续流阻容吸收元件。（　　）

4）TMR 不能通过操作面板来修改时间。（　　）

5）定时器指令 TMRB 输出继电器为延时导通。（　　）

6）FANUC 系统 PMC 基本指令只是对二进制位进行与、或、非的逻辑操作。　　（　　）

7）SIEMENS 810 数控系统的 PLC 编程语言使用 STEP5 语言。　　　　　　　　（　　）

8）西门子系统特殊状态存储器是只读存储器符号为 SM。　　　　　　　　　　（　　）

4. 简答题

1）数控机床中 PLC 有哪些控制对象？

2）FANUC 数控系统中 PMC 的指令分为哪几种？分别举一例说明在机床中的应用。

3）简述 FANUC 数控系统的 CNC 与 PMC、PMC 与 MT 之间信号地址。

4）结合图 6-21、图 6-22，简述手动操作润滑开关后，机床润滑动作过程。

5）结合图 6-23、图 6-24，简述机床电动刀架执行 T1 指令后换刀动作过程。

6）结合图 6-34，简述西门子系统的 PLC 机床润滑工作过程。

5. 电气设计

某数控车床采用四工位的电动刀架，电动机正转松开刀架并开始转位，当刀架转到位置后，电动机反转锁紧刀架，完成自动换刀控制。换刀位置由安装在刀架内的四个霍尔开关元件进行检测，其信号的输入地址分别为 X4.1、X4.2、X4.3、X4.4，刀架电动机正转输出信号地址为 Y2.1，电动机反转输出信号地址为 Y2.2，画出电气控制原理图，编制 PMC 梯形图，数控系统采用 FANUC－0i Mate TB 系统。

第7章　数控机床的电气控制

🖐 **知识目标**

1. 了解数控机床电气控制分析内容及方法。
2. 掌握数控车床、数控铣床电气控制。

📖 **能力目标**

1. 会连接数控装置与伺服系统。
2. 能够连接与调试机床电气控制系统。

7.1　电气控制分析

7.1.1　电气控制分析内容

1. 数控机床说明书

数控机床说明书内容由机械（包括液压与气动）与电气两部分组成。在分析时首先要阅读这两部分的说明书，了解以下内容：

1）机床的构造，主要技术指标，机械、液压、气动部分的工作原理。

2）电气传动方式，执行电器的数目、规格型号、安装位置、用途及控制要求。

3）机床的使用方法，各操作手柄、开关、旋钮、指示装置的布置及其在控制电路中的作用。

4）与机械、液压部分直接关联的电器（行程开关、电磁阀、电磁离合器、传感器等）的位置、工作状态，这些电器与机械、液压部分的关系和在控制中的作用等。

2. 电气原理图

电气原理图是电气控制分析的中心内容。电气原理图由主电路、控制电路、辅助电路、保护和连锁环节，以及特殊控制电路等部分组成。分析电气原理图时，必须阅读其他相关的技术资料。例如各种电动机及执行元件的控制方式、位置及作用，各种与机械有关的位置开关、主令电器的状态等，只有通过阅读说明书才能了解。在电气原理图分析中，还可以通过所选用的电器元件的技术参数，分析出控制电路的主要参数和技术指标，如可估算出各部分的电流、电压值，以便在调试或检修中选择合理仪表及量程。

3. 机床电气的总装接线图

阅读分析总装接线图，可以了解系统各组成部分的分布状况，各部分的连接方式，主要电气部件的布置、安装要求，导线的规格型号等。阅读分析总装接线图要与阅读分析说明书、电气原理图结合起来。

4. 电器元件布置图与接线图

电器元件布置图与接线图是制造、安装、调试和维护机床电气必需的技术资料。在调试、检修中可通过布置图和接线图方便地找到各种电器元件和测试点，进行必要的调试、检测和维修保养。

7.1.2 电气原理图的分析方法

机床原理图一般由主电路、控制电路和辅助电路等部分组成。了解了电气控制系统的总体结构、电动机和电器元件的分布状况及控制要求等内容，便可以阅读分析电气原理图。

1. 分析主电路

从主电路入手，根据主轴、进给伺服电动机、辅助动作电动机和电磁阀等执行电器元件的控制要求，分析它们的控制内容，包括起动、方向控制、调速和制动。

2. 分析控制电路

根据执行电器元件的控制要求，逐一找出控制电路中的控制环节，按功能不同划分成若干个局部控制电路。分析控制电路的最基本方法是查线读图法。

3. 分析辅助电路

辅助电路包括电源、工作状态显示、照明和故障报警等部分，它们大多与控制电路中的元件有关，在分析时，要对照控制电路进行分析。

4. 分析连锁与保护环节

数控机床对于安全性和可靠性有很高的要求，要实现这些要求，除了合理地选择元器件和控制方案以外，在控制电路中还设置了一系列电气保护和必要的电气连锁。

5. 总体检查

经过"化整为零"，逐步分析每一个局部电路的工作原理及各部分之间的控制关系之后，还必须用"集零为整"的方法，检查整个控制电路，看是否有遗漏。特别要从整体角度去进一步检查和理解各控制环节之间的联系，理解电路中每个元器件所起的作用。

7.2 数控车床电气控制

7.2.1 数控车床组成

图 7-1 所示为数控车床控制结构框图，其机械部分由底座、床身、主轴箱、大滑板（纵向滑板）、中滑板（横向滑板）、电动刀架、尾座、防护罩等组成，电气部分由数控系统、交流伺服系统、变频调速系统、冷却控制系统等组成。

数控车床由两个进给轴（X 轴、Z 轴）、一个旋转轴（主轴）、刀架控制系统、冷却控制系统、润滑控制系统、其他辅助功能控制系统及检测控制电路等组成。主轴采用变频调速系统，主轴电动机与编码器间通过同步带（1∶1）连接，编码器可反馈主轴电动机的转速。

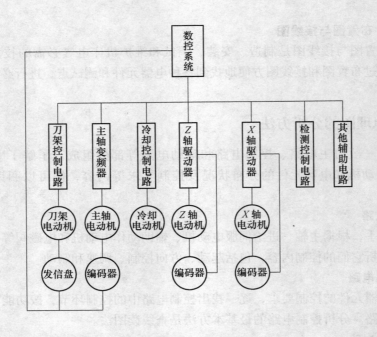

图 7-1 数控车床控制结构框图

7.2.2 电气控制原理分析

1. 主电路

图 7-2 所示为主电路，动力电网三相交流 380V、50Hz 经 QF1 总开关接入机床电气控制柜中。QF2、QF3、QF4、QF5 分别是伺服驱动、变频器、冷却泵及控制电源断路器，相当于刀开关、熔断器和热继电器的组合，是一种既有手动关作用又有自动过载和短路保护的电器，它的大小可根据数控机床的总体负荷容量来选择。接触器 KM1、KM2、KM5 用于控制伺服驱动、变频器、冷却泵主电源。进给伺服驱动单元需要交流三相 AC220V 交流电源，由伺服变压器 TC1 将交流 380V 电源变换为交流 220V。TC1 是隔离变压器，其作用：一使交流电压进行变换以满足控制要求，二是进行隔离，防止高频信号干扰。TC2 是控制电源变压器，将三相 AC380V 转换为 AC220V。有的数控机床在 TC1 隔离变压器内安装有过热检测元件，若隔离变压器温度超过规定值，数控系统报警，机床停止运转。

2. 控制电路

图 7-3 所示为控制电路，GS1 为开关电源，将交流 220V 变为直流 24V。SB2 为数控装置启动按钮，SB1 为数控装置停止按钮，SBL1、SBL2 为数控装置启动与停止指示灯，KA0 为数控装置供电继电器。正常工作时，指示灯 SBL1 亮，开关电源输出直流 24V 电压，按下机床操作面板数控系统启动按钮 SB2，KA0 线圈得电吸合，KA0（图 7-4）常开触点闭合，数控装置正常启动。KA1（图 7-5）是伺服使能信号控制继电器，当伺服系统正常工作，KA1 线圈得电，KA1 常开触点闭合，接触器 KM1、KM2 线圈得电，伺服驱动、变频器接通主电源。接触器 KM3、KM4（图 7-9）控制刀架电动机正、反转，其线圈分别由继电器 KA5、KA6（图 7-3）控制。接触器 KM5 控制冷却泵，其线圈由继电器 KA4 控制。

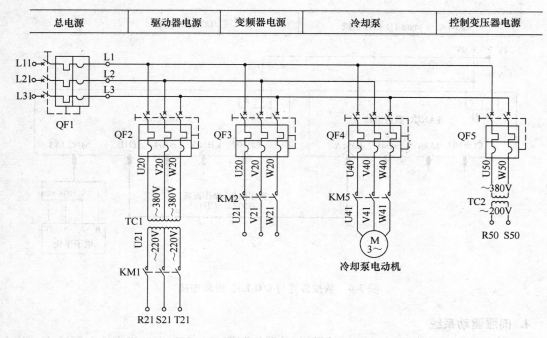

总电源	驱动器电源	变频器电源	冷却泵	控制变压器电源

图 7-2 主电路

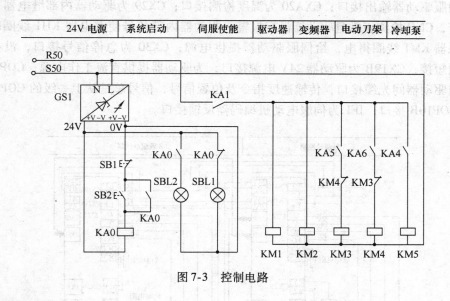

24V 电源	系统启动	伺服使能	驱动器	变频器	电动刀架	冷却泵

图 7-3 控制电路

3. 数控系统

图 7-4 所示为数控装置与 I/O Link 模块连接。数控装置通过 COP10A 接 FSSB 光缆，给伺服驱动发指令信号。接口 JA40 输出主轴模拟指令信号，反馈主轴转速的编码器接 JA41。

数控装置电源接口 CP1，经 KA0 常开触点接入直流 24V。启动数控装置后，KA0 线圈得电（图 7-3），FANUC-0i Mate TD 数控装置通电自检启动。JD51A 与 I/O Link 模块 JD1B 接口相连，I/O Link 模块电源接口 CP1 与直流 24V 连接，CB107、CB106 分别连接操作面板，CB104 用于电气控制柜 PMC 输入/输出，JA3 接电子手轮。

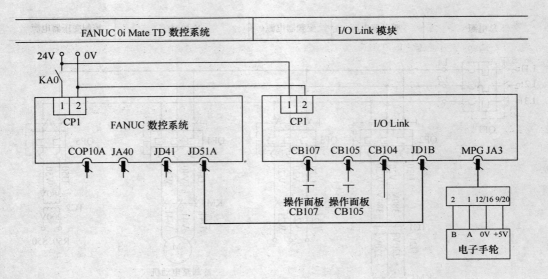

图 7-4　数控装置与 I/O Link 模块连接

4. 伺服驱动系统

图 7-5 所示为 FANUC βi SVM20 伺服驱动器控制原理。CZ7 为三相交流电源输入、放电电阻、伺服驱动器输出接口；CXA20 为温度检测接口；CX29 为驱动器内部继电器一对常开触点端子，CNC 检测正常且驱动器没有报警，驱动器内部信号使继电器 KH1 线圈吸合，使外部接触器 KM1 线圈得电，给伺服驱动器提供电源；CX30 为急停信号接口，没有按钮控制，必须短接；CX19B 为驱动器 24V 电源接口，为驱动器提供直流工作电源；COP10A 为数控系统与驱动器间光缆接口，传输速度指令及位置信号，信号总是从上一级的 COP10A 到下一级的 COP10B 接口；JF1 为伺服电动机编码器反馈接口。

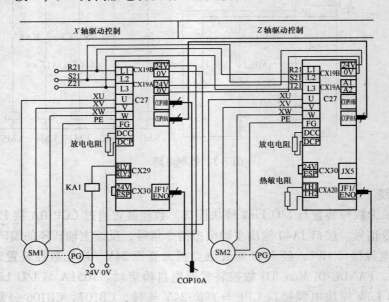

图 7-5　FANUC βi SVM20 伺服驱动器控制原理

X 轴、Z 轴伺服驱动控制电源 DC24V 通过 CX19A/CX19B 接口接入。启动数控装置，数控系统自检完成后，X 轴伺服驱动器 CX29 接口继电器常开触点闭合，KA1 继电器线圈得电。继电器 KA1 常开触点闭合，图 7-3 中接触器线圈 KM1 得电。接触器线圈 KM1 主触点闭合，X、Z 轴伺服驱动器接入三相交流 220V。

当出现伺服驱动器过热、反馈信号断线、伺服电动机过电流及超程等故障时，伺服驱动器 CX29 接口触点断开，继电器 KA1 线圈失电，接触器线圈 KM1 失电，X 轴、Z 轴伺服驱动器失去主电源，进给运动停止，数控系统报警。

5. 主轴伺服驱动

图 7-6 所示为主轴伺服驱动电气控制原理。数控系统处理主轴正转指令信号，PMC 地址 Y8.0 输出信号，继电器 KA2 线圈得电，继电器 KA2 常开触点动作，三菱变频器 STF 与 SD 短接，为变频器控制主轴电动机正转做好准备。数控系统通过 JA40 向三菱变频器发出速度指令，三菱变频器接收方向控制信号和模拟直流电压信号后，变频器 U、V、W 输出，电动机旋转。脉冲编码器通过数控系统 JA41 反馈信号，数控系统显示主轴正向旋转速度。

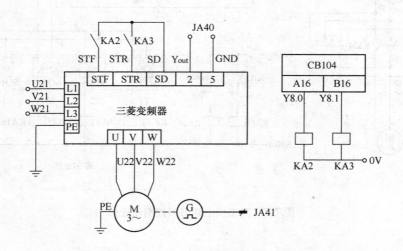

图 7-6　主轴伺服驱动电气控制原理

若主轴反转，PMC 地址 Y8.1 输出信号，继电器 KA3 线圈得电，继电器 KA3 常开触点动作，三菱变频器 STR 与 SD 短接，为变频器控制主轴电动机反转做好准备。数控系统通过 JA40 向三菱变频器发出速度指令，三菱变频器接收方向控制信号和模拟直流电压信号后，变频器 U、V、W 输出，电动机反向旋转。脉冲编码器通过数控系统 JA41 反馈信号，数控系统显示主轴反向旋转速度。

6. 四工位电动刀架控制

图 7-7 所示为四工位电动刀架控制原理。电动机正、反转由接触器 KM3、KM4 控制，

手动按下换刀指令按键，刀架电动机正转（输出继电器 Y8.4 为"1"），继电器 KA5 线圈得电，刀架正转控制接触器 KM3 线圈得电，刀架正转抬起并转动。霍尔元件 SQ7、SQ8、SQ9、SQ10 依次发出转位信号，继电器 KA13、KA14、KA15、KA16 线圈依次得电，继电器常闭触点通过分线器模块输入转位信号（X10.0、X10.1、X10.2、X10.3）。松开手动换刀指令按键，刀架电动机停止（输出继电器 Y8.4 为"0"），刀架电动机反转（输出继电器 Y8.5 为"1"），继电器 KA6 线圈得电，刀架反转控制接触器 KM4 线圈得电，接触器 KM4 主触点闭合，刀架反转锁紧。延时一段时间，输出继电器 Y8.5 断开，继电器 KA6 线圈失电，换刀结束。

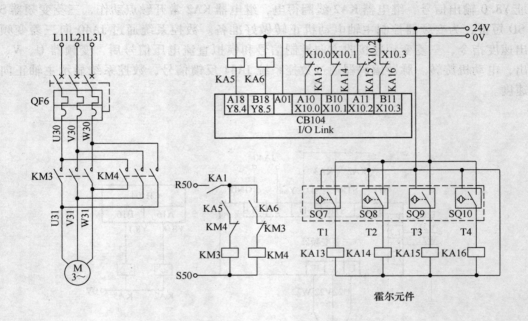

图 7-7　四工位电动刀架控制原理图

7. 其他

图 7-8 所示为限位、返回参考点及其他控制电路原理图。SQ1、SQ3 分别是 *X* 轴正、负极限检测接近开关，SQ4、SQ6 分别是 *Z* 轴正、负极限检测接近开关，SQ2、SQ5 分别是 *X* 轴、*Z* 轴返回参考点接近开关。接近开关 SQ1、SQ2、SQ3、SQ4、SQ5、SQ6 触发动作，相对应的中间继电器 KA7、KA8、KA9、KA10、KA11、KA12 线圈动作，其常开或常闭触点经 CB104 输入到 PMC 地址 X8.0、X9.0、X8.2、X8.1、X9.1、X8.3 中。SB6 是急停常闭触点，输入到 PMC 地址 X8.4 中，压下急停按钮，数控系统急停报警。当发出冷却指令，PMC 地址 Y8.5 输出信号，通过内部接通 24V，中间继电器 KA4 线圈得电，KA4 常开触点闭合，接触器 KM5 线圈（图 7-3）得电，冷却泵电动机启动。HY2、HG2、HR2 分别是黄色、绿色、红色指示灯，用于指示机床工作状态。

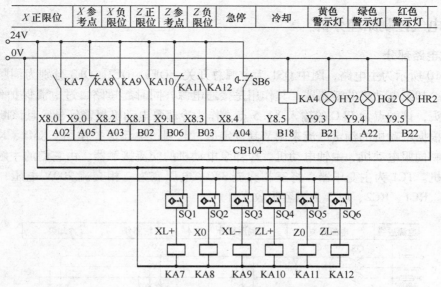

X正限位	X参考点	X负限位	Z正限位	Z参考点	Z负限位	急停	冷却	黄色警示灯	绿色警示灯	红色警示灯

图 7-8　限位、返回参考点及其他控制电路原理

7.3　数控铣床电气控制

7.3.1　数控铣床的功能

数控铣床配置华中"世纪星"数控系统 HNC－21M，实现进给轴三轴或四轴联动，通过与计算机连接，实现 DNC 功能。主轴由变频器控制，通过 CNC 系统模拟量的控制来实现无级变速，主轴刀具通过操作按钮 SB2，可以很方便地装卸刀具。系统具有汉字显示、三维图形动态仿真、螺距补偿、小线段高速插补功能、RS232、网络等多种程序输入功能，适合于工具、模具、汽车和机械等行业复杂形状表面和型腔的批量加工。图 7-9 所示为数控铣床电器元件位置。

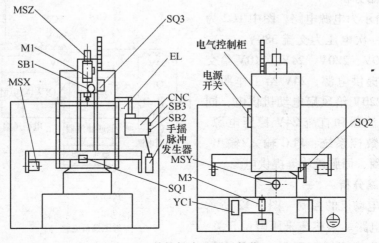

图 7-9　数控铣床电器元件位置

7.3.2 电气控制原理分析

1. 主电路部分

图 7-10 所示为主电路，图中 QS1 为电源总开关。QF1、QF2、QF3 分别为伺服强电、主轴强电、冷却泵电动机的断路器，其作用是接通电源，同时起短路、过电流保护作用。QF3 带辅助触头，该触点为 PLC 的输入 X1.5 点，作为冷却泵电动机报警信号，且该断路器电流可调，可根据电动机的额定电流来调节其设定值，起到过电流保护作用。KM1、KM2、KM3 分别为控制伺服电动机、主轴电动机、冷却泵电动机的交流接触器，由它们的主触点控制相应的电动机。TC1 为主变压器，将三相交流 380V 电压变为三相交流 200V 电压，供给伺服电源模块。RC1、RC2、RC3 为阻容吸收元件。

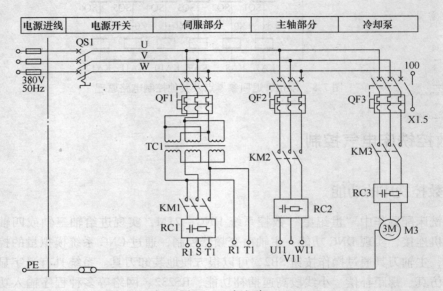

图 7-10 主电路

2. 电源电路分析

图 7-11 所示为电源电路，图中 TC2 为控制变压器，一次电压为交流 380V，二次电压等级为 110V、220V、24V。110V 给交流接触器线圈提供电源，24V 给工作照明灯提供电源，220V 给风扇电动机供电，同时通过低通滤波器和直流 24V 稳压电源，分别给世纪星数控系统、PLC 输入/输出、直流继电器线圈、伺服模块等提供电源。

3. 控制电路分析

（1）主轴电动机的控制　图 7-12 所示为交直流控制电路。当机床未压限位开关、伺服未报警、急停按钮未压下、主轴未报

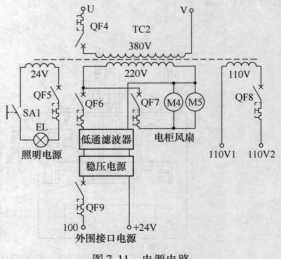

图 7-11 电源电路

200

警时，外部运行允许（KA2）、伺服 OK（KA3）直流 24V 继电器线圈通电，继电器触点吸合，并且 PLC 输出点 Y0.0 发出伺服允许信号，伺服强电允许（KA1）继电器线圈通电。KM1、KM2 交流接触器线圈通电，KM1、KM2 交流接触器触点吸合，伺服驱动及主轴变频器分别加上交流电压。若有主轴正转或主轴反转及主轴转速指令时（手动或自动），PLC 输出主轴正转 Y1.0 或主轴反转 Y1.1 有效，数控系统输出对应于主轴转速值，主轴按指令值的转速正转或反转。当主轴速度到达指令值时，主轴变频器输出主轴速度到达信号给 PLC，主轴正转或反转指令完成。主轴的起动时间、制动时间由主轴变频器内部参数设定。

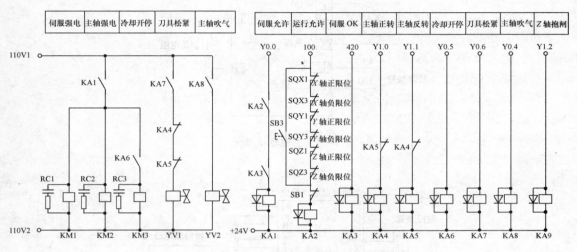

图 7-12　交直流控制电路

（2）冷却泵电动机控制　当有手动或自动冷却指令时，这时 PLC 输出 Y0.5 有效，KA6 继电器线圈通电，继电器触点闭合，KM3 交流接触器线圈通电，交流接触器主触点吸合，冷却泵电动机旋转，带动冷却泵工作。

（3）换刀控制　当有手动或自动刀具松开指令时，机床 CNC 装置控制 PLC 输出 Y0.6 有效，KA7 继电器线圈通电，继电器触点闭合，刀具松紧电磁阀 YV1 通电，刀具松开，手动将刀具拔下，延时一定时间后，PLC 输出 Y0.4 有效，KA8 继电器线圈通电，继电器触点闭合，主轴吹气电磁阀 YV2 通电，清除主轴灰尘，延时一定时间后，PLC 输出 Y0.4 失效，主轴吹气电磁阀断电；将加工所需刀具放入主轴后，机床 CNC 装置控制 PLC 输出 Y0.6 失效，刀具松紧电磁阀断电，刀具夹紧，换刀结束。

4. 数控系统

（1）数控装置与主轴连接　图 7-13 所示为主轴驱动单元，主轴调速单元由变频器和三相异步电动机组成。数控装置通过 XS9 发出主轴模拟电压速度指令（0～10V），主轴正、反转由 KA4、KA5 决定。当变频主轴调速单元出现故障时，通过开关量信号 X1.7 产生报警。

（2）数控装置与进给伺服系统连接　进给驱动采用交流伺服驱动单元，与数控装置构成半闭环控制。图 7-14 所示为 X 轴伺服驱动连接，Y 轴、Z 轴进给驱动连接方式与其基本相同，三个轴的故障连锁输出相互串联，通过继电器 KA3 实现伺服 OK 控制。当三个轴中任一个伺服系统出现故障时，切断伺服驱动单元主电路电源。

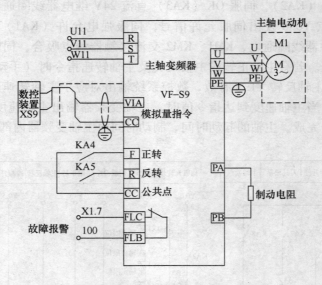

图 7-13　主轴驱动单元

U11 V11 W11 → R S T

主轴变频器 VF-S9

数控装置 XS9

VIA CC 模拟量指令

主轴电动机 M1

U V W PE

KA4 — F 正转
KA5 — R 反转
CC 公共点

X1.7 — FLC
100 — FLB
故障报警

PA 制动电阻 PB

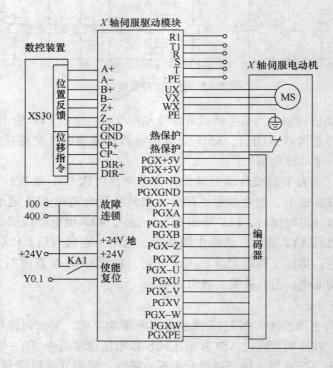

图 7-14　X 轴伺服驱动连接

X 轴伺服驱动模块

数控装置 XS30

位置反馈：A+ A− B+ B− Z+ Z− GND GND
位移指令：CP+ CP− DIR+ DIR−

R1 T1 R S T PE
UX VX WX PE
热保护 热保护

X 轴伺服电动机 MS

编码器

PGX+5V PGX+5V PGXGND PGXGND PGX-A PGXA PGX-B PGXB PGX-Z PGXZ PGX-U PGXU PGX-V PGXV PGX-W PGXW PGXPE

100 — 故障连锁
400 —
+24V — +24V 地 +24V
KA1 — 使能
Y0.1 — 复位

（3）PLC 输入/输出信号　图 7-15 所示为 PLC 输入/输出开关量。

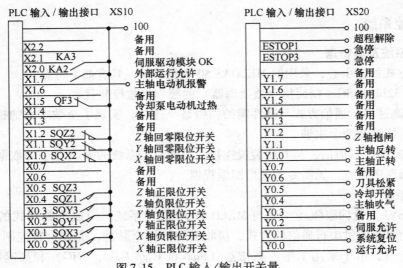

图 7-15 PLC 输入/输出开关量

7.4 立式加工中心电气控制

7.4.1 立式加工中心简介

XH714 立式加工中心是一种中小规格、高效通用的数控机床，它设有可容纳 20 把刀具的自动换刀系统，并配有三菱 MELDAS 50 数控系统，通过编程，在一次装夹中可自动完成铣、镗、钻、铰、攻螺纹等多种工序的加工。若选用数控回转工作台，可实现四轴控制，进行多面加工。

XH714 立式加工中心的主传动，采用三菱 SJ-P 系列交流主轴电动机及 MDS-A-SPJ 系列主轴驱动装置，在 45~4500r/min 范围内无级变速，利用主轴电动机内装编码器实现同步攻螺纹。伺服进给采用三菱 HA 系列交流伺服电动机及 MDS-A-SVJ 交流伺服驱动装置，通过交流伺服电动机内装编码器实现半闭坏的位置控制。图 7-16 所示为 XH714 立式加工中心。

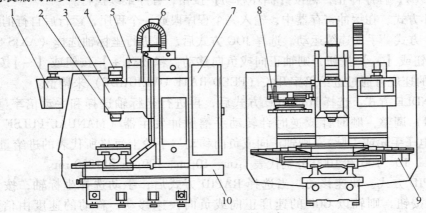

图 7-16 XH714 立式加工中心

1—CRT/MDI 机床操作面板 2—主轴 3—主轴箱 4—主轴气缸 5—主轴电动机 6—Z 轴伺服进给电动机
7—电气控制柜 8—回转刀库 9—X 轴伺服进给电动机 10—Y 轴伺服进给电动机

7.4.2 数控系统

1. 数控系统及其特点

XH714 立式加工中心，采用的 MELDAS 50 数控系统，具有如下特点：

1）采用 32bit RISC（精简指令微处理器）的超小型数控装置。

2）利用高速串行通信方式与高性能的伺服系统连接，实现了全数字式的控制，最多控制四个进给伺服轴及两个主轴。

3）通过高速串行通信，与 I/O 装置连接，可在数控系统的 MDI（手动数据输入）面板上直接进行梯形图开发，无需专用梯形图编程器。

2. 伺服系统

MDS-A-SVJ 交流伺服驱动单元与 MELDAS 50 数控系统，组成全数字式的伺服控制系统。伺服驱动单元通过串行通信的方式，接收系统的指令脉冲，完成位置控制和速度控制。从驱动特性上看，由于采用了平滑高增益（Smooth High Gain，SHG）和高速定位等技术，使系统在高增益的情况下具有良好的响应特性。伺服驱动采用 IGBT 功率晶体管及 SPWM 控制技术。图 7-17 所示为数控系统与 MDS-A-SVJ 交流伺服驱动的连接。

数控系统将处理结果通过 SEVRO 端口输出位置控制指令，至第 1 轴驱动单元的 CN1A 端口，伺服电动机上的脉冲编码器将位置检测信号反馈至驱动单元的 CN2 端口，在驱动单元中完成位置控制。由于总线通信，第 2 轴的位置控制信号由第 1 轴驱动单元上的 CN1B 端口，输出至第 2 轴驱动单元上的 CN1A 口。第 3 轴的位置控制信号由第 2 轴驱动单元上的 CN1B 端口，输出至第 3 轴驱动单元上的 CN1A 口。

3. I/O 控制

（1）机床操作面板信号的输入 图 7-18 所示为面板上的开关输入信号。模式选择（又称工作方式选择）开关在机床操作中有很重要的作用。

1）TYPE 方式。通过光电阅读机运行程序。

2）MEM 方式。自动运行存储器中的程序。在调用到存储器中所需的加工程序后，按【循环启动】按钮（CYCLE START），程序执行；在执行过程中，若按【循环停止】按钮（CYCLE STOP），程序停止，再按【循环启动】按钮，程序继续执行。

3）MDI 方式。在缓冲寄存器中，输入一个程序段或一个程序，运行后自行消除。

4）JOG 方式。手动连续运动。选择 JOG 方式后，再进行坐标轴选择（AXIS SELECT），按【+】按钮或【-】按钮，则轴正向或负向移动，释放【+】按钮或【-】按钮，则轴停止。移动的速度可通过进给倍率开关（FEED RATE OVERRIDE）来调整。

5）HANDLE 方式。选择 HANDLE 方式后，再进行坐标轴选择和手动倍率（HANDLE MULTIPLIER）调整，顺时针或逆时针转动手摇脉冲发生器（MANUAL PULSE GENERATOR，也称电子手轮或手脉），则轴正向或负向移动。手轮上每格所代表的进给量由手动倍率来决定，1、10、100 和 1000 分别代表 $1\mu m$、$10\mu m$、$100\mu m$ 和 $1000\mu m$。

6）RAPID 方式。快速移动。当选择 RAPID 方式后，手动选择坐标轴，按【+】按钮或【-】按钮，则轴以 G00 的速度正向或负向快速移动，移动的速度由倍率开关来调整。

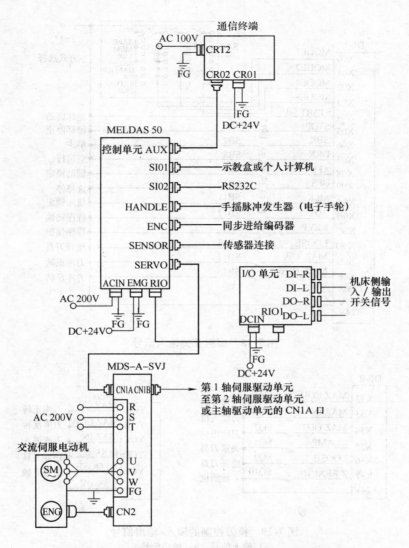

图 7-17　数控系统与 MDS-A-SVJ 交流伺服驱动的连接

7）ZRN 方式。回参考点方式。当选择 ZRN 方式后，选择坐标轴，并按【＋】按钮，则轴快速向参考点方向运动，当碰到参考点减速开关后，轴减速至参考点，同时，面板上的 X 轴、Y 轴、Z 轴的回参考点指示灯点亮，CRT 上显示参考点坐标值。回参考点结束后，按【－】按钮，使轴脱离参考点。机床断电重新启动后，必须先进行回参考点操作，以建立机床坐标系，方能进行其他操作。

（2）换刀控制　换刀控制是数控机床 PLC 控制中较复杂的环节，涉及刀库的选刀及机械手的换刀。机床采用主轴箱上、下运动来自卸换刀。图 7-19 所示为有关换刀控制的输入/输出信号，图 7-20a、b 所示分别为换刀控制直流、交流控制电路。换刀过程如下：

1）主轴箱在 Z 向运动至换刀点（SQ10）、主轴定向。

2）低速力矩电动机通过槽轮机构实现刀盘的分度，将刀盘上接收现主轴中刀具的空刀座转到换刀所需的预定位置。

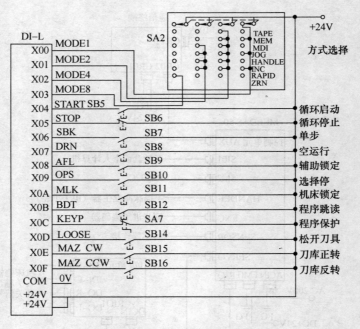

图 7-18 面板开关输入信号

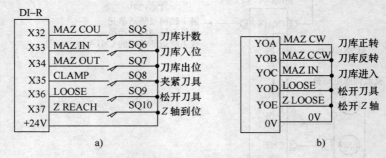

a)

图 7-19 换刀控制的输入/输出信号

a) 输入信号 b) 输出信号

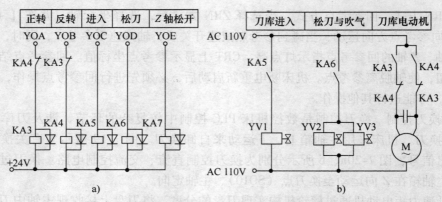

a)

图 7-20 换刀控制直流、交流控制电路

a) 直流控制电路 b) 交流控制电路

3）刀库气缸活塞推出，将刀盘上的空刀座送至主轴正下方（SQ7），并卡住刀柄定位槽。

4）主轴拉杆上移（SQ9），主轴松刀，主轴箱上移，原主轴中刀具卸留在空刀座内。

5）刀盘再次分度，将刀盘上被选定的下一把刀具转到主轴正下方。

6）主轴箱下移（SQ10），主轴拉杆下移（SQ8），主轴夹刀。

7）刀库气缸活塞缩回（SQ6），刀盘复位。

换刀过程中的第 2 步和第 5 步应用了 PLC 特殊指令中的 ATC 和 ROT 指令（ROT 指令是根据刀号搜索处理结果，决定刀库的旋转方向及旋转步数）。

机床还可以采用随机换刀的方式，刀盘旋转时，通过刀盘上的行程开关（SQ5）对刀盘进行计数。

实训项目　经济型数控车床的电气控制

1. 实训目的

1）掌握数控装置的操作与调试。

2）掌握数控车床电气控制。

2. 实训内容

数控系统选用 SINUMERIK 802S Baseline，通过对机床电气部分的连接，以及数控系统与伺服系统的调试，使学生掌握经济型数控车床电气控制原理，并且在安装与调试方面得到实践锻炼。图 7-21 所示为数控实训台。

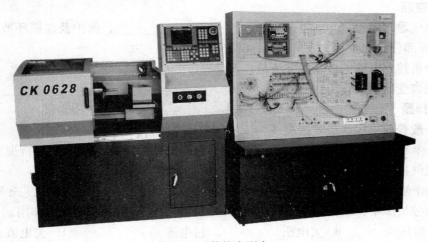

图 7-21　数控实训台

3. 实训步骤

（1）电气控制连接

1）电源部分。电源采用 220V 单相交流，分别给数控系统、变频器、伺服驱动器和开关电源供电。

2）主轴电气控制。主轴采用三相异步电动机，通过变频器实现主轴电动机正、反转及无级调速要求。

3）伺服驱动控制。采用步进电动机驱动，驱动器输入信号来自 SINUMERIK 802S 的 X7 接口。

4）刀架控制。数控系统发出换刀信号，交流电动机旋转。刀架体上 4 个霍尔元件检测刀具到位信号，输入到数控系统后，电动机反转锁紧，并延时停止。

（2）联机调试

1）掌握数控装置的 X7 驱动接口信号，详细见 SINUMERIK 802S/C Baseline 安装与调试手册。

2）对各种信号分别进行连接，分步骤合上断路器，观察各电器元件工作情况。

3）手动操作机床，观察步进电动机、主轴及刀架电动机的运转情况。

4. 实训考核

实训结束以后，通过提问、答辩、实测等方式对学生进行考核，了解学生对数控系统的基本知识掌握情况，考查学生的实际动手能力。根据考核结果及其在实训中的表现综合打分。

5. 撰写实训报告

1）描述数控车床工作原理。

2）绘制数控车床电气控制原理图。

3）总结实训中遇到的问题、解决办法以及个人体会。

复习思考题

1. 填空题

1）电气原理图由_____、_____、_____、保护及连锁环节，以及特殊控制电路等部分组成。

2）分析控制电路的最基本方法是_____法。

3）隔离变压器的作用：一是_____，二是_____。

2. 选择题

1）一般普通机床改造时选用（　　）的数控系统。

A. 当今最先进　　B. 闭环控制　　C. 合理的性能价格比　　D. 经济型

2）电气控制技术资料不包括（　　）。

A. 操作使用手册　　B. 安装调试手册　　C. 维修手册　　D. 工艺守则

3）数控机床中，断路器除接通电源外，还具有（　　）保护与报警作用。

A. 过电压　　B. 欠电压　　C. 过电流　　D. 欠电流

4）在 MDS – A – SVJ 交流伺服驱动单元中，不能完成（　　）控制。

A. 速度环　　B. 电流环　　C. 位置环　　D. 都不对

5）与步进电动机运转方向无关的信号是（　　）。

A. DIR、$\overline{\text{DIR}}$　　B. CW、$\overline{\text{CW}}$　　C. CCW、$\overline{\text{CCW}}$　　D. CP、$\overline{\text{CP}}$

3. 判断题

1）阻容吸收元件，用于防止电磁干扰。　　　　　　　　　　　　　　　　　（　　）

2）伺服驱动单元一定在数控装置之后通电，断电顺序则相反。　　　　　　　（　　）

3）超程解除按钮与极限限位开关串联。 （　　）

4）数控车床必须安装编码器用于测定主轴转速。 （　　）

5）合理的布线可以有效地降低信号之间的干扰。 （　　）

6）变频主轴调速单元由变频器和三相异步电动机组成。 （　　）

4. 简答题

1）电气原理图分析方法是什么？

2）试举例说明控制线路中有哪些电气保护和电气连锁环节。

3）说明主轴的电气控制原理。

4）MELDAS 50 数控系统通过 SEVRO 端口传输哪些信息？

5）说明加工中心换刀电气控制原理。

5. 分析题

图 7-22 所示为某经济型数控车床电气控制原理，数控装置为上海开通数控有限公司生产的 KT400 – T，功率步进驱动装置为 KT300。说明每个部分的作用及信号的含义。

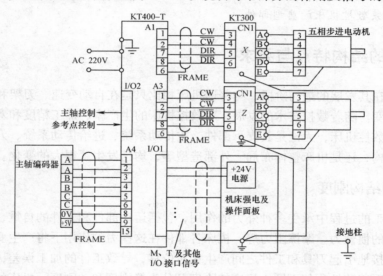

图 7-22　某经济型数控车床电气控制原理

第8章 数控机床的机械结构

知识目标

1. 了解机床结构特点。
2. 熟悉主传动、进给传动典型部件结构。
3. 了解自动换刀机构的组成与原理。

能力目标

1. 会调整机械传动链中的间隙。
2. 能够拆装数控机床的典型部件。

8.1 机床的结构特点与要求

数控机床在其发展的最初阶段，与普通机床相比只是在自动变速、刀架和工作台及操作等方面有些改变。随着数控技术的发展，对数控机床的生产率、加工精度和寿命提出了更高的要求。现代数控机床，无论是其支承部件、主传动系统、进给传动系统、刀具系统、辅助功能等部件结构，还是机床整体布局、外部造型等，均已发生了很大的变化。

8.1.1 高的结构刚度

机床在加工的过程中承受多种外力的作用，包括运动部件和工件的自重、切削力、驱动力、加减速时的惯性力、摩擦阻力等。机床各部件在这些力的作用下将产生变形，这些变形都会直接或间接地引起刀具和工件之间产生相对位移，导致工件的加工误差，从而影响加工精度。根据承受载荷性质的不同，机床的刚度可分为静刚度和动刚度。机床的静刚度是指机床在静态力的作用下抵抗变形的能力，与构件的几何参数及材料的弹性模量等因素有关。机床的动刚度是指机床在动态力的作用下抵抗变形的能力，它与机械系统构件的阻尼率等因素有关。

数控机床在高速和重载条件下工作，为了满足数控机床加工的高效率、高速度、高精度、高可靠性和高自动化程度的要求，与普通机床相比，数控机床应有更高的静刚度、动刚度和更高的抗振性。有关标准规定，数控机床的刚度系数应比类似的普通机床高50%。通常，为了提高机床系统的刚度，可以通过采用合理的机床结构布局、合理设计机床构件的截面形状和尺寸、适当布置肋板等方法来实现。

1. 合理设计构件截面形状和尺寸

机床构件在外力作用下会产生弯曲和扭转变形。根据材料力学理论，在截面积相同时，减小壁厚、加大截面轮廓尺寸，可大大增加刚度；封闭截面的刚度远远高于不封闭截面的刚度；圆形截面的抗扭刚度高于方形截面，而抗弯刚度则低于方形截面。因此，通过合理设计

210

截面的形状和尺寸，可以优化机床构件的结构静刚度。

图 8-1 所示为数控机床的床身截面，床身导轨倾斜布置可以有效改善排屑条件。截面形状采用封闭式箱体结构，其截面的外轮廓尺寸大于普通车床的截面外轮廓尺寸，因此该床身具有很高的抗弯刚度和抗扭刚度。

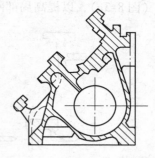

图 8-1　数控机床的床身截面

2. 合理安排机床结构布局

采用合理的结构布局，可使构件承受的弯矩和扭矩减小，从而提高机床的刚度。图 8-2 所示为数控机床的布局，图 8-2a、b、c 所示三种方案的主轴箱是单面悬挂在立柱侧面的，主轴箱的自重使立柱受到较大的弯矩和扭矩，易产生弯曲和扭曲变形，从而直接影响加工精度。图 8-2d 所示的方案中，主轴箱的主轴中心位于立柱的对称面内，主轴箱的自重产生的弯矩和扭矩就较小，一般不会引起立柱的变形；而且，即使在切削力的作用下，立柱的弯曲和扭曲变形也大为减少，机床的刚度得到明显的提高。

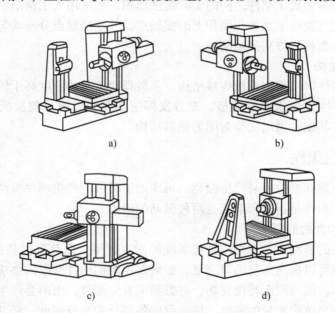

a)　　　　　　　　　b)

c)　　　　　　　　　d)

图 8-2　数控机床的布局

3. 采用补偿变形措施

机床工作时，在外力的作用下，不可避免地存在变形，如果能采取一定措施减小变形对加工精度的影响，其结果相当于提高了机床的刚度。对于大型的龙门镗铣床，当主轴部件移动到横梁中部时，横梁的下凹弯曲变形最大，为此可将横梁导轨加工成中部凸起的抛物线形，可以使变形得到补偿。

4. 提高构件的局部刚度

机床的导轨和支承件的连接部分局部刚度较弱，连接方式对局部刚度的影响很大，故可通过改变连接方式来增强局部刚度。图 8-3 所示为导轨和床身的几种连接方式。如果导轨较窄时，可采用单臂（图 8-3a），加厚的单臂（图 8-3b）或在单臂上增加垂直肋（图 8-3c）来

211

连接；如果导轨尺寸较宽时，应采用图 8-3d、e、f 所示的双壁连接形式，或者加宽接触面积（图 8-3g），以提高局部刚度。

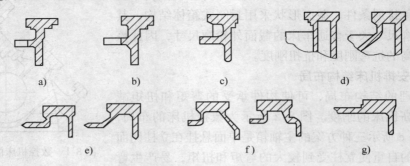

图 8-3 导轨和床身的几种连接方式

为了提高机床的加工精度，应减小接触变形，提高机床部件的接触刚度。提高接触刚度的措施主要是考虑增大机床部件之间的实际接触面积，如采用人工刮削工艺作为机床导轨的最终加工工序，通过刮削增加单位面积上的接触点，并使接触点分布均匀，从而增加导轨副结合面的实际接触面积，提高接触刚度。

5. 采用焊接结构

数控机床的构件可以采用钢板焊接结构。一般焊接床身的刚度高于铸造床身。另外，钢板焊接结构能够按刚度要求布置肋板，充分发挥壁板和肋板的承载及抵抗变形的作用。同时，焊接结构可将基础件做出完全封闭的箱形结构。

8.1.2　良好的抗振性

数控机床在高速切削时容易产生振动。机床加工时可能产生两种振动，即强迫振动和自激振动。机床的抗振性是指机床抵抗这两种振动的能力。

1. 提高机床构件的静刚度

提高机床构件的静刚度，调整构件或系统的固有频率，以免发生共振。合理布置肋板、采用钢板焊接结构可以提高系统的静刚度。如果采用增加构件壁厚的办法提高静刚度，会引起构件质量的增加，使动刚度特性变坏，共振频率发生偏移，仍旧会产生共振。因此，在结构设计时应强调提高单位质量的刚度，使支承件各部分的自身刚度、局部刚度和接触刚度互相匹配，达到系统整体刚度的最优化，这样才能真正提高系统的整体刚度。

2. 提高阻尼比

增大阻尼可提高动刚度和自激振动稳定性。如图 8-4 所示，可在机床大件内腔填充泥沙和混凝土等阻尼材料来提高结构的阻尼特性，在振动时因相对摩擦力较大而消耗振动能量；采用阻尼涂层法，在大件表面喷涂一层具有高阻尼和较高弹性的粘滞弹性材料，涂层厚度越大，阻尼越大；采用减振焊缝技术，在保证焊缝强度的前提下，在两焊接件之间留有贴合而未焊死的表面，在振动过程中，两贴合面之间产生的相对摩擦即为阻尼，使振动减小；对铸造支承件常采用附

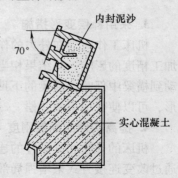

图 8-4 提高机床阻尼比

件减振材料、砂芯不清除等方法提高阻尼比；对于焊接支承件，可以通过填充混凝土来提高阻尼比。

3. 采用新型材料

近年来很多高速机床的床身材料采用了聚合物混凝土，它具有刚度高、抗振性好、耐腐蚀和耐热的特点。图 8-5 所示为人造大理石床身。

图 8-5　人造大理石床身

4. 减少机床的内部振源

为减少机床内部振源，对装配在一起的旋转部件要保证不偏心，并且消除其配合间隙；消除机床上的高速往复运动部件的传动间隙，并降低往复运动部件的质量；对机床上的电动机或液压泵、液压马达等旋转部件，要安装隔振装置；在断续切削机床的适当部位安装飞轮等。

8.1.3　减小机床热变形

机床的热变形是影响加工精度的主要因素之一。数控机床的主轴转速、进给速度远高于普通机床，电动机、轴承、液压系统等热源，切削及刀具与工件的相对运动的摩擦产生的热量，通过传导对流辐射传递给机床的各个部件，引起温升，产生膨胀，改变刀具与工件的正确相对位置，影响加工精度。常用减少机床热变形的措施有以下几种：

1. 改进机床布局和结构

1）采用倾斜床身和斜滑板结构，以利于排屑；设置自动排屑装置，随时将切屑排到机床外；同时在工作台或导轨上设置隔热防护罩，将切屑和热量隔离在机床外。

2）采用热对称结构。图 8-6 所示为卧式坐标镗床热变形示意图，采用热对称结构的设计思想，用双立柱结构代替单立柱结构，由于左右对称，受热后，主轴轴线除产生垂直方向的平移以外，其他方向变形量很小，而垂直方向的轴线移动可以用垂直坐标移动的修正量来补偿。

如图 8-7 所示，将数控机床主轴的热变形方向与刀具切入方向垂直，可以使热变形对加工精度的影响降低到最小限度。在结构上，还应尽可能减少主轴中心与主轴箱底面的距离，以减少热变形量，同时使主轴箱前后温升一致，避免主轴变形后出现倾斜。

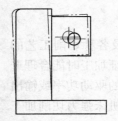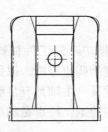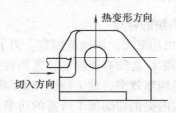

图 8-6　卧式坐标镗床热变形示意图　　　　图 8-7　刀具切入方向与热变形方向垂直

2. 减少机床内部热源和发热量

内部热源的发热是造成热变形的主要原因，在设计机床布局时，应尽量考虑将电动机、液压系统等置于机床主体之外，减少机床内部热源和发热量，从而减少摩擦和能耗发热。例如对于主运动调速电动机，减少传动轴与传动齿轮；采用低摩擦因数的导轨和轴承；液压系统中采用变量泵等。

3. 加强冷却散热

对于难以分离出去的热源，可采取散热、冷却等办法来降低温度，减少热变形。现代数控机床，特别是加工中心和数控车床采用多喷嘴、大流量冷却系统直接喷射切削部位，可及时排出炽热的切屑，使热量排除。为控制冷却液温升，一般采用大容量循环散热或用附加的制冷系统降低温度。

4. 进行热变形补偿

预测热变形的规律，建立数学模型，利用数控系统进行实时补偿校正。或者在热变形敏感部位安装传感元件，实测热变形量，将其送入数控系统进行修正补偿。

5. 控制环境温度

数控车间内一般装有空调或其他温度调节装置，保持环境温度的稳定。在加工某些精密零件时，即使不需要切削的时候仍旧让机床空转，以保持机床的热平衡。此外，精密机床不应受到阳光的直接照射，以免引起不均匀的热变形。

8.1.4 改善运动导轨副摩擦特性

机床的加工精度和使用寿命在很大程度上取决于机床导轨的质量，数控机床对于导轨有着更高的要求，如导轨的摩擦因数要小，而且动、静摩擦因数要尽量接近，以减小摩擦阻力和导轨热变形，使运动轻便、平稳，高速进给时不振动，低速进给时无爬行，耐磨性好，灵敏度高，能在重载下长期连续工作。现代数控机床上主要使用滚动导轨、塑料导轨和静压导轨。

8.2 数控机床主传动系统及主轴部件

数控机床主传动系统主要包括电动机、传动系统和主轴部件，与普通机床的主传动系统相比结构简单，因为主轴电动机的无级调速，省去了复杂的齿轮变速机构。有些数控机床为扩大电动机无级调速范围，采用了二级或三级齿轮变速。

8.2.1 主传动系统的特点及配置形式

1. 数控机床主传动系统的特点

1）主轴转速高，输出功率大，调速范围宽。为了适应不同工件材料及各种切削工艺的要求，数控机床的主传动系统必须有更高的转速和较宽的调速范围，以保证加工时能合理选用切削用量，获得最佳的切削效率、加工精度和表面质量。主轴具有足够的驱动功率或输出转矩，能在整个变速范围内提供切削加工所需的功率和转矩，特别是满足机床强力切削加工时的要求。

2）主轴变速迅速可靠。数控机床的变速是按照控制指令自动进行的，因此变速机构必须适应自动操作的要求。由于交直流调速系统日趋完善，不仅能够方便地实现宽范围无级调速，而且减少了中间传递环节，提高了变速控制的可靠性。

3）能实现刀具快速自动装卸。在自动换刀的数控机床中，主轴上设计有刀具自动装卸、夹紧、主轴定向停止和主轴孔内的切屑清除装置。

4）主轴部件性能好。主轴部件具有良好的回转精度、结构刚度、抗振性、热稳定性和耐磨性。机械摩擦部位，如轴承、锥孔等都应有足够的硬度，还应有良好的润滑。

2. 数控机床主传动系统配置方式

（1）带变速齿轮的主传动系统　图8-8所示为数控机床主传动系统的四种配置方式。如图8-8a所示，通过几对齿轮降速，扩大输出转矩，满足主轴低速时对输出转矩特性的要求。在数控机床无级调速的基础上配以齿轮变速，成为分段无级调速。滑移齿轮采用液压缸加拨叉，或者由液压缸直接带动来实现。

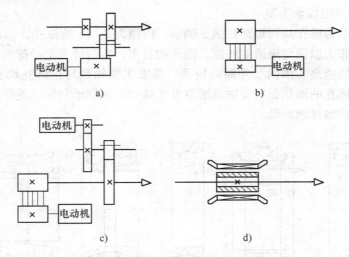

图8-8　数控机床主传动四种配置

（2）带传动的主传动系统　如图8-8b所示，这种配置方式的主传动系统主要应用于转速较高、调速范围不大的机床。电动机本身的调速就能够满足要求，可以避免齿轮传动引起的振动与噪声。它适用于高速、低转矩特性要求的主轴，常用的传动带是V带和同步带。

（3）两台电动机分别驱动主轴　如图8-8c所示，它是上述两种配置方式的组合，这种配置方式的主传动系统具有上述两种主传动系统的性能。高速时电动机通过带轮直接驱动主轴旋转；低速时，另一台电动机通过二级齿轮传动驱动主轴旋转，这样就使恒功率区增大，扩大了调速范围，克服了低速时转矩不够的缺陷。

（4）内装电动机的主轴传动结构　如图8-8d所示，这种主传动方式大大简化了主轴箱体与主轴的结构，有效地提高了主轴部件的刚度，但主轴输出转矩小，电动机发热对主轴影响较大。

8.2.2　主轴部件结构

主轴部件是机床的重要部件之一，它支承并带动工件或刀具旋转进行切削，承受切削力和驱动力等载荷。主轴部件由主轴及其支承和安装在主轴上的传动件、密封件等组成。

1. 主轴端部结构形状

主轴的构造和形状主要取决于主轴上所安装的刀具、夹具、传动件、轴承等零件的类型、数量、位置和安装定位方法。主轴一般为空心阶梯轴，前端径向尺寸大，中间径向尺寸逐渐减小，尾部径向尺寸最小。

主轴的前端形式取决于机床类型和安装夹具或刀具的形式，在结构上，应能保证定位准确、安装可靠、连接牢固、装卸方便，并能传递足够的转矩。主轴端部的结构形状都已标准化，应遵照标准进行设计。

2. 主轴部件支承

根据数控机床的规格、精度采用不同的主轴轴承。一般中小规格数控机床的主轴部件多采用成组高精度滚动轴承；重型数控机床采用液体静压轴承；高精度数控机床采用气体静压轴承；转速达 20 000r/min 的主轴采用磁力轴承或氮化硅材料的陶瓷滚珠轴承。

（1）主轴部件常用轴承类型

1）图8-9a 所示为锥孔双列短圆柱滚子轴承。内圈为 1:12 的锥孔，当内圈沿锥形轴颈轴向移动时，内圈胀大以调整滚道的间隙。滚子数目多，两列滚子交错排列，因而承载能力大，刚性好，允许转速高。因内、外圈均较薄，要求主轴轴颈与箱体孔均有较高的制造精度，以免轴颈与箱体孔的形状误差使轴承滚道发生畸变。该轴承只能承受径向载荷，允许主轴的最高转速比角接触球轴承低。

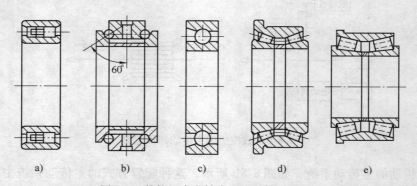

图8-9　数控机床主轴常用滚动轴承类型

a）锥孔双列短圆柱滚子轴承　b）双列推力向心球轴承　c）角接触球轴承

d）双列圆柱滚子轴承　e）双列圆柱滚子轴承

2）图8-9b 所示为双列推力向心球轴承。接触角为 60°，球径小，数目多，能承受双向轴向载荷。磨薄中间隔套可以调整间隙或预紧，轴向刚度较高，允许转速高。一般与双列圆柱滚子轴承配套用做主轴的前支承。

3）图8-9c 所示为角接触球轴承。这种类型的轴承既可承受径向载荷，又可承受轴向载荷。接触角有 15°、25° 和 40° 三种。15°接触角多用于轴向载荷较小、转速较高的场合；25°、40°接触角多用于轴向载荷较大的场合。将内、外圈相对轴向位移，可以调整间隙，实现预紧，多用于高速主轴。

4）图8-9d 所示为双列圆锥滚子轴承。它有一个公用外圈和两个内圈，外圈的凸肩在箱体上进行轴向定位，箱体孔可以镗成通孔。磨薄中间隔套可以调整间隙或预紧；两列滚子的数目相差一个，能使振动频率不一致，明显改善轴承的动态特性。这种轴承能同时承受径向

216

和轴向载荷，通常用做主轴的前支承。

5）图 8-9e 所示为双列圆柱滚子轴承。结构上与图 8-9d 轴承相似，滚子是空心的，保持架为整体结构。由于润滑和冷却的效果好，发热少，所以允许转速高。

（2）主轴支承的配置形式

1）如图 8-10a 所示，前支承采用双列圆柱滚子轴承和 60°角接触球轴承组合，后支承采用成对角接触球轴承。这种配置主轴的综合刚度得到大幅度提高，可以满足强力切削的要求，该支承配置形式普遍应用于各类数控机床。

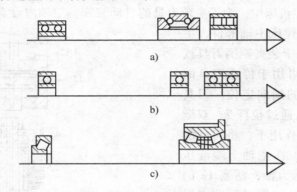

图 8-10　数控机床主轴支承配置形式

2）如图 8-10b 所示，前轴承采用高精度双列（或三列）角接触球轴承，后支承采用单列（或双列）角接触球轴承。角接触球轴承具有较好的高速性能，主轴最高转速可达 4000r/min；但这种轴承的承载能力小，适用于高速、轻载和精密的数控机床。

3）如图 8-10c 所示，前、后轴承分别采用双列和单列圆锥滚子轴承。这种轴承径向和轴向刚度高，能承受重载荷，尤其能承受较大的动载荷，安装与调试性能好。但这种轴承配置形式限制了主轴最高转速，适用于中等精度、低速与重载的数控机床。

液体静压轴承和动压轴承主要应用在高转速、高回转精度的场合，对于要求更高转速的主轴，采用空气静压轴承。

3. 主轴的准停装置

主轴准停功能又称主轴定位功能，即主轴停止时，控制其停在固定的位置。这是自动换刀的数控机床所必需的功能，因为每次换刀时都要保证刀具锥柄处的键槽对准主轴上的端面键，也要保证在精镗孔完毕退刀时不会划伤已加工表面。在加工精密孔系时，若每次都能在主轴固定的圆周位置上换刀，就能保证刀尖与主轴相对位置的一致性，从而减少被加工孔尺寸的分散度。

主轴准停装置有机械式准停装置和电气式准停装置。其中，电气式准停装置具有结构简单、准停时间短、可靠性较高和性能价格比高等优点。电气准停方式有编码器型主轴准停、磁传感器主轴准停和数控系统控制准停三种。图 8-11 所示为磁传感器主轴准停装置，在主轴 1 上安装

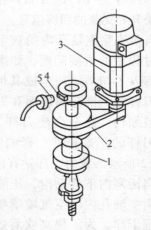

图 8-11　磁传感器主轴准停装置
1—主轴　2—带　3—电动机
4—永久磁铁　5—磁传感器

有一个永久磁铁 4 与主轴一起旋转，在距离永久磁铁 4 旋转轨迹外 1～2mm 处，固定有一个磁传感器 5。当主轴需要停转换刀时，数控装置发出主轴准停的指令，主轴电动机 3 降速，主轴以最低转速慢转几圈，当永久磁铁 4 对准磁传感器 5 时，磁传感器发出信号，经放大后由定向电路控制主轴电动机准确地停在规定的位置上。这种准停装置机械结构简单，发磁体与磁传感器之间没有接触摩擦，定位精度可达 ±1°，能满足一般换刀要求，而且定向时间短，可靠性高。

4. 主轴内的刀具自动夹紧和清除切屑装置

在带有刀库的数控机床中，为了实现刀具的自动装卸，主轴内设有刀具自动夹紧装置。图 8-12 所示为数控铣镗床主轴部件，主轴前端的 7∶24 锥孔用于装夹锥柄刀具或刀杆。主轴的端面键可用于传递刀具的转矩，也可用于刀具的周向定位。刀具夹紧时，碟形弹簧 11 通过拉杆 7、双瓣卡爪 5，在套筒 14 的作用下，将刀柄的尾端拉紧。当换刀时，在主轴上端液压缸 10 的上腔 A 通入压力油，活塞 12 的端部推动拉杆向下移动，同时压缩碟形弹簧，当拉杆下移到使双瓣卡爪的下端移出套筒时，在弹簧 6 的作用下，卡爪张开，喷气头 13 将刀柄顶松，刀具即可由机械手拔除。待机械手将新刀装入后，液压缸的下腔通入压力油，活塞向上移，碟形弹簧伸长，将拉杆和双瓣卡爪拉着向上，双瓣卡爪重新进入套筒，将刀柄拉紧。活塞移动的两个极限位置都有相应的行程开关（LS1，LS2）作用，作为刀具松开和夹紧的回答信号。

自动清除主轴孔内的灰尘和切屑是换刀过程中的重要问题，如果主轴的锥孔中落入了切屑、灰尘或其他污物，在拉紧刀杆时，锥孔内表面和刀杆的锥柄就会被划伤，甚至会使刀杆发生倾斜，破坏刀杆的正确位置，影响加工精度。图 8-12 所示活塞的心部钻有压缩空气通道，当活塞向下移动时，压缩空气经过活塞由主轴孔内的空气喷嘴喷出，将锥孔清理干净。为了提高吹屑效率，喷气小孔要均匀布置，并有合理的喷射角度。

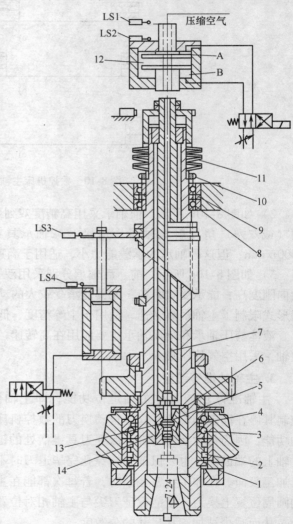

图 8-12　数控铣镗床主轴部件
1—调整半环　2—锥孔双列圆柱滚子轴承
3—双列向心球轴承　4、9—调整环
5—双瓣卡爪　6—弹簧　7—拉杆
8—向心推力球轴承　10—液压缸
11—碟形弹簧　12—活塞
13—喷气头　14—套筒

218

8.2.3 电主轴

电主轴是将机床主轴与主轴电动机融为一体的新技术。图 8-13 所示为加工中心电主轴。它将机床主轴的高精度与高速电动机有机结合在一起，取消了传动带、带轮和齿轮等复杂的中间传动环节，大大减少了主传动的转动惯量，具有调速范围广、振动噪声小等优点，提高了主轴动态响应速度和工作精度，解决了主轴高速运转时传动带和带轮等传动件的振动和噪声问题，不仅拥有极高的生产率，而且能显著提高零件的表面质量和加工精度。其缺点是制造和维护困难，而且成本较高。

图 8-13　加工中心电主轴

8.3　数控机床进给传动系统

进给运动是数控系统控制的直接对象，工件的最终位置精度和轮廓精度都与进给运动的传动精度、灵敏度和稳定性有关。进给传动系统通常由伺服电动机、同步带传动和滚珠丝杠副组成。

8.3.1　对进给传动系统的要求

1. 减少摩擦阻力

为了提高数控机床进给传动系统的快速响应性能和运动精度，避免跟随误差和轮廓误差，必须减小运动件之间的摩擦阻力和动、静摩擦力。

2. 提高运动精度和刚度

进给系统的传动精度主要取决于各级传动误差。因而要缩短传动链，减少误差环节；对于使用的传动链，要消除齿轮副、蜗杆副、滚珠丝杠副等的间隙。提高进给传动系统的刚度主要是选用合适的材料，采用合理的结构（如丝杠的直径足够粗、传动齿轮无根切等），同时结构部件还必须有合适的支承等。

3. 减小运动惯量

传动元件的惯量对伺服机构的起动和制动都有影响，尤其是数控机床高速运动的零部件，其惯量的影响更大。因此在满足零部件强度和刚度的前提下，应尽可能减轻运动部件的质量，减小旋转件的直径和质量，以减小其转动惯量。

8.3.2　进给传动系统的结构

1. 齿轮传动副

数控机床进给传动系统中的减速齿轮除了本身要求很高的传动精度和工作平稳性以外，还需尽可能消除传动齿轮副间的传动间隙，否则，齿侧间隙会造成进给传动系统每次反向运动都滞后于指令信号，丢失指定脉冲并产生反向死区，对加工精度影响很大。因此，必须采取措施减少或消除齿轮传动间隙。

（1）刚性调整法　刚性调整法是调整后齿侧间隙不能自动补偿的方法。其结构比较简单，传动刚性好，能传递较大的动力，但要严格控制齿轮的齿距公差及齿厚，否则会影响传动的灵活性。

1）偏心套调整法。如图 8-14 所示，电动机 1 通过偏心套 2 安装在壳体上。转动偏心套，使电动机中心线的位置上移，而从动齿轮轴线位置固定不变，所以两啮合齿轮的中心距减小，从而消除齿侧间隙。

2）轴向垫片调整法。如图 8-15 所示，两个啮合齿轮 1 和 2 的节圆直径沿齿宽方向制成略带锥度形式，使其齿厚沿轴线方向逐渐变厚。装配时，两齿轮按齿厚相反变化走向啮合。改变调整垫片 3 的厚度，使两齿轮沿轴线方向产生相对位移，从而消除齿侧间隙。

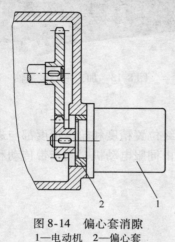

图 8-14　偏心套消隙
1—电动机　2—偏心套

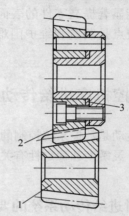

图 8-15　轴向垫片调整
1、2—齿轮　3—垫片

（2）柔性调整法　柔性调整法是调整后齿侧间隙仍可自动补偿的方法。该方法一般采用调整压力弹簧的压力来消除齿侧间隙，在齿轮的齿厚和齿距有变化的情况下，也能保持无间隙啮合。但是这种调整方法结构较复杂，轴向尺寸大，传动刚度低，传动平稳性较差。

1）双齿轮错齿调整法。如图 8-16 所示，两个齿数相同的薄片齿轮 1、2 与另外一个宽齿轮啮合。薄片齿轮套装在一起，并可作相对回转运动，每个薄片齿轮上分别开有两条周向圆弧槽，并在齿轮的端面上装有短圆柱销 3，用来安装弹簧 4。装配时使弹簧具有足够的拉力。由于弹簧的作用，使薄片齿轮 1、2 错位，分别与宽齿轮的左右面贴紧，以消除齿侧间隙。无论齿轮正转或反转，都只有一个薄齿轮承受转矩，因此承载能力受到限制，传动刚度低，不宜传递大转矩，且结构复杂。对齿轮的齿厚和齿距要求较低，可始终保持无间隙啮合，尤其适用于检测装置。

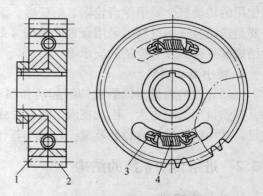

图 8-16　双齿轮错齿调整
1、2—薄片齿轮　3—短圆柱销　4—弹簧

2）轴向压簧调整法。图 8-17 所示为斜齿轮轴向压簧调整，薄片齿轮 1、2 用键与轴连

接，相互间无相对移动。两薄片齿轮与宽齿轮 5 啮合，转动螺母 3，调整弹簧 4，使两薄片齿轮的齿侧分别贴紧宽齿轮的齿槽左、右两侧，从而消除间隙。弹簧压力应调整得大小适当，压力过小则起不到消除间隙的作用，压力过大会使齿轮磨损加快，缩短使用寿命。

图 8-18 所示为锥齿轮轴向压簧调整，锥齿轮 1、2 相互啮合。在安装锥齿轮 1 的传动轴上装有弹簧 3，用螺母 4 调整压簧的弹力。锥齿轮 1 在弹力作用下作轴向移动，从而消除间隙。

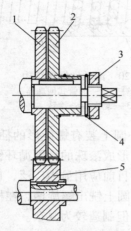

图 8-17　斜齿轮轴向压簧调整
1、2—薄片齿轮　3—螺母
4—弹簧　5—宽齿轮

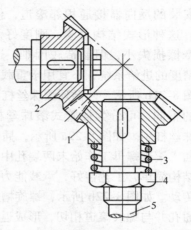

图 8-18　锥齿轮轴向压簧调整
1、2—锥齿轮　3—弹簧
4—螺母　5—传动轴

3）周向压簧调整法。图 8-19 所示为锥齿轮周向压簧调整，将大锥齿轮加工成外齿圈 1 和内齿圈 2 两部分，外齿圈上开有三个圆弧槽 8，内齿圈的下端面带有三个凸爪 4，套装在圆弧槽内。弹簧 6 的两端分别顶在凸爪 4 和镶块 7 上，使内外齿圈的锥齿错位与小锥齿轮 3 啮合，达到消除间隙的作用。螺钉 5 将内、外齿圈相对固定，其目的是安装方便，安装完毕后即可卸去。

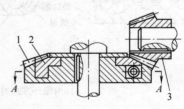

2. 滚珠丝杠副

（1）滚珠丝杠副的结构　滚珠丝杠副是数控机床中回转运动与直线运动相互转换的新型传动装置。它的结构特点是在具有螺旋槽的丝杠和螺母间装有滚珠作为中间传动元件，以减少摩擦。图 8-20 所示为滚珠丝杠副结构。其工作原理是：在丝杠 1 和螺母 3 上均制有圆弧形的螺旋槽，将它们装在一起便形成了螺旋滚道，滚道内填满滚珠 4，当丝杠相对于螺母旋转时，滚珠在封闭滚道内沿滚道滚动、迫使螺母轴向移动，从而实现将旋转运动转换成直线运动。而滚珠沿滚道滚动数圈后，经回珠管做周而复始的循环运动。回珠管两端还起挡珠的作用，以防滚珠沿滚道掉出。

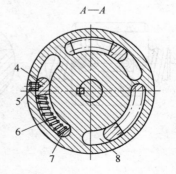

图 8-19　锥齿轮周向压簧调整
1—外齿圈　2—内齿圈　3—小锥齿轮
4—凸爪　5—螺钉　6—弹簧
7—镶块　8—圆弧槽

滚珠丝杠副按滚珠循环方式分为外循环滚珠丝杠副和内循环滚珠丝杠副两种，滚珠在循环过程中有时与丝杠脱离接触的称为外循环滚珠丝杠副，始终与丝杠保持接触的称内循环滚珠丝杠副。滚珠丝杠副的每个循环称为一列，每个导程称为一圈。图 8-21 所示为滚珠丝杠传动结构。

内循环的滚珠丝杠和螺母如图 8-21a 所示，靠螺母上安装的反向器接通相邻滚道，使滚珠成单圈循环。这种形式结构紧凑，刚度好，滚珠流通性好，摩擦损失小，但制造较困难，适用于高灵敏、高精度的进给系统，不宜用于重载传动。

如图 8-21b 所示，外循环滚珠丝杠副按滚珠返回方式的不同，可分为插管式滚珠丝杠副和螺旋

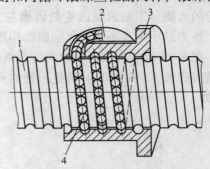

图 8-20 滚珠丝杠副结构
1—丝杠 2—插管式回珠器
3—螺母 4—滚珠

槽式滚珠丝杠副。如图 8-22a 所示，插管式滚珠丝杠副的螺母外圆上装有螺旋形的插管口，其两端插入滚珠螺母工作始末两端孔中，以引导滚珠通过插管，形成滚珠的多圈循环链。这种形式结构简单，工艺性好，承载能力较强，但径向尺寸较大，目前应用最为广泛，也可用于重载传动。如图 8-22b 所示，螺旋槽式滚珠丝杠副是在螺母外圆上铣出螺旋槽，在槽的两端钻出通孔并与螺纹滚道相切，形成返回通道，其径向尺寸小，但制造较为复杂。

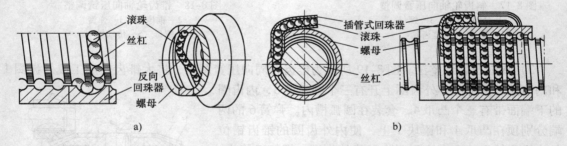

图 8-21 滚珠丝杠传动结构
a）内循环方式的滚珠丝杠和螺母 b）外循环方式的滚珠丝杠和螺母

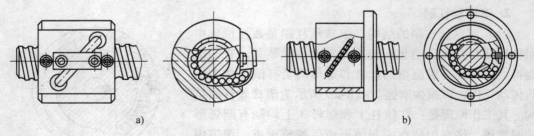

图 8-22 外循环式滚珠丝杠
a）插管式 b）螺旋槽式

（2）滚珠丝杠副的特点

1）传动效率高。传动效率可达 92% ~98%，是普通滑动丝杠的 2 ~4 倍。

2）摩擦力小。用滚珠的滚动代替了普通丝杠副的滑动，静摩擦阻力及动静摩擦阻力差

值小，提高了进给传动系统的灵敏度和定位精度，低速运行不易产生爬行，随动精度和定位精度高。

3）传动精度高。滚珠丝杠副经预紧后可消除轴向间隙，实现无间隙传动。

4）使用寿命长。滚珠丝杠副采用优质合金材料制成，表面经热处理后获得高的硬度。且为滚动摩擦，磨损很小。

5）制造工艺复杂，制造成本高。滚珠丝杠副的加工精度和装配精度要求严格，其制造成本远高于普通丝杠。

6）不能实现自锁。由于滚珠丝杠副的摩擦因数小，不能自锁。在垂直安装时，为防止因突然停电而造成主轴箱自动下滑，需附加制动机构。

（3）滚珠丝杠副轴向间隙的调整　滚珠丝杠副的传动间隙是轴向间隙，通常是指丝杠和螺母无相对转动时，丝杠和螺母之间的最大轴向窜动量。除了结构本身的游隙外，还包括施加轴向载荷后产生弹性变形所造成的轴向窜动量。为了保证滚珠丝杠的反向传动精度和轴向刚度，必须消除滚珠丝杠副轴向间隙。预加载荷能有效减少弹性变形所带来的轴向位移，但预紧力不宜过大，过大的预紧力将增加摩擦力，使传动效率降低，缩短丝杠使用寿命。一般需要经过多次调整，才能在适当的轴向载荷下既消除了相对轴向位移，又能灵活转动。预紧力一般应为最大轴向负载的1/3。当要求不太高时，预紧力可小于此值。消除轴向间隙的方法除了少数用微量过盈滚珠的单螺母方法外，常用的方法是用双螺母消除丝杠螺母的间隙。

1）双螺母垫片调隙式。如图 8-23 所示，通过调整垫片的厚度使左、右两螺母产生轴向位移，就可达到消除间隙和产生预紧力的作用。采用这种方法结构简单、刚性好、装卸方便、可靠。缺点是调整精度不高，且滚道磨损时，不能随时消除间隙和进行预紧。该调整结构仅适用于一般精度的数控机床。

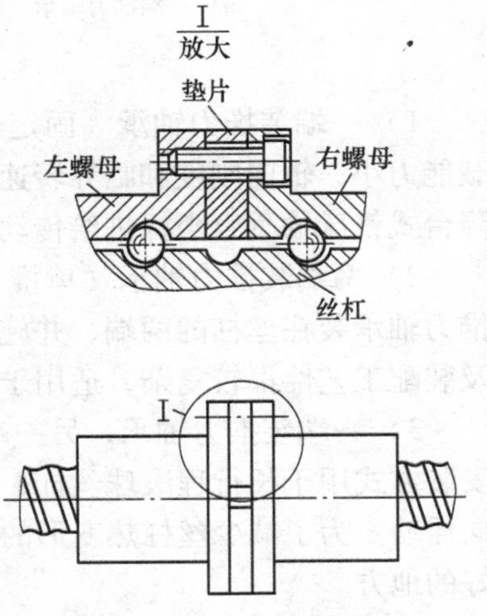

2）双螺母齿差调隙式。如图 8-24 所示，在两个螺母 2 和 5 的凸缘上各制有圆柱齿轮，分别与固紧在螺母座 3 两端的内齿圈 1 和 4 相啮合，其齿数相差一个齿，即 $z_2 - z_1 = 1$。调整时先取下内齿圈，根据间隙的大小调整两个螺母 2、5 分别向相同的方向转过一个或多个齿。使两个螺母在轴向移近了相应的距离，达到调整间隙和预紧的目的。

图 8-23　双螺母垫片调隙

齿差调隙式的结构较为复杂，尺寸较大，但是调整方便，可获得精确的调整量，预紧可靠且不会松动，适用于高精度传动。

3）双螺母螺纹调隙式。如图 8-25 所示，滚珠丝杠和螺母之间用平键连接，以限制螺母在螺母座内的转动。调整时，拧紧圆螺母 1，使螺母 5 沿轴向移动一定距离，在消除间隙之后用圆螺母 2 将其锁紧。这种调整方法的结构简单紧凑，调整方便，但调整精度较差。

（4）滚珠丝杠副的支承方式　滚珠丝杠副主要承受轴向载荷，径向载荷主要是卧式丝杠的自重。因此采用高刚度的推力轴承，以提高滚珠丝杠的轴向承载能力。图 8-26 所示为滚珠丝杠副的支承方式。

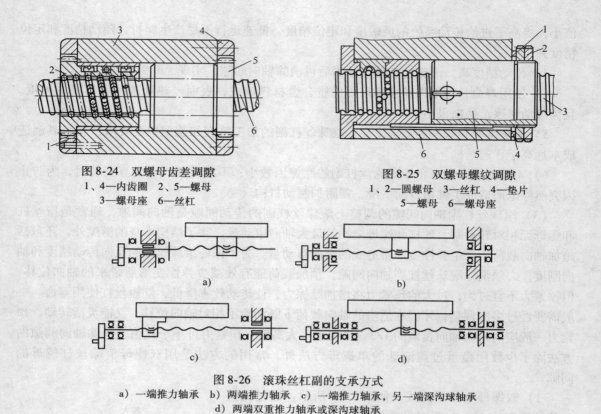

图 8-24　双螺母齿差调隙
1、4—内齿圈　2、5—螺母
3—螺母座　6—丝杠

图 8-25　双螺母螺纹调隙
1、2—圆螺母　3—丝杠　4—垫片
5—螺母　6—螺母座

图 8-26　滚珠丝杠副的支承方式
a）一端推力轴承　b）两端推力轴承　c）一端推力轴承，另一端深沟球轴承
d）两端双重推力轴承或深沟球轴承

1）一端装推力轴承（固定－自由式）。如图 8-26a 所示，这种安装方式结构简单、承载能力小，轴向刚度和临界转速都较低，仅适用于短丝杠，如用于数控机床的调节环节或升降台式铣床的垂直坐标进给传动机构。

2）两端装推力轴承（单推－单推式或双推－单推式）。如图 8-26b 所示，这种方式是推力轴承装在丝杠的两端，并施加预紧力，有助于提高丝杠的轴向刚度。该支承方式的结构及装配工艺性都较复杂，适用于长丝杠。

3）一端装推力轴承，另一端装深沟球轴承（固定－支承式）。如图 8-26c 所示，这种安装方式用于长行程滚珠丝杠，当热变形造成丝杠伸长时，一端固定，另一端能做微量的轴向浮动。为了减少丝杠热变形的影响，推力轴承的安装位置应远离热源或安装到冷却条件较好的地方。

4）两端装双重推力轴承及深沟球轴承（固定－固定式）。如图 8-26d 所示，为提高刚度，丝杠两端采用双重支承，如推力轴承和深沟球轴承，并施加预紧拉力。这种结构方式可使丝杠的热变形转化为推力轴承的预紧力。

8.3.3　数控机床的导轨

1. 导轨的作用与要求

机床上的直线运动部件都是沿着它的床身、立柱、横梁等支承件上的导轨进行运动的，导轨的作用是对运动部件起导向和支承作用。导轨是机床的基本结构要素之一，机床的加工精度和使用寿命在很大程度上取决于机床导轨的质量。因此，导轨应满足以下基本要求：

（1）导向精度高 导向精度是指机床的运动部件沿导轨移动时的直线与有关基面之间相互位置的准确性。无论空载还是在加工时，导轨都应具有足够的导向精度。

（2）精度保持性好 影响精度保持性的主要因素是导轨的磨损，此外，还与导轨的结构形式及支承件（如床身）的材料有关。

（3）足够的刚度 导轨的刚度主要取决于导轨类型、结构形式和尺寸、导轨与床身的连接方式、导轨材料和表面加工质量等。数控机床的导轨截面积通常较大，有时还需要在主导轨外添加辅助导轨来提高刚度。

（4）良好的摩擦特性 数控机床导轨的摩擦因数要小，且动、静摩擦因数应尽量接近。减小摩擦阻力和导轨热变形，使运动轻便平稳，低速无爬行。

此外，导轨结构工艺性要好，便于制造和装配，也便于检验、调整和维修，还要有合理的导轨防护和润滑措施等。

2. 塑料滑动导轨

滑动导轨具有结构简单、制造方便、刚度好、抗振性高等优点，是机床使用最广泛的导轨形式。但普通的铸铁或淬火钢导轨，存在静摩擦因数大，而且动摩擦因数随速度变化而变化，摩擦损失大，低速（1～60mm/min）时易出现爬行现象，降低了运动部件的定位精度，除经济型简易数控机床外，在其他数控机床上已不采用。目前，数控机床上广泛使用的镶贴塑料导轨，是一种金属对塑料的摩擦形式，也属滑动摩擦导轨，因其具有很多优点，适用范围很广。

（1）贴塑导轨 图 8-27 所示为贴塑导轨结构示意图，它是通过在滑动导轨面上镶粘一层由多种成分复合的塑料导轨软带，来达到改善导轨性能的目的。这种导轨的共同特点是：摩擦因数小，且动、静摩擦因数差很小，能防止低速爬行现象；耐磨性、抗撕伤能力强；加工性和化学稳定性好，工艺简单、成本低，并有良好的自润滑和抗振性。塑料导轨多与铸铁导轨或淬硬钢导轨配合使用。常用的塑料导轨软带是以聚四氟乙烯（PTFY）为基体，通过添加不同的填充料构成的高分子复合材料。聚四氟乙烯是现有材料中摩擦因数最小（0.04）的一种，但纯聚四氟乙烯不耐磨，因而需要添加 663 青铜粉、石墨、MoS_2、铅粉等填充料增加耐磨性。这种导轨软带具有良好的抗磨、减磨、吸振、消声性能；适用的工作温度范围广（－200～280℃）；动、静摩擦因数小，且两者差别很小；还可以在干摩擦下应用；并且能吸收外界进入导轨面的硬粒，使导轨不致拉伤和磨损。这种材料常被做成厚度 0.1～2.5mm 的塑料软带的形式，粘结在导轨基面上。

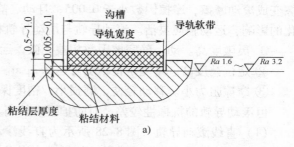

a)

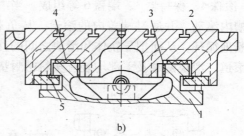

b)

图 8-27 贴塑导轨结构示意图
1—床身 2—滑板 3—镶条
4—软塑料带 5—压板

225

图 8-27a 所示为聚四氟乙烯塑料软带的粘贴尺寸及粘贴表面加工要求示意图，在导轨面加工出 0.5～1mm 深的凹槽，通过粘接胶将塑料软带和导轨粘接。图 8-27b 中，滑板 2 和床身 1 间采用了聚四氟乙烯 – 铸铁导轨副，在滑板的各导轨面，以及压板 5 和镶条 3 上也粘贴有聚四氟乙烯塑料软带，满足了机床对导轨的低摩擦、耐磨、无爬行、高刚度的要求。不仅如此，贴塑导轨又具有生产成本低、应用工艺简单、经济效益显著等特点，因此在数控机床上得到了广泛的应用。

导轨软带还可以制成金属与塑料的导轨板形式（称 DU 导轨）。DU 导轨是一种在钢板上烧结青铜粉及真空浸渍含铅粉的聚四氟乙烯板材。导轨板的总厚度为 2～4mm，多孔青铜上方表层的聚四氟乙烯厚度为 0.025mm。它的优点是刚性好，线性膨胀系数与钢板几乎相同。

（2）注塑导轨　注塑导轨也称涂塑导轨，是采用涂刮或注入膏状塑料的方法在金属导轨表面涂上环氧型耐磨导轨涂层。环氧型耐磨导轨涂层以环氧树脂为基体，加入 MoS_2、胶体石墨 TiO_2 等制成的抗磨涂层材料。这种涂料附着力强，可用涂敷工艺或压注成形工艺涂到预先加工成锯齿形状的导轨上，涂层厚度为 1.5～2.5mm。环氧树脂耐磨涂料（MNT）与铸铁组成的导轨副，摩擦因数为 0.1～0.12，在无润滑油情况下仍有较好的润滑和防爬行的效果。塑料涂层导轨主要使用在大型和重型机床上。

3. 滚动导轨

滚动导轨是在导轨工作面之间放置滚珠、滚柱、滚针等滚动体，使导轨面之间的滑动摩擦变成滚动摩擦，摩擦因数小于 0.005，且动、静摩擦因数相差很小，几乎不受运动速度变化的影响，运动轻便灵活。滚动导轨与滑动导轨相比的优点是：

① 灵敏度高。动、静摩擦因数相差甚微，运动平稳，低速移动时不易出现爬行现象。

② 定位精度高。重复定位精度可达 0.2μm。

③ 摩擦阻力小。移动轻便，磨损小，精度保持性好，寿命长。

但滚动导轨的抗振性较差，对防护要求较高。

（1）直线滚动导轨　图 8-28 所示为直线滚动导轨的结构。这种滚动导轨由导轨条 1、滑块 7、滚珠 4、保持器 3、端盖 6 等组成。当滑块沿轨道移动时，滚珠在轨道和滑块之间的圆弧直槽内滚动，并通过端盖内的滚道，从负载区移到非负载区，然后继续滚动回到负载区，不断地循环，从而把导轨体和滑块之间的移动变成了滚珠的滚动。为防止灰尘和脏物进入导轨滚道，滑块两端及下部均装有塑料密封垫 5。滑块上还有润滑油注油嘴。

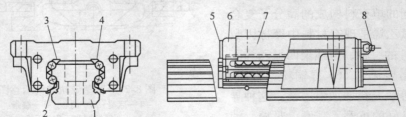

图 8-28　直线滚动导轨结构
1—导轨条　2—侧面密封垫　3—保持器　4—滚珠　5—端部密封垫
6—端盖　7—滑块　8—注润滑脂油嘴

滚动直线导轨通常两条成对使用，可以水平安装，也可以竖直安装，有时也可以多个导轨平行安装，当长度不够时还可以多根连接安装。

（2）滚动导轨块　滚动导轨块用滚动体进行循环运动，滚动体为滚珠或滚柱，承载能力和刚度都比直线滚动导轨高，但摩擦因数略大，多用于中等负载。滚动导轨块由专业厂家生产，有各种规格、形式供用户选用。图 8-29 所示为滚动导轨块结构。

根据滚动导轨是否预加负载，滚动导轨还可以分为预加载滚动导轨和无预加载滚动导轨两类。预加载滚动导轨的优点是提高了导轨的刚度，适用于颠覆力矩较大和垂直方向安装的导轨中，数控机床的坐标轴通常都采用这种导轨。无预加载的滚动导轨常用于数控机床的机械手、刀库等传送机构。

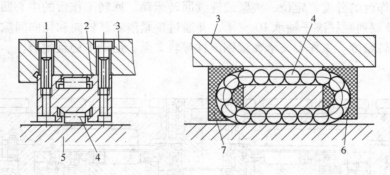

图 8-29　滚动导轨块结构
1—固定螺钉　2—导轨块　3—动导轨体　4—滚动体
5—支承导轨　6、7—带返回槽挡板

4. 静压导轨

静压导轨的滑动面之间开有油腔，将有一定压力的油通过节流输入油腔，形成压力油膜，浮起运动部件，使导轨工作表面处于纯液体摩擦，不产生磨损，精度保持性好；导轨的摩擦因数极低（0.0005），使驱动功率大大降低；低速无爬行，承载能力大，刚度好。此外，油液有吸振作用，抗振性好。其缺点是结构复杂，要有供油系统，油的清洁度要求高。

静压导轨横截面的几何形状一般有 V 形和矩形两种。采用 V 形截面便于导向和回油，采用矩形截面便于做成闭式静压导轨。另外，油腔的结构对静压导轨性能影响很大。静压导轨在高精度、高效率的大型、重型数控机床上应用较多。

8.3.4　数控工作台

数控机床中常用的工作台有分度工作台和回转工作台。分度工作台可以实现分度，作用是将工件转位换面，与自动换刀装置配合使用，实现工件一次安装能完成几个面加工的多道工序，提高了工作效率。图 8-30 所示为分度工作台。

数控回转工作台除了分度和转位的功能以外，

图 8-30　分度工作台

还能实现圆周方向的进给运动，称为数控机床的第四轴，回转工作台可以与 X、Y、Z 三个坐标轴联动，从而加工出各种形状复杂的曲面和曲线。

图 8-31 所示为数控回转工作台，该回转工作台用伺服电动机 15 通过减速齿轮 14、16 及蜗杆副 12、13 带动工作台 1 回转，工作台的转角位置用圆光栅 9 测量。当工作台静止时，必须处于锁紧状态。台面的锁紧用均布的八个小液压缸 5 来完成，当控制系统发出夹紧指令时，液压缸上腔进压力油，活塞 6 下移，通过钢球 8 推开夹紧瓦 3 及 4，从而将蜗轮 13 夹紧。当工作台回转时，控制系统发出指令，液压缸 5 上腔压力油流回油箱，在弹簧 7 的作用下，钢球抬起，夹紧瓦松开，不再夹紧蜗轮。然后按数控系统的指令，由伺服电动机通过传动装置实现工作台的分度、定位、夹紧或连续回转运动。回转工作台的中心回转轴采用圆锥滚子轴承 11 及双列圆柱滚子轴承 10 支承，并通过预紧消除其轴向和径向间隙，以提高工作台的刚度和回转精度。工作台支承在镶钢滚柱导轨 2 上，运动平稳且耐磨。

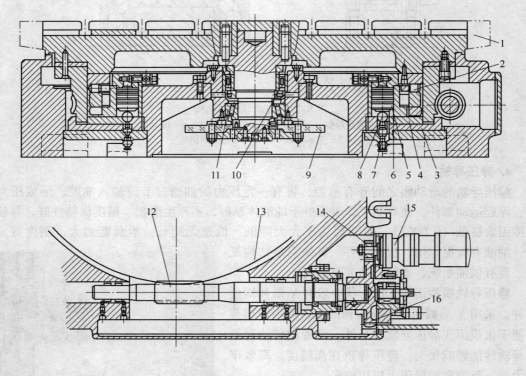

图 8-31　数控回转工作台
1—工作台　2—镶钢滚柱导轨　3、4—夹紧瓦　5—液压缸　6—活塞　7—弹簧
8—钢球　9—圆光栅　10、11—轴承　12—蜗杆　13—蜗轮　14、16—齿轮　15—电动机

有些数控工作台采用伺服电动机轴端带测速发电机和旋转变压器，或者带脉冲编码盘，直接反馈电动机轴的转速和角位移，进行半闭环控制。数控回转工作台可作任意角度的回转或分度，当使用光栅进行读数时，在光栅沿其圆周上有 21 600 条刻线，通过 6 倍频线路，刻度的分辨能力可达 10″，因此工作台的分度精度可以达到 ±10″。

8.4 自动换刀机构

8.4.1 换刀形式

自动换刀装置已广泛应用于加工中心，其功能就是储备一定数量的刀具并完成刀具的自动交换。它应满足换刀时间短、刀具重复定位精度高、刀具储存量足够、结构紧凑及安全可靠等要求。各类数控机床的自动换刀装置的结构与数控机床的类型、工艺范围、使用刀具种类和数量有关。表8-1为自动换刀装置类型、特点及适用范围。

表8-1 自动换刀装置类型、特点及适用范围

类 型		特 点	使 用 范 围
转塔式	回转刀架	多为顺序换刀，换刀时间短，结构简单紧凑，容纳刀具较少	各种数控车床、数控车削中心
	转塔头	顺序换刀，换刀时间短，刀具主轴都集中在转塔头上，结构紧凑，但刚性较差，刀具主轴数受限制	数控钻床、数控镗床
刀库式	刀库与主轴之间直接换刀	换刀运动集中，运动部件少。但刀库运动多，布局不灵活，适应性差	各种类型的自动换刀数控机床。尤其是使用回转类刀具的数控镗铣类立式、卧式加工中心。要根据工艺范围和机床特点，确定刀库容量和自动换刀装置形式
	用机械手配合刀库换刀	刀库只有选刀运动，机械手进行换刀运动，比刀库作换刀运动惯性小速度快	
	用机械手运输装置配合刀库换刀	换刀运动分散，由多个部件实现，运动部件多，但布局灵活，适应性好	
	有刀库的转塔头换刀装置	弥补转塔头换刀数量不足的缺点，换刀时间短	扩大工艺范围的各类转塔式数控机床

1. 数控车床的回转刀架

数控车床上使用的回转刀架，是一种简单的自动换刀装置，有四方刀架、盘形回转刀架等多种形式，它们根据数控装置的指令换刀。

回转刀架在结构上必须具有良好的强度和刚度，以承受粗加工时的切削抗力。由于车削加工精度在很大程度上取决于刀尖位置，对于数控车床来说，加工过程中刀具位置不进行人工调整，因此更有必要选择可靠的定位方案和合理的定位结构，以保证回转刀架在每次转位之后，具有尽可能高的重复定位精度（一般为 0.001 ~ 0.005mm）。

（1）四方回转刀架 图8-32所示为四方回转刀架结构，当机床执行加工程序中的换刀指令时，刀架自动转位换刀。其换刀过程如下。

1）刀架抬起。当数控装置发出换刀指令后，电动机1正转，并经联轴器2带动蜗杆轴3转动，从而带动蜗轮丝杠4转动。蜗轮的上部外圆柱加工有螺纹，所以该零件称为蜗轮丝杠。刀架体7的内孔加工有螺纹，与蜗轮上的丝杠旋合。蜗轮丝杠内孔与刀架中心轴外圆是滑配合，在转位换刀时，中心轴固定不动，蜗轮丝杠环绕中心轴旋转。当蜗轮丝杠开始转动时，刀架体和刀架底座5上的端面齿处于啮合状态，且蜗轮丝杠轴向固定，因此刀架体不能转动只能轴向移动，刀架体抬起。当刀架体抬至一定距离时，端面齿脱开，完成刀架抬起动作。

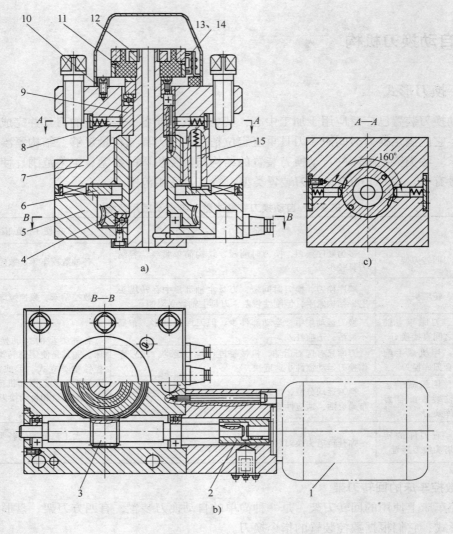

图 8-32 四方回转刀架结构

1—电动机　2—联轴器　3—蜗杆轴　4—蜗轮丝杠　5—刀架底座　6—粗定位盘　7—刀架体
8—球头销　9—转位套　10—电刷座　11—发信体　12—螺母　13、14—电刷　15—粗定位销

2）刀架转位。刀架抬起后，由于转位套 9 用销钉与蜗轮丝杠 4 连接，因此随蜗轮丝杠一起转动，当刀架抬起端面齿完全脱开时，转位套恰好转过 160°（如 A—A 剖面图所示），球头销 8 在弹簧的作用下向下进入转位套的槽中，带动刀架体转位。

3）刀架定位。刀架体转动时带着电刷座 10 转动，当转到指定的刀号时，粗定位销 15 在弹簧力的作用下进入粗定位盘 6 的槽中进行粗定位，同时电刷 13、14 接触导通，使电动机反转。由于粗定位槽的限制，刀架体不能转动，使其在该位置垂直向下移动，刀架体和刀架底座 5 的端面齿啮合，实现精确定位。

4）刀架夹紧。电动机继续反转，此时蜗轮丝杠停止转动，蜗杆轴 3 继续转动，端面齿间夹紧力不断增加，转矩不断增大，达到一定值时，在传感器的控制下电动机停止转动，从而完成一次转位。

译码装置由发信体 11、电刷 13、电刷 14 组成。电刷 13 负责发信，电刷 14 负责位置判断。当刀架定位出现过位或不到位时，可松开螺母 12，调整发信体与电刷 14 的相对位置。

（2）盘形回转刀架　图 8-33 为数控车床盘形回转刀架，其转位过程如下。

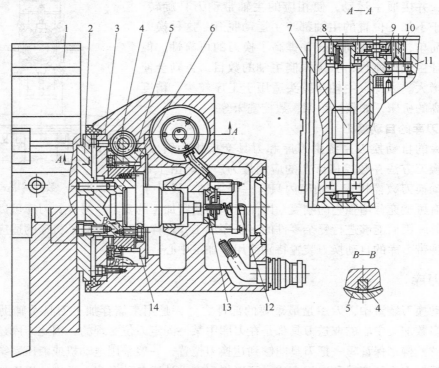

图 8-33　数控车床盘形回转刀架
1—刀架体　2、3—端面齿盘　4—滑块　5—蜗轮　6—轴　7—蜗杆　8、9、10—齿轮
11—电动机　12—微动开关　13—小轴　14—圆盘

1）回转刀架松开。转位开始时，电磁制动器断电，电动机 11 通电转动，通过齿轮 10、9、8 带动蜗杆 7 旋转，从而使蜗轮 5 转动。蜗轮内孔有螺纹，与轴 6 上的螺纹配合。端面齿盘 3 被固定在刀架箱体上，轴 6 和端面齿盘 2 固定连接，端面齿盘 2 和 3 处于啮合状态，因此，蜗轮 5 转动时，轴 6 不能转动，只能和端面齿盘 2、刀架体 1 同时向左移动，直到端面齿盘 2 和 3 脱离啮合。

2）转位。轴 6 外圆柱面上有两个对称槽，内装滑块 4。当端面齿盘 2 和 3 脱离啮合后，蜗轮 5 转到一定角度时，与蜗轮 5 固定在一起的圆盘 14 左侧端面的凸块便碰到滑块 4，蜗轮继续转动，通过 14 上的凸块带动滑块连同轴 6、刀架体 1 一起进行转位。

3）回转刀架定位。到达要求位置后，电刷选择器发出信号，使电动机 11 反转，这时蜗轮 5 与圆盘 14 反向旋转，凸块与滑块 4 脱离，不再带动轴 6 转动。

同时，蜗轮 5 与轴 6 上的螺纹配合使轴 6 右移，端面齿盘 2 和 3 啮合并定位。当齿盘压紧时，轴 6 右端的小轴 13 压下微动开关，发出转位结束信号，电动机断电，电磁制动器通电，维持电动机轴上的反转转矩，以保持端面齿盘之间有一定的压紧力。

2. 更换主轴转塔头换刀

更换主轴转塔头换刀是一种比较简单的换刀方式，主轴转塔头实际就是一个转塔刀库，

有卧式和立式两种。图 8-34 所示为数控转塔式镗铣，通过转塔的转位来更换主轴，以实现
自动换刀。在转塔的各个主轴上，预先安装有各工序所需
要的旋转刀具，当发出换刀指令时，各主轴头依次地转到
加工位置，并接通主运动，使相应的主轴带动刀具旋转，
而其他处于不加工位置的主轴都与主运动脱开。这种换刀
装置操作简单，换刀时间短，并提高了换刀的可靠性。但
是为了保证主轴的刚性，必须限制主轴的数目，否则会使
结构尺寸增大。因此，主轴转塔头适用于工序较少、精度
要求不太高的机床，如数控钻床、数控铣床等。

3. 带刀库的自动换刀

带刀库的自动换刀系统由刀库和刀具交换机构组成，
目前这种换刀方法在数控机床上的应用最为广泛。由于带
刀库的自动换刀数控机床主轴箱内只有一个主轴，设计主
轴部件就有可能充分增强它的刚度，因而能满足精密加工的要求。另外，刀库可以存放数量

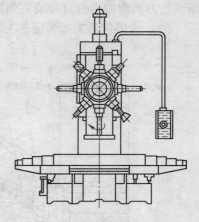

图 8-34　数控转塔式镗铣

很大的刀具，因而能够进行复杂零件的多工序加工，这样就明显提高了机床的适应性和加工
效率。这种带刀库的自动换刀装置特别适用于加工中心。

8.4.2　刀库

在自动换刀装置中，刀库是最重要的部件之一，是用来储存加工刀具及辅助工具的地
方。由于多数加工中心的取送刀具都是在刀库中某一固定刀位实现的，因此刀库还需要有使
刀具运动的机构来保证每一把刀具能够到达换刀位置，一般采用电动机或液压系统为刀库提
供动力。根据刀库的容量和取刀方式，可以将刀库设计成各种形式，常用的刀库形式有盘式
刀库、链式刀库等。

1. 盘式刀库

图 8-35 所示为盘式刀库，根据机床的总体布局，盘式刀库中的刀具可以按照不同的方
向进行配置。图 8-35a 所示为径向取刀方式，图 8-35b 所示为轴向取刀方式。图 8-35c 所示
为刀具径向安装在刀库上，图 8-35d 所示为刀具轴线与刀盘轴线成一定角度布置的结构。

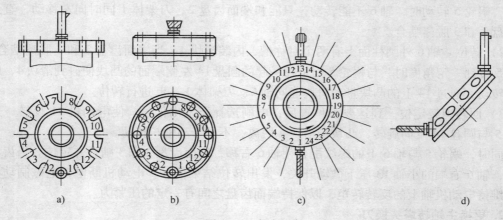

图 8-35　盘式刀库

盘式刀库的特点是结构简单，应用较多。但由于刀具环形排列，空间利用率低，受刀盘尺寸的限制，刀库容量较小，通常容量为15~32把刀，一般用于小型加工中心。

2. 链式刀库

图8-36所示为链式刀库，在环形链条上装有许多刀座，刀座孔中装有各种刀具，链条由链轮驱动，链条的形状可以根据机床的布局配置成各种形状，也可以将换刀位置突出以便于换刀。图8-36a所示为单连环布局，图8-36b所示为多连环布局。当链式刀库需要增加刀具数量时，只需要增加链条的长度即可。当链条较长时，可以增加支承轮的数目，使链条折叠回绕，提高空间利用率，如图8-36c所示。

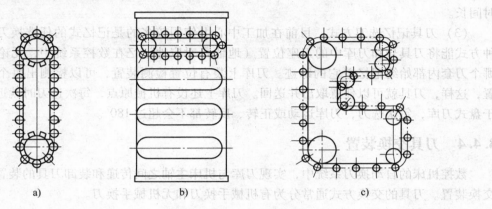

图8-36　链式刀库

链式刀库的特点是结构紧凑，灵活性好，刀库容量大，选刀和取刀动作简单，适用于刀库容量较大的场合，且多为轴向取刀。一般刀具数量在30~120把时，多采用链式刀库。

刀库容量指刀库存放刀具的数量，一般根据加工工艺要求而定。刀库容量小，不能满足加工需要；容量过大，又会使刀库尺寸大，占地面积大，选刀过程时间长，且刀库利用率低，结构过于复杂。

8.4.3　刀具的选择方式

按照数控装置的选择刀具指令，刀具交换装置从刀库中挑选相应工序所需要的刀具的操作称为自动选刀。常用的刀具选择方法有顺序选刀方式和任意选刀方式两种。

1. 顺序选刀方式

顺序选刀是在加工之前，将加工零件所需使用的刀具按照工艺要求依次插入刀库的刀套中，顺序不能有差错。加工时按顺序调用刀具，加工不同的工件时必须重新调整刀库中的刀具顺序，因而操作十分烦琐，而且加工同一工件中各工步的刀具不能重复使用，这样就会增加刀具的数量。其优点是刀库的驱动和控制都比较简单。因此这种方式适合于加工批量较大、工件品种较少的中、小型数控机床。

2. 任意换刀方式

目前绝大多数的数控系统都具有刀具任选功能。任选刀具的换刀方式可以有刀座编码、刀具编码和刀具记忆等方式。刀具编码或刀座编码都需要在刀具或刀座上安装用于识别的编码。

233

（1）刀具编码选刀方式　刀具编码选刀方式采用特殊的刀柄结构，并对每把刀具进行编码。每把刀具都具有自己的代码，刀具可以放在刀库中的任何一个刀座内，这样刀库中的刀具可以在不同的工步中多次重复使用，而且换下的刀具也不用放回原来的刀座，对刀具选用和放回都十分有利，还可以避免由于刀具顺序的差错所造成的事故。但由于每把刀具上都带有专用的编码系统，刀具的长度加长，制造困难，刀具刚度降低，同时刀库和机械手机构变得复杂。

（2）刀座编码选刀方式　刀座编码选刀方式是对刀库中的刀座进行编码，一把刀具只对应一个刀座，从一个刀座中取出的刀具必须放回同一个刀套中，取送刀具十分麻烦，换刀时间长。

（3）刀具记忆选刀方式　目前在加工中心上使用较多的是记忆式的任选换刀方式。这种方式能将刀具号和刀库中的刀座位置（地址）对应地记忆在数控系统中，无论刀具放在哪个刀套内都始终记忆着它的踪迹。刀库上装有位置检测装置，可以检测出每个刀座的位置，这样，刀具就可以任意取出并送回。刀库上还设有机械原点，每次选刀时就近选取，对于盘式刀库，每次选刀，刀库运动或正转、反转都不会超过180°。

8.4.4　刀具交换装置

数控机床的自动换刀系统中，实现刀库与机床主轴之间传递和装卸刀具的装置称为刀具交换装置。刀具的交换方式通常分为有机械手换刀和无机械手换刀。

1. 有机械手换刀

采用机械手进行刀具交换的方式在加工中心中应用较普遍。机械手换刀有很大的灵活性，动作快，换刀时间短，而且结构简单。不同加工中心刀库与主轴的相对位置不同，所使用的换刀机械手和换刀运动过程也有所不同。

从机械手手臂的类型看，有单臂机械手和双臂机械手等。双臂机械手中最常用的有钩手、抱手、伸缩手、插手等几种手爪结构形式，图8-37所示为双臂机械手手爪结构形式。图中各机械手工作时能够完成抓刀→拔刀→插刀→返回等一系列动作。为了防止刀具滑落，各机械手的活动爪都带有自锁机构。由于双臂回转机械手的动作比较简单，而且能够同时抓取和装卸机床主轴和刀库中的刀具，换刀时间进一步缩短。

以图8-37a钩手机械手为例说明双臂机械手换刀过程。

（1）抓刀　手臂旋转，同时抓住刀库和主轴上的刀具。

（2）拔刀　主轴夹头松开刀具，机械手同时将刀库和主轴上的刀具拔出。

（3）换刀　手臂旋转180°，新旧刀具交换位置。

（4）插刀　机械手同时将新旧刀具分别插入主轴和刀库，主轴夹头夹紧刀具。

（5）复位　手臂旋转，回到初始位置。

回转插入式换刀装置是最常用的刀具交换装置之一。图8-38所示为机械手换刀分解动作，其换刀过程为：

1）如图8-38a所示，机械手抓刀爪伸出，抓住刀库中的待换刀具，刀库刀座上的锁板拉开。

2）如图8-38b所示，机械手带着待换刀具绕竖直轴逆时针方向旋转90°，使刀具与主轴平行，同时另一端抓住主轴上的刀具，主轴松开刀具。

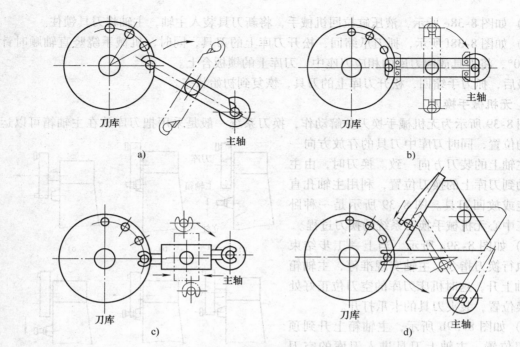

图 8-37　双臂机械手手爪结构形式
a) 钩手　b) 抱手　c) 伸缩手　d) 插手

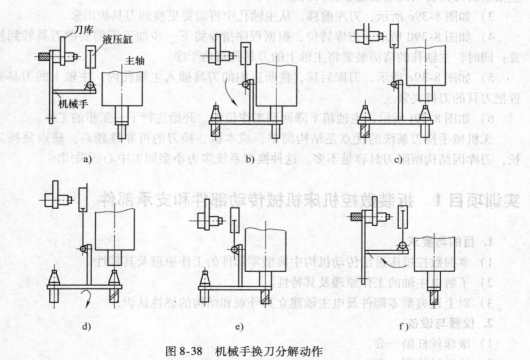

图 8-38　机械手换刀分解动作

3）如图 8-38c 所示，拔刀液压缸推动机械手前移，将刀具从主轴锥孔内拔出。

4）如图 8-38d 所示，机械手绕自身轴旋转 180°，交换两把刀具。

5）如图 8-38e 所示，液压缸拉回机械手，将新刀具装入主轴，主轴将刀具锁住。

6）如图 8-38f 所示，抓刀爪缩回，松开刀库上的刀具，同时，机械手绕竖直轴顺时针旋转 90°，将刀具放回刀库的相应刀座中，刀库上的锁板合上。

最后，抓刀手缩回，松开刀库上的刀具，恢复到初始状态。

2. 无机械手换刀

图 8-39 所示为无机械手换刀分解动作，换刀系统一般是采用把刀库放在主轴箱可以运动到的位置，同时刀库中刀具的存放方向一般与主轴上的装刀方向一致。换刀时，由主轴运动到刀库上的换刀位置，利用主轴孔直接取走或放回刀具。图 8-39 所示是一种卧式加工中心无机械手换刀系统的换刀过程。

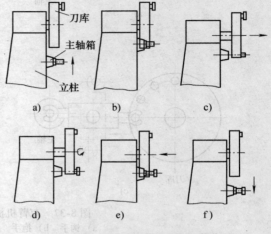

1）如图 8-39a 所示，当上一工步结束后，执行换刀指令，主轴实现准停，主轴箱沿 Y 轴上升，这时机床刀库的空刀位正好处在交换位置，装夹刀具的卡爪打开。

2）如图 8-39b 所示，主轴箱上升到顶部换刀位置，主轴上刀具进入刀库的空刀位，刀具被刀库上的定位卡爪抓住；同时，主轴上的刀具自动夹紧装置松开刀具。

图 8-39　无机械手换刀分解动作

3）如图 8-39c 所示，刀库前移，从主轴孔中将需要更换的刀具拔出来。

4）如图 8-39d 所示，刀库转位，根据程序指令将下一步加工所需要的刀具转到换刀位置；同时，主轴孔的清洁装置将主轴上的刀具孔清洁干净。

5）如图 8-39e 所示，刀库后移，将所选用的刀具插入主轴孔内，主轴上的刀具夹紧装置把刀具的刀杆夹紧。

6）如图 8-39f 所示，主轴箱下降回到工作位置，开始进行下一工步的工作。

无机械手换刀系统的优点是结构简单，成本低，换刀的可靠性较高。缺点是换刀时间长，刀库因结构所限刀具容量不多。这种换刀系统多为小型加工中心所采用。

实训项目 1　拆装数控机床机械传动部件和支承部件

1. 目的与要求

1）掌握数控机床进给传动机构中典型零部件的工作原理及其特性。

2）了解电主轴的工作原理及其特性。

3）对上述典型零部件及电主轴建立其外观和结构的感性认识。

2. 仪器与设备

1）滚珠丝杠副一套。

2）滚动导轨副一套。

3）贴塑导轨模型一副，塑料带（50mm×100mm）一条。

4）消除间隙双片齿轮装置一套。

5）变齿厚蜗杆、蜗轮一副（或变齿厚蜗杆一件）。

6）无间隙传动联轴器一套。

7）同步带及带轮一套。

8）60°角接触滚珠轴承一个。

9）电动机内藏式电主轴一件。

10）通用工具：活动扳手两个；木柄螺钉旋具两个；内六角扳手一套；纯铜棒或木质锤子一个；齿厚卡尺一个。

3. 实训内容

1）拆装一种滚珠丝杠副，掌握其工作原理及结构特点和精度要求。

2）拆装一种滚动导轨副，掌握其工作原理及结构特点和精度要求。

3）观察贴塑导轨的外形及其结构。

4）拆装一种消除齿轮传动间隙的结构。

5）观察并检测双导程变齿厚蜗杆，了解其工作原理和结构特点。

6）拆装一种无间隙传动的联轴器，掌握其工作原理。

7）认识同步带及带轮的结构。

8）认识主轴和滚珠丝杠用的角接触轴承，掌握其受力和定位特点。

9）观察并认识一种结构形式的电主轴。

4. 实训报告

1）绘制本实验所认识部件的工作原理简图。

2）按所绘制的部件工作原理简图说明其工作原理。

3）测绘变齿厚蜗杆的齿形图。

4）如果要将齿轮固定在轴上，应如何实现无间隙固定？

实训项目 2　认识数控机床的刀库及换刀机构

1. 目的与要求

对照实物了解自动换刀机构的组成及其工作原理。

2. 仪器与设备

1）转位刀架一台。

2）刀库一台。

3）机械手一套。

4）活动扳手两个。

5）木柄螺钉旋具两个。

6）内六角扳手一套。

3. 实训内容

1）拆装一个四工位或六工位的转位刀架，了解其内部结构；仔细观察刀具位置与定位机构之间的关系。

2）拆装（或观察）一个圆盘刀库（或链式刀库），了解转位定位机构的工作原理，以及刀具在刀库中的安装基准或固定方法。

3）拆装任一种换刀机械手，掌握其工作原理和工作过程。

4. 实验报告

1）绘制转位刀架的结构原理图并给出必要的文字说明。

2）绘制刀库的结构原理图，给出简要的文字说明。

3）根据拆装的机械手绘制原理图，给出简要的文字说明。

4）转位刀架与刀库在功能上有何区别？

5）机械手的手爪如何保证抓取的刀具不掉下来，又能方便地取出来？

6）根据拆装的部件结构提出改进意见。

复习思考题

1. 填空题

1）一般数控机床的刚度系数应比类似的普通机床高_____。

2）实际应用中，数控机床主轴轴承的配置主要有_____种形式。

3）电气准停方式目前有_____、_____、和_____准停三种。

4）刚性调整法消除齿轮传动副间隙的一般有_____和_____法。

5）滚珠丝杠副按滚珠循环方式分为_____和_____两种。

6）数控机床中常用的工作台有_____和_____。

7）常用的刀具选择方法有_____和_____两种。

2. 选择题

1）滚珠丝杠副消除间隙的目的主要是（　　）。

A. 减小摩擦力矩　　B. 提高反向传动精度　　C. 提高使用寿命　　D. 增大驱动力矩

2）滚珠丝杠副轴向间隙调整方法有垫片调整式、螺纹调整式和（　　）。

A. 轴向压簧式　　　B. 周向弹簧式　　　C. 预加载荷式　　　D. 齿差调整式

3）通过预紧可以消除滚珠丝杠副的轴向间隙和提高轴向刚度，通常预紧力应为最大轴向负载的（　　）。

A. 1/2　　　　　　B. 1/3　　　　　　C. 1/4　　　　　　D. 1

4）静压导轨的摩擦因数约为（　　）。

A. 0.05　　　　　B. 0.005　　　　　C. 0.0005　　　　　D. 0.5

5）数控加工中心与普通数控铣床、镗床的主要区别是（　　）。

A. 具有三个数控轴　　　　　　　　　　B. 用于箱体类零件的加工

C. 能完成钻、铰、攻螺纹、铣、镗等加工功能

D. 设置有刀库，在加工过程中由程序自动选用和更换

6）数控机床主轴锥孔的锥度通常为7:24。采用这种锥度是为了（　　）。

A. 靠摩擦力传递转矩　　　　　　　　　B. 自锁

C. 定位和便于装卸刀柄　　　　　　　　D. 以上三种情况都是

3. 判断题

1）提高动刚度可以提高构件或系统的固有频率，避免发生共振。　　　　　　（　　）

2）采用倾斜床身和斜滑板结构有利于减少机床热变形。　　　　　　　　　（　　）

3）同步带适用于高速、低转矩特性要求的主轴。 （　　）

4）外循环式滚珠丝杠副不宜用于重载传动中。 （　　）

5）静压导轨可实现低速无爬行、有吸振作用，抗振性好。 （　　）

4. 简答题

1）简述数控机床的结构特点与要求。

2）数控机床主传动系统有哪几种传动方式？各有何特点？

3）在数控机床的进给伺服传动中，为什么经常采用同步带？

4）数控机床的进给传动中为什么要消除间隙，有何措施？

5）为什么在数控机床的进给系统中普遍采用滚珠丝杠副？

6）简述回转刀架换刀装置的换刀过程。

7）加工中心选刀方式有哪几种？各有何特点？

8）加工中心常用刀库形式有哪两种？试述其各自的特点及应用场合。

第9章 数控机床的使用、维护及故障诊断

知识目标

1. 掌握数控机床的选型、安装、调试和使用。
2. 熟悉数控机床的维护保养与故障诊断方法。

能力目标

1. 能够安全操作数控机床。
2. 会制作数控机床点检卡，正确进行数控机床的维护保养。

9.1 数控机床的安装与使用

数控机床的安装、调试和验收是指机床安装到用户的工作场地，直到正常使用这一阶段的工作。普通用户对数控机床的验收是根据机床出厂合格证上规定的内容，测定各项技术指标是否达到预定要求，主要进行几何精度、机床运动精度、切削精度、机床数控功能等方面的检验。

9.1.1 数控机床的安装和调试

1. 机床的初就位

预先按照说明书的机床地基图样做好地基，在地基养护期满后才能进行机床的安装。安装时，要仔细阅读机床安装说明书，首先要准备好调整机床水平用的垫铁、垫板，然后吊装机床的基础件（或整机）就位，同时将地脚螺栓放进预留孔内，完成初步找平工作。

2. 机床部件的组装

组装前注意做好部件表面的清洁工作，将所有连接面、导轨面、定位面和有相对运动表面上的防锈涂料清洗干净，然后将部件可靠地连接，组装成整机。在组装立柱、刀具库和机械手的过程中，各部件之间的连接定位均要求使用原装的定位销、定位块，以保持机床原有的制造和安装精度。电缆连接应正确可靠，油、气、水管路要防止出现漏油、漏气和漏水问题，特别要避免污染物进入回路，要力求使机床部件的组装达到定位精度高、连接牢靠、构件布置整齐等良好的安装效果。

3. 数控系统的连接

连接前，要认真检查数控装置与 MDI/CRT 单元、位置控制单元、电源单元、各印制电路板和伺服单元等，注意是否有损伤或污染，电缆捆扎处和屏蔽层有无破损。数控装置与强电柜、机床操作面板、进给伺服电动机动力线与反馈信号线、主轴电动机动力线与反馈信号线、手摇脉冲发生器等的连接，应达到安装调试手册的技术要求。地线要采用一点接地型，应有足够粗的接地电缆，如截面积为 5.5 ~ 14mm^2，接地电阻要小于 1Ω，有条件要单独

接地。

4. 数控机床的通电试车

（1）电源的检查

1）检查电源输入电压是否与机床设定电压相匹配，确认变压器的容量是否满足控制单元和伺服系统的电能消耗，电源电压波动范围是否在数控系统允许的范围内等。日本的数控系统一般允许在电压额定值的 ±10% 范围内波动，而欧美的一些数控系统要求在 ±5% 以内，否则要外加稳压器。对于采用晶闸管的控制单元，一定要检查相序。

2）检查各印制电路板上的电压是否正常。接通电源之后，首先应该检查数控柜内各风扇是否旋转，确认电源是否接通。各种直流电压是否在允许的范围内。一般来说，对 +5V 电源的电压要求较高，波动范围应在 ±5%，超出范围要进行调整，否则会影响系统的稳定性。

（2）参数的设定和确认

1）短接棒的设定。数控系统内的印制电路板上有短接设定点，机床制造厂已完成这些点的设定，用户只需确认与记录。设定点有的在控制部分印制电路板上，有的在速度控制单元印制电路板上，有的则在主轴控制单元印制电路板上。

2）数控系统参数的确认。设定系统参数的目的，是让机床具有最佳的工作性能。同一种类型的数控系统，参数设定也不一定相同。随机附带的参数表是机床的重要技术资料，应妥善保管，不得遗失。大多数产品可通过 MDI/CRT 单元来显示已存入系统存储器的参数，显示的内容应与机床安装调试后的参数表一致。

（3）通电试车 通电试车前要给润滑油箱、润滑点灌注规定的油液或油脂，液压油箱要加满规定标号的液压油，对机床要进行全面润滑。需要压缩空气的要接通气源。调整机床的水平精度，粗调机床的几何精度。

试车时要按照先局部供电试车，后全面供电试车的顺序进行。接通电源后首先要查看有无故障报警，检查散热风扇是否旋转，各润滑油窗是否有油，液压泵转动方向是否正确，系统压力是否达到规定指标，冷却装置是否正常等。通电试车过程中，要随时准备按压急停按钮，避免意外发生，造成人身、设备安全事故。

用手动方式操作机床，观察显示屏信息，判断机床部件移动方向是否正确。使机床移动部件达到行程极限，验证超程限位装置是否灵敏有效，超程时数控系统是否发出报警。要检查返回参考点的位置是否完全一致。

当数控机床运行达到正常要求时，用水泥灌注固定主机和各部件的地脚螺栓孔，待水泥养护期满后再进行机床几何精度的精调和试运行。

（4）机床精度和功能的测试 在已经固化的地基上，用地脚螺栓和垫铁精调机床床身。如果是加工中心，则用手动方式调整机械手相对于主轴的位置，调整完毕后，紧固各调整螺栓。然后装上几把规定允许重量的刀具，进行多次从刀库到主轴的往复自动交换，要求动作准确无误，无干涉。

仔细检查数控系统中参数设定值是否与随机资料规定的数据相符，然后试验各主要操作动作、安全措施、常用指令执行情况。

检查辅助功能及附件的工作情况，如试验喷管是否能正常喷出切削液，切消液是否外漏，排屑器能否正常工作等。

（5）试运行　数控机床安装完毕后，要求整机在一定负载条件下经过一段较长时间的自动运行，全面地检查机床功能及工作可靠性。一般采用每天运行 8h，连续运行 2~3 天，或者每天运行 24h，连续运行 1~2 天。这个过程称为拷机。拷机程序应包括：数控系统的主要功能，自动换刀（取用刀库中 2/3 的刀具），主轴的最高、最低及常用转速，快速和常用的进给速度，工作台面的自动交换等。试运行时，刀库应装满刀具，刀具重量接近规定值，交换工作台面上也应加上规定负载。

9.1.2　数控机床的使用

数控机床的整个加工过程是按照数字化的程序自动进行的，在加工过程中，由于数控系统或执行部件的故障造成零件报废或安全事故，操作者是无能为力的。因此，数控机床工作的稳定性、可靠性非常重要。在使用数控机床时应该注意如下几方面。

1. 数控机床的使用环境

一般来说，数控机床对使用环境没有什么特殊的要求，可以同普通机床一样放在生产车间里，但要避免阳光的直接照射和其他热辐射，要避免安装在湿度大、粉尘过多、有腐蚀气体的场所。腐蚀性气体最容易使电子元器件受到腐蚀而损坏或者造成接触不良，或者造成元器件间短路，影响机床的正常运行。要远离振动大的设备，如压力机、锻压设备等。对于高精密的数控机床，还应采取防振措施，如设防振沟等。

由于电子元器件的技术性能受温度影响较大，当温度过高或过低时，会使电子元器件的技术性能发生较大变化，造成工作不稳定或不可靠，从而增加故障发生率。特别是我国南、北方温度差异大，因此将精度高、价格昂贵的数控机床置于有空调的环境中使用是比较理想的。

2. 电源要求

数控机床的电源电压一般允许波动 ±10%。但由于我国有些地区的电源电压不仅波动幅度大（有时远远超过 10%），而且质量较差，交流电源上往往叠加有一些高频杂波信号，这会破坏数控系统的程序或参数，影响机床的正常运行。对数控机床采取专线供电（从低压配电室分出一路单独供数控机床使用）或增设稳压装置，均可以改善供电质量和减少电气干扰。

3. 数控机床应有操作规程

操作规程是保证数控机床安全运行的重要依据之一，操作者一定要按操作规程操作。机床发生故障时，操作者要注意保留现场，并向维修人员如实说明故障出现前、后的情况，以利于分析、诊断出故障的原因，及时排除故障，减少停机时间。

4. 数控机床不宜长期封存不用

购买数控机床以后要充分利用，尽量提高机床的利用率，尤其是投入使用的第一年，更要充分利用，使其容易出故障的薄弱环节尽早暴露出来，故障的隐患尽可能在保修期内得以排除。有些单位舍不得用数控机床，这并不是对设备的爱护，因为电子元器件会由于受潮等原因加快变质或损坏。如果没有生产任务，数控机床较长时间不用时，也要定期通电，不能长期封存起来，最好是每周能通电 1~2 次，每次空运行 1h 左右，以利用机床本身的发热量来降低机床内部的湿度，使电子元器件不致受潮，同时也能及时发现有无电池报警发生，以防系统软件、参数丢失。

9.2 数控机床的维护保养与总检管理

数控机床一般是企业的重点、关键设备，应充分发挥它的效益。正确的操作使用能防止数控机床非正常磨损，避免突发故障；精心的维护和保养可使机床保持良好的技术状态，延缓其劣化进程，从而保障其安全运行。

9.2.1 数控机床的维护保养

1. 机械部分的维护保养

数控机床的机械结构较普通机床简单，但其精度、刚度、热稳定性方面的要求比普通机床高得多。为了保证整机的正常工作，机械部分的维护保养十分重要。

1）操作者在每班加工结束后，应清扫干净散落于工作台、导轨护罩等处的切屑。在工作时应注意检查排屑器是否正常，以免造成切屑堆积，损坏防护罩。

2）每年应对数控机床各运动轴的传动链进行一次检查调整。主要检查导轨镶块的间隙是否合理；滚珠丝杠的预紧是否合适；联轴器各锁紧螺钉是否松动；同步带是否松动或磨损；齿轮传动间隙是否需要调整；主轴箱平衡块的链条是否磨损等。

3）数控机床使用一段时间后，因物理磨损或机械变形，其精度会发生变化，因此有必要对其进行检查调整。维修人员每年应对数控机床的安装精度检测一次。如果精度超过机床允许值，应调整或修改数控机床的参数，对反向间隙、丝杠螺距误差进行补偿，直至精度符合要求，并做出详细记录，存档备查。

4）不定期地检查机床各运动轴返回参考点的减速撞块固定螺钉，如果松动，应重新固定。同时应对有关参数（如栅点掩蔽量、栅点漂移量）进行调整，使机械参考点恢复原位置。

2. 电气部分的维护保养

数控机床的电气部分包括动力电源输入电路、继电器、接触器、控制电路等。可具体检查如下几个方面。

1）每周检查三相电源的电压值是否正常，如果输入的电压超出允许范围，则应进行相应调整。

2）每月检查所有电气连接部分是否良好。

3）不定期检查各类开关是否有效，可借助数控系统 CRT 显示的诊断画面、输入/输出模块上的 LED 指示灯检查确认。若有不良应及时更换。

4）不定期检查各继电器、接触器是否工作正常，触点是否完好，热继电器、电弧抑制器等保护器件是否有效。

5）电气控制柜的柜门应密封，不能用打开柜门使用外部风扇冷却的方式降温。操作者应每月清扫一次电气柜防尘滤网，每天检查一次电气柜冷却风扇是否正常。

3. 数控系统的硬件维护保养

数控系统的硬件控制部分包括数控单元模块、电源模块、伺服放大器、主轴放大器、人机通信单元、操作单元面板、显示器（CRT）等部分。应定期检测有关硬件的电压是否在规定范围内，如电源模块的各路输出电压、数控单元的参考电压等；检查系统内各电器元件连接是否松动；检查各功能模块使用的冷却风扇运转是否正常；检查伺服放大器和主轴放大器的外接式再生放电单元连接是否可靠；检测各功能模块使用的存储器后备电池电压是否正常，一般应根据厂家的要求定期更换电池。

4. 伺服电动机和主轴电动机的维护保养

重点检查伺服电动机和主轴电动机的运行噪声、温升，若噪声过大，应查明是轴承等机械问题还是与其相配的放大器参数设置问题，并采取相应的措施加以解决。对于直流电动机，应对其电刷、换向器等进行检查、调整或更换，使其工作状态良好；检查电动机端部的冷却风扇运转是否正常并清扫灰尘；检查电动机各连接插头是否松动。

5. 液压系统的检查调整

数控机床（特别是加工中心）的刀具自动交换装置（Automatically Tool Changer，ATC）、加工中心托盘系统 APC 及主轴箱的平衡等一般采用液压系统。机床运行过程中的振动、液压油温度的变化等，会影响液压系统的压力及液压元件的工作，从而影响机床的稳定性，因此有必要对其进行检查调整。

每周应检查液压系统的压力，若有变化，应查明原因，并调整至机床制造厂要求的范围内；油箱内油位是否在允许的范围内，油温是否正常。

每月应定期清扫液压油冷却器及冷却风扇上的灰尘；每年应清洗液压油过滤装置；不定期检查液压油的油质，如果失效变质应及时更换，油质应是机床制造厂要求品牌或已经验证确认可代用的品牌；每年应检查调整一次主轴箱平衡缸的压力，使其符合出厂要求。

6. 气动系统的检查调整

数控机床的气动系统可用于主轴锥孔及刀具的清洁、零件及刀具的夹持、刀具自动交换等。气源一般通过过滤、调压、润滑三个装置，将干净且带有油雾的压缩空气供给数控机床使用。操作者应每天检查压缩空气的压力是否正常；过滤器需要手动排水的，夏季应两天排一次，冬季一周排一次；每月检查润滑器内的润滑油是否用完，及时添加规定品牌的润滑油。

7. 检测反馈元件的检查

现代数控机床大多采用闭环或半闭环控制方式，检测元件采用编码器、光栅尺的较多，也有使用感应同步尺、磁尺、旋转变压器等装置的。每年应检查一次检测元件连接是否松动，是否被油液或灰尘污染。

光栅维护保养时应注意观察防护装置是否完好，防护得越好，光栅寿命就越长。如果发现光栅有问题，千万不要随意拆卸，要确实查明原因，找到解决办法后再动手。标尺光栅或指示光栅上有污物时要小心清除，清除前要检查尺面及周围有无切屑等硬质杂物，如有则应清理干净，用脱脂棉和高纯度酒精进行擦洗，不能用手或一般擦布擦，避免造成人为故障。

8. 润滑部分的检查调整

数控机床一般都使用自动润滑单元，用于主轴、机床导轨、滚珠丝杠等部件的润滑。应每周定期加油一次，发现供油减少时应及时检修。操作者应随时注意显示器上的运动轴监控参数，发现电流增大等异常现象时，要及时查找原因。每年应进行一次润滑油分配装置的检查，发现油路堵塞或漏油应及时疏通或修复。

9.2.2 数控机床的点检管理

设备点检制是利用人的感官和简单的仪器，按照一定标准、一定周期对设备规定的部位进行检查，以便早期找出设备异常的原因，发现事故或故障隐患。通过点检可以有效地掌握设备状态，及时采取措施加以修理或调整，使设备保持其规定的功能和性能。

1. 点检的作用

1）能早期发现数控机床的隐患和劣化程度，以便采取有效措施，及时加以消除，避免因突发故障而影响生产。

2）可以减少故障重复出现，提高机床完好率。

3）可以使操作工交接班内容具体化、规格化，易于执行。

4）可以对数控机床的运转积累资料，便于分析、摸索维修规律。

数控机床是集机、电、液、气等技术于一体的典型数控设备，通过开展点检及时发现故障隐患，避免停机待修，从而延长机床平均无故障时间，增加机床的利用率。

2. 点检的内容

（1）定点　首先要确定一台数控机床有多少个维护点，科学地分析这台设备，找准可能发生故障的部位。只要把这些维护点"看住"，有了故障就会及时发现。

（2）定标　对每个维护点要逐个制订标准，如间隙、温度、压力、流量、松紧度等，都要有明确的数量标准，只要不超过规定标准就不算故障。

（3）定期　多长时间检查一次，要定出检查周期。有的点可能每班要检查几次，有的点可能一个或几个月检查一次，要根据具体情况确定。

（4）定项　每个维护点检查哪些项目也要有明确的规定。有些点可能检查一项，也可能要检查几项。

（5）定人　由谁进行检查，是操作者、维修人员还是技术人员，应根据检查的部位和技术精度要求，落实到人。

（6）定法　怎样检查也要有规定，是人工观察还是用仪器测量，是采用普通仪器还是精密仪器。

（7）检查　检查的环境、步骤要有规定。是在生产运行中检查，还是停机检查；是解体检查，还是不解体检查。

（8）记录　检查要详细做记录，并按规定格式填写清楚。要填写检查数据及其与规定标准的差值、判定印象、处理意见，检查者要签名并注明检查时间。

（9）处理　检查中能处理和调整的要及时处理和调整，并将处理结果记入处理记录。没有能力或没有条件处理的，要及时报告有关人员，安排处理，并且及时填写处理记录。

（10）分析　检查记录和处理记录都要定期进行系统分析，找出薄弱的维护点，对故障率高的点或损失大的环节提出改进意见，由技术人员进行改进设计。

3. 点检的层次

（1）专职点检　负责对数控机床的关键部位和重要部位按周期进行重点点检、状态监测与故障诊断，制订点检计划，做好诊断记录，分析维修结果，提出改善机床维护管理的建议。

（2）日常点检　负责对数控机床的一般部位进行点检，检查和处理机床在运行过程中出现的故障。

（3）生产点检　负责对生产运行中的数控机床进行点检，并负责润滑、紧固等工作。

图 9-1 所示为数控机床点检维修流程。点检作为一项工作制度必须认真执行并持之以

恒，这样才能保证数控机床的正常运行。

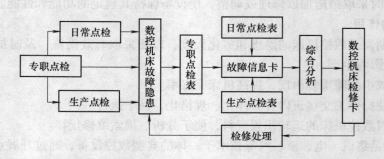

图 9-1　数控机床点检维修流程

9.3　数控机床故障诊断

所谓系统故障诊断技术，就是在系统运行中或基本不拆卸的情况下，即可掌握系统现行状态的信息，查明产生故障的部位和原因，或者预知系统的异常和故障的动向，采取必要的措施和对策的技术。诊断的目的就是要确定故障的原因和部位，以便维修人员或操作人员尽快地进行故障的排除。数控系统全部或部分丧失了系统规定的功能就称为数控系统故障。

9.3.1　对维修人员的要求

数控机床是技术密集型和知识密集型的机电一体化产品，其技术先进、结构复杂、价格昂贵，在生产上往往起着关键作用，因此对维修人员有较高的要求。维修工作的好坏，首先取决于维修人员的素质，他们必须具备以下条件：

1. 专业知识面广

数控机床维修人员要掌握或了解计算机技术、机械加工工艺、电子技术、电工原理、自动控制与电力拖动、检测技术、机械传动等方面的基础知识，以及机、电技术的综合运用。维修人员还必须经过数控技术方面的专门学习和培训，掌握数字控制、伺服驱动及 PLC 的工作原理，能熟练地进行 NC 和 PLC 程序编制。

2. 具有专业英语阅读能力

数控机床的操作面板、显示屏及随机技术手册有许多是英文版的，不懂英文就无法阅读这些技术资料，无法通过人机对话操作数控机床，甚至不识报警提示的含义。因此，一个称职的数控机床维修人员必须努力培养自己的英语阅读能力。

3. 勤于学习并不断提高

数控机床维修人员应该是一个勤于学习的人，不仅要有较广的知识面，而且需要对数控机床有深入的了解；必须刻苦钻研，不断提高。数控系统型号多、更新快，不同制造厂、不同型号的系统往往差别很大，一个能熟练维修 FANUC 数控系统的人不见得会熟练排除 SIE-MENS 系统所发生的故障。当前数控技术正随着计算机技术的迅速发展而发展，新数控系统与旧数控系统的差别日益增大，即便是经验丰富的维修人员，也要不断地学习，才能跟上技术发展的步伐。

4. 善于分析

数控系统故障现象千奇百怪，各不相同，其起因往往不是显而易见的，涉及机、电、液、气等各种技术。就数控系统而言，要在成千上万只元器件中找到损坏的那一只，就要对众多的故障原因和现象做出正确的分析和判断。

5. 善于总结

数控机床维修人员需要善于总结和积累经验，在每排除一次故障后，应对所做的工作进行分析和纪录，探索是否有更好的解决方案，还必须善于借鉴他人的经验，对不同的故障形式进行归类。

6. 有较强的动手能力和实验技能

数控机床的维修离不开实际操作，维修人员应会动手操作数控机床，会查看报警信息、检查、修改参数，调用机床自诊断功能，进行 PLC 接口检查；应会编制较复杂的零件加工程序，对机床进行试运行操作。

7. 具有使用智能化仪器的能力

维修人员除会使用传统的仪器仪表外，还应具备使用维修数控机床所必需的多通道示波器、逻辑分析仪、频谱仪等智能仪器的技能。

对数控机床维修人员来说，要胆大心细，在深入理解系统工作原理和故障机理的前提下，敢于动手，细心有条理地分析故障现象，找到故障原因。

9.3.2 数控系统的诊断方法

1. 自诊断技术

故障自诊断技术是当今数控系统的一项十分重要的技术，也是评价数控系统性能的一项重要指标。数控系统一旦发生故障，借助系统的自诊断功能往往可以迅速、准确地查明原因并确定故障部位。常用的自诊断方法归纳起来可分为 3 种。

（1）开机自诊断　数控系统通电后，系统内部自诊断软件对系统中最关键的硬件和控制软件，如装置中 CPU、RAM、ROM 等芯片，MDI、CRT、I/O 等模块及监控软件、系统软件等逐一进行检测，并将检测结果在 CRT 上显示出来。一旦检测通不过，即在 CRT 上显示报警信息或报警号，指出哪个部位发生了故障。只有当全部开机诊断项目都通过后，系统才能进入正常运行准备状态。开机自诊断有些可将故障原因定位到电路板或模块上，有些甚至可定位到芯片上，如指出哪块 EPROM 出了故障，但不少系统仅将故障原因定位在某一范围内，维修人员需要通过维修手册，找到真正的故障原因并加以排除。

（2）运行自诊断　运行自诊断是数控系统正常工作时，运行内部的诊断程序，对系统本身、PLC、位置伺服单元及与数控装置相连的其他外部装置进行自动测试、检查，并显示有关状态信息和故障信息。只要数控系统不断电，这种自诊断会不停顿地反复进行。

（3）离线诊断　当数控系统出现故障或要判断系统是否真有故障时，往往要停止加工和停机进行检查，这就是离线诊断（或称脱机诊断）。离线诊断的主要目的是修复系统和故障定位，力求把故障定位在尽可能小的范围内。例如缩小到某个模块，某个印制电路板或板上的某部分电路，甚至某个芯片部位上。

由于计算机技术及网络通信技术的飞速发展，自诊断系统正在朝着如下两个方面发展：一方面依靠系统资源发展人工智能专家故障诊断系统，另一方面将利用网络技术发展网络远程通信自诊断系统。例如，SINUMERIK 840D 数控系统、FANUC – 16 数控系统均支持网络功能。

2. 常规检查法

常规检查法是指依靠人的感觉器官并借助于一些简单的仪器来寻找机床故障的方法。这种方法在维修中是常用的，也是首先采用的。"先外后内"的维修原则要求维修人员在遇到故障时应先采取看、听、触、嗅等方法，由外向内进行检查。有些故障采用这种方法可迅速找到故障原因，而采用其他方法要花费许多时间。

（1）问　要向操作人员提问，如：机床开机时是否有异常？比较故障前后工件的精度和传动系统、进给系统是否正常？切削深度和进给量是否调整过？润滑油牌号、用量如何？机床何时进行过保养检修？等等。

（2）看　就是用肉眼仔细检查有无熔丝烧断、元器件烧焦、烟熏、开裂现象，电路有无短路、断路现象，以此判断元件有无过电流、过电压、短路等问题。看转速，观察主传动速度快慢的变化。主传动齿轮、飞轮是否跳、摆？传动轴是否弯曲、晃动？

（3）听　利用听觉功能可查到数控机床因故障而产生的各种异常声响的声源，如电气部分常见的异常声响有电源变压器、阻抗变换器与电抗器等因为铁心松动、锈蚀等原因引起的铁片振动的吱吱声，继电器、接触器等磁回路间隙过大、短路环断裂、动静铁心或衔铁轴线偏差、线圈欠电压运行等原因引起的电磁嗡嗡声，触点接触不良及元器件因为过电流或过电压运行引起的击穿爆裂声等。伺服电动机、气控元件或液控元件等发生的异常声响基本上和机械故障方面的异常声响相同，主要表现在机械的摩擦声、振动声与撞击声等。

（4）触　触摸电气元件或电路板，判断其安装及连接是否稳固可靠，感触其温度及振动，判断故障可能部位及原因。

（5）嗅　在电气设备诊断或对内有各种易挥发液体或气体的元件，采用此方法诊断效果较好，如一些烧烤的烟气、焦糊味等异味。因剧烈摩擦，电气元件绝缘处破损短路，使附着的油脂或其他可燃物质发生氧化蒸发或燃烧而产生烟气、焦糊气等，通过嗅的方法即可判别。

3. 数据和状态指示检查法

（1）接口检查　数控系统与机床的接口信号包括：数控系统与 PLC，PLC 与机床之间的输入/输出信号。数控系统的接口诊断能将所有开关量信号的状态显示在屏幕上，用"1"或"0"表示信号的有无，利用状态显示可以检查数控系统是否已将信号输出到机床侧，以及机床侧的开关量等信号是否已输入到数控系统，从而可将故障定位在机床侧或是在数控系统侧。

（2）参数检查　数控机床的机床数据是经过一系列试验和调整而获得的重要参数，是机床正常运行的保证。这些数据包括增益、加速度、轮廓监控允差、反向间隙补偿值和丝杠螺距补偿值等。当受到外部干扰时，会使数据丢失或发生混乱，造成机床不能正常工作，因此应对参数进行检查，判断故障起因。

（3）报警指示灯　现代数控机床的数控系统内部，除了上述的自诊断功能和状态显示等"软件"报警外，还有许多"硬件"报警（如报警指示灯），它们分布在电源、伺服驱动和输入/输出等装置上，根据这些报警灯的指示可判断故障的原因。

4. 拉偏电源法

有些不定期出现的软故障与外界电网的波动有关。当机床出现此类故障时，可以把电源电压人为地调高或调低，模拟恶劣的条件让故障容易暴露。

5. 备件替换法

利用备用的电路板来替换有故障疑点的电路板，是一种快速而简便的判断故障原因的方法，常用于数控系统的功能模块，如 CRT 模块、存储器模块等的故障诊断。

需要注意的是，备用电路板置换前，应检查有关电路，以免由于电压过高等原因而造成备板损坏；同时，还应检查备用电路板上的选择开关和跨接线是否与原电路板一致，有些电路板还要调节板上的电位器。置换存储器板后，应根据系统的要求，对存储器进行初始化操作，否则系统仍不能正常工作。

6. 单元交换法

在数控机床中，常有功能相同的模块或单元，将相同模块或单元互相交换，观察故障转移的情况，就能快速确定故障的部位。这种方法常用于伺服进给驱动装置的故障检查，也可用于两台相同数控系统间相同模块的互换检查。

7. 升降温法

当设备运行时间比较长或环境温度比较高时，机床容易出现软件故障。这时可用电热风或红外灯直接照射可疑的电路板或组件，通过升温法加速一些高温参数差的元器件恶化（要注意元器件的温度参数），让"症状"显出来，从而确定有问题的组件或元器件。

8. 敲击法

数控系统由各种电路板组成，每块电路板上会有很多焊点，任何虚焊或接触不良都可能出现故障。如果数控系统的故障时有时无，这时就可用敲击法检查出故障的部位所在。

9. 测量比较法

为检测方便，在模块或单元上常设有检测端子，可利用万用表、示波器等仪器仪表，通过这些端子检测到电平或波形，将其正常值与故障时的值相比较，可以分析出故障的原因及故障所在位置。

10. 功能程序测试法

功能程序测试法是将该数控系统的全部功能指令 G、M、S、T、F 编写在一个试验程序上，并将该程序存储在软盘上。在故障诊断时运行这个程序，可快速判定哪个功能不良或丧失。

应用场合：

① 机床加工造成废品而一时无法确定是编程、操作不当，还是数控系统故障时。

② 数控系统出现随机性故障，一时难以区别是外来干扰，还是系统稳定性不好。例如，不能可靠地执行各加工指令，可连续循环执行功能测试程序来诊断系统的稳定性。

③ 闲置时间较长的数控机床在投入使用时及在数控机床进行定期检修时。

11. 系统更新重置法

当数控系统或 PLC 装置由于电网干扰或其他偶然原因发生异常情况或死机时，可将系统重新进行冷、热启动，并对数控系统参数进行重新设置，便可排除故障。例如一台配置了 SINUMERIK 810D 数控系统的铣床，因外部干扰和误操作，造成机床数据混乱而死机。在确定了故障原因后，将系统进行"初始化"冷启动，并重新装入备份的机床数据，系统便恢复正常。

12. 原理分析法

原理分析法是排除故障的最基本方法之一。当其他方法难以奏效时，可以从数控系统原理出发，运用万用表、逻辑笔、示波器或逻辑分析仪等仪器，从前往后或从后往前检查相关信号，并与正常情况相比较，分析判断故障原因，再缩小故障范围，直至最终查出故障原因。

对上述故障诊断方法，有时要几种方法同时应用，进行故障综合分析，快速诊断出故障部位，从而排除故障。

9.3.3 数控机床故障处理

1. 调查故障现场，充分掌握故障信息

数控机床出现故障后，不要急于动手盲目处理，首先要查看故障记录，向操作人员询问故障出现的全过程。在确认通电对系统无危险的情况下，再通电观察。特别要注意确定以下主要故障信息：

1）故障发生时报警号和报警提示是什么？

2）如无报警，系统处于何种工作状态？系统的工作方式诊断结果是什么？

3）故障发生在哪个程序段？执行何种指令？故障发生前进行了何种操作？

4）故障发生在何种速度下？轴处于什么位置？与指令值的误差量有多大？

5）以前是否发生过类似故障？现场有无异常现象？故障是否重复发生？

2. 分析故障原因，确定检查的方法和步骤

在调查故障现象、掌握第一手材料的基础上分析故障的起因。故障分析可采用归纳法和演绎法。归纳法是从故障原因出发摸索其功能联系，调查原因对结果的影响，即根据可能产生该种故障的原因分析，看其最后是否与故障现象相符来确定故障点。演绎法是从所发生的故障现象出发，对故障原因进行分割式的分析方法。即从故障现象开始，根据故障机理，列出多种可能产生该故障的原因，然后，对这些原因逐点进行分析，排除不正确的原因，最后确定故障点。

分析故障原因时应注意以下几点：

1）要在充分调查现场、掌握第一手材料的基础上，把故障问题正确地列出来。

2）要思路开阔，无论是数控系统、电气部分、还是机、液、气部分等，都要将有可能引起故障的原因以及每一种可能解决的方法全部列出来，进行综合、判断和筛选。

3）在对故障进行深入分析的基础上，预测故障原因并拟订检查的内容、步骤和方法。

3. 故障的检测和排除

在检测故障过程中，应充分利用数控系统的自诊断功能，如系统的开机诊断、运行诊断、PLC 的监控功能。根据需要随时检测有关部分的工作状态和接口信息，同时还应灵活应用数控系统故障检查的一些行之有效的方法。此外，还应掌握以下原则：

（1）先外部后内部 数控机床是机械、液压、电气一体化的设备，其故障的发生必然要从机械、液压、电气这三者综合反映出来。当数控机床发生故障后，维修人员应先采用问、看、听、嗅、触等方法，由外向内逐一进行检查。例如数控机床外部的行程开关、按钮开关、液压气动元件及印制电路板插头座、边缘接插件与外部或相互之间的连接部位、电控柜插座或端子排这些机电设备之间的连接部位，因其接触不良造成信号传递失灵，是产生故障的重要因素。此外，由于车间环境的温度、湿度变化较大，油污或粉尘对元件及电路板的污染，机械的振动等，对于信号传送通道的接插件都将产生严重影响。在检修中首先检查这些部位，可以迅速排除较多的故障。另外，尽量避免随意地启封、拆卸机床原装的零部件。不适当的大拆大卸，往往会扩大故障，使机床丧失精度，降低性能。

（2）先机械后电气　由于数控机床是一种自动化程度高、技术复杂的先进机械加工设备。一般来讲，机械故障较易察觉，而数控系统故障的诊断则难度要大一些。先机械后电气就是在数控机床的检修中，首先检查机械部分是否正常，行程开关是否灵活，气动、液压部分是否正常等。从经验来着，数控机床的故障中有很大部分是由机械运作失灵引起的。因此，在故障检修之前，首先注意排除机械性的故障，往往可以达到事半功倍的效果。

（3）先静后动　维修人员本身要做到先静后动，不可盲目动手，应先询问机床操作人员故障发生的过程及状态，阅读机床说明书、图样资料后，方可动手查找和处理故障。其次，对有故障的机床也要本着先静后动的原则，先在机床断电的静止状态，通过观察、测试、分析，确认为非恶性循环性故障或非破坏性故障后，方可给机床通电。在运行工况下，进行动态的观察、检验和测试，查找故障。对恶性的破坏性故障，必须先排除危险后，方可通电，在运行工况下进行动态诊断。

（4）先公用后专用　公用性的问题往往影响全局，而专用性的问题只影响局部。例如机床的几个进给轴都不能运动，这时应先检查和排除各轴公用的数控系统、PLC、电源、液压等的故障，然后再设法排除某轴的局部问题。又如电网或主电源故障是全局性的，因此一般应先检查电源部分，看看熔丝是否正常，直流电压输出是否正常。总之，只有先解决影响整体的主要矛盾，局部的、次要的矛盾才有可能迎刃而解。

（5）先简单后复杂　当出现多种故障互相交织掩盖、一时无从下手时，应先解决容易的问题，后解决难度较大的问题。常常在解决简单故障的过程中，难度大的问题也可能变得容易，或者在排除简易故障时受到启发，对复杂故障的认识更为清晰，从而有了解决的办法。

（6）先一般后特殊　在排除某一故障时，要先考虑最常见的可能原因，然后再分析很少发生的特殊原因。例如一台 FANUC –0T 数控车床 Z 轴回零不准，常常是由于降速挡块位置移动所造成的。一旦出现这种故障，应先检查该挡块位置，在排除这一常见的可能性之后，再检查脉冲编码器、位置控制等环节。

4. 维修中应注意的事项

1）从整机上取出某块电路板时，应注意记录其相对应的位置，连接的电缆号，对于固定安装的电路板，还应按前后取下相应的压接部件及螺钉作记录。拆卸下的压件及螺钉应放在专门的盒内，以免丢失，装配后，盒内的东西应全部用上，否则装配不完整。

2）电烙铁应放在顺手的前方，远离维修电路板。烙铁头应作适当的修整，以适应集成电路板的焊接，并避免焊接时碰伤别的元器件。

3）测量电路间的阻值时，应断电源，测阻值时应红黑表笔互换测量两次，以阻值大的为参考值。

4）电路板上大多刷有阻焊膜，因此测量时应找到相应的焊点作为测试点，不要铲除阻焊膜；有的板子全部刷有绝缘层，则只能在焊点处用刀片刮开绝缘层。

5）不应随意切断印制电路。有的维修人员具有一定的家电维修经验，习惯断线检查，但数控设备上的电路板大多是双面金属孔板或多层孔化板，印制电路细而密，一旦切断不易焊接，且切线时易切断相邻的线，再则有的点，在切断某一根线时，并不能使其和其他电路脱离，需要同时切断几根线才行。

6）不应随意拆换元器件。有的维修人员在没有确定故障元器件的情况下只是凭感觉那一个元器件坏了，就立即拆换，这样误判率较高，拆下的元器件人为损坏率也较高。

7）拆卸元器件时应使用吸锡器及吸锡绳，切忌硬取。同一焊盘不应长时间加热及重复拆卸，以免损坏焊盘。

8）更换新的元器件时，其引脚应作适当的处理，焊接中不应使用酸性焊油。

9）记录电路上的开关、跳线位置，不应随意改变。互换元器件时要注意标记各板上的元器件，以免错乱，否则容易造成电路板损坏。

10）要查清电路板的电源配置及种类，根据检查的需要，可分别供电或全部供电。应注意高压，有的电路板直接接入高压，或者板内有高压发生器，需适当绝缘，操作时应特别注意。

实训项目　数控机床的管理及维护

1. 实训目的

1）了解数控机床的管理及维护内容。

2）掌握数控机床操作规程的编写。

3）掌握数控机床点检卡的制作。

4）掌握数控机床的日常维护。

2. 实训内容

选用一台数控机床，提供机床操作使用说明书、数控系统操作安装说明书等有关资料，通过学习安全技术操作规程，编写数控机床操作规程，制作点检卡，按照点检卡的内容要求，进行一次机床的维护。

3. 实训步骤

（1）数控机床操作规程的编写

1）学习使用说明书中的安全规则。以下为某数控铣床安全规则的部分条款。

注意：①使用本机床时，请正确穿戴防护服（鞋、帽、眼镜等）。②必须使用指定的润滑油。③操作动作准确无误。④保持工具、工作场所清洁。⑤刀具的长度、重量、型号应符合要求。⑥尽可能保持机床清洁。⑦使用指定的熔断器。⑧更换熔断器前首先要关闭电源。⑨注意机床上的所有标识。

特别注意：①注意高压设备。②机床运行前，关闭防护门。③确认工件装夹牢固。④在充分确认输入的数据（尤其数据的正负）是正确的以后，再进行操作，否则机床误动作可能引起人机伤害。⑤加工程序编制好后应先单段、低进给倍率、在不装刀具或工件的情况下进行试运行，确认机床动作试运行。⑥安装好刀具，应进行试运行。⑦使用刀具补偿功能时，应充分确认补偿方向和补偿量，否则可能引起人机伤害。⑧不要触摸切屑和切削刃。⑨不准接触旋转部件，停机后清扫切屑。⑩必须由专业人员维修机床。

2）安全操作规程的编写。根据上述安全规则，编写出安全操作规程。

工作前：①查验"交接班记录"。②机床通电前应检查电源电压。③启动液压系统前，要检查液压站各开关手柄位置是否正确。④每日首次启动液压系统后，应检查机床各润滑点

252

是否润滑正常；并检查液压系统中各测试点的压力、空压机压缩空气压力是否在正常范围内。⑤每日首次开机返回参考点时，应首先选择"Z"轴，以防机床发生碰撞。

工作中：①严禁超性能使用机床。按零件材料选用合理的切削速度和进给量。②手动操作时应先将"进给率开关"打到0%位置，再逐渐加大进给量，并检查所选定坐标轴移动方向是否正确。③检查各坐标轴现在位置与程序要求位置是否一致。④执行自动加工程序前，应检查程序号是否正确，并确保零件参考点数据正确。⑤加工前要检查零件是否夹紧，压板是否平稳。⑥机床运行中出现异常现象，应立即停机，查明原因，及时处理。

工作后：①工作完毕时应先关闭液压系统再切断电源。②进行日常维护保养。③填写交接班记录，做好交接班工作。

（2）数控机床点检卡的制作（以某加工中心为例） 依据使用维护说明书和有关资料，组织学生编制机床日常点检表、专业点检表、生产点检表。对点检部位、点检周期时间、点检内容、责任人等进行规定。表9-1为某加工中心日常点检卡。

表9-1 某加工中心日常点检卡

设备编号_____型号_____负责人_____   年   月

序号	点 检 内 容	1	2	3	...	30	31
1	检查电源电压是否正常						
2	检查气源压力及过滤器情况，并及时排放过滤器等部位的积水						
3	检查液压系统的油位、冷却液的液位是否达标						
4	检查液压泵起动后，主液压回路的压力是否正常						
5	检查机床润滑系统工作是否正常						
6	检查冷却液回收过滤网是否有堵塞现象						
7	轴间找正过程中，各轴向运动是否有异常						
8	机构找正过程中，主轴定位、换刀动作、轴孔吹屑、防护门动作是否正常						
9	主轴孔内、刀链刀套内有无切屑						
10	机床附件及罩壳和周围场地是否有异常和渗漏现象						
备注							

（3）数控机床日常维护 根据实际提供的设备，按照数控机床点检卡要求，做一次机床的维护保养。

4. 实训考核

实训结束以后，通过提问、答辩、实测等方式对学生进行考核，了解学生对数控机床管理及维护知识掌握情况，考查学生编写操作规程、制作点检卡的能力。根据对机床的日常维护情况及学生在实训中的表现综合打分。

5. 撰写实训报告

1）叙述数控机床的管理及维护基本知识。

2）叙述数控机床操作规程。

3）制作数控机床点检卡。

4) 总结实训体会，包括实训过程中遇到的问题和解决办法。

复习思考题

1. 填空题

1) 应依据_____、_____、_____的原则选择数控机床。

2) 数控机床的地线要采用_____接地型，接地电阻要小于_____。

3) 通常要进行_____精度、_____精度、_____精度等方面的检验。

4) 采用晶闸管的控制单元，通电前一定要检查_____是否正确。

5) 点检分_____、_____、_____三个层次。

2. 选择题

1) 数控车床每次接通电源后在运行前首先应做的是（　　）。

A. 给机床各部分加润滑油　　　　　　B. 检查刀具安装是否正确

C. 机床各坐标轴回参考点　　　　　　D. 工件是否安装正确

2) 下列（　　）是加工中心的数控辅助坐标轴，可以和其他坐标轴实现联动加工。

A. X、Y、Z 轴　　B. 数控回转工作台　　C. 分度回转台　　D. 手分头

3) 数控车床在开机后须进行回参考点操作，使 X、Z 坐标轴运动回到（　　）。

A. 机床零点　　　　B. 编程原点　　　　C. 工件零点　　　　D. 坐标原点

4) 数控机床如长期不用时，最重要的日常维护工作是（　　）。

A. 通电　　　　　　B. 干燥　　　　　　C. 清洁　　　　　　D. 通风

5) 只要数控系统不断电，（　　）诊断会不停顿地反复进行。

A. 开机　　　　　　B. 离线　　　　　　C. 在线　　　　　　D. 远程

6) 要求数控机床有良好的接地，接地电阻不能大于（　　）Ω。

A. 1　　　　　　　　B. 4　　　　　　　　C. 10　　　　　　　D. 0.5M

3. 判断题

1) 直流伺服电动机应重点做好电刷、换向器的维护与保养。　　　　　　　　（　　）

2) 同一种类型的数控机床系统参数设定是相同的。　　　　　　　　　　　（　　）

3) 开展点检可及时发现设备的故障隐患。　　　　　　　　　　　　　　　（　　）

4) 更换系统的后备电池时，必须在关机断电情况下进行。　　　　　　　　（　　）

5) 功能程序测试法用于测试用户程序中某个功能指令是否正确。　　　　　（　　）

6) 维修时电路板上的阻焊膜可以刮去，以便进行印制电路测试。　　　　　（　　）

7) 在数控机床电路板焊接中不应使用酸性焊油。　　　　　　　　　　　　（　　）

4. 简答题

1) 数控机床的使用应注意的问题有哪些？

2) 数控机床安装、调试时为什么要进行参数的设定和确认？

3) 什么是设备的点检？如何做好数控机床的点检？

4) 数控机床常用诊断方法有哪些？

5) 故障的检测和排除的原则是什么？

6) 机床维修中应注意哪些事项？

参 考 文 献

[1] 马金平. 数控机床编程与操作项目教程 [M]. 北京：机械工业出版社，2012.

[2] 唐静. 数控机床控制系统安装与调试 [M]. 北京：机械工业出版社，2014.

[3] 刘永久. 数控机床故障诊断与维修技术（FANUC 系统）[M]. 2 版. 北京：机械工业出版社，2011.

[4] 吴会波. 数控机床装调技术与应用 [M]. 北京：北京邮电大学出版社，2014.

[5] 王高武. 数控机床及应用 [M]. 北京：北京邮电大学出版社，2006.

[6] 田林红. 数控技术 [M]. 郑州：郑州大学出版社，2008.

[7] 马一民. 数控技术及应用 [M]. 西安：西安电子科技大学出版社，2006.

[8] 韩江. 现代数控机床技术及应用 [M]. 合肥：合肥工业大学出版社，2005.

[9] 彭晓南. 数控技术 [M]. 北京：机械工业出版社，2003.

[10] 孙汉卿. 数控机床维修技术 [M]. 北京：高等教育出版社，2005.

[11] 李善术. 数控机床及其应用 [M]. 北京：机械工业出版社，2006.

[12] 彭跃湘. 数控机床故障诊断及维护 [M]. 北京：清华大学出版社，2006.

[13] 罗学科，谢富春. 数控原理与数控机床 [M]. 北京：化学工业出版社，2004.

[14] 关雄飞. 数控加工技术综合实训 [M]. 北京：机械工业出版社，2006.

[15] 牛志斌，潘波. 图解数控机床 [M]. 北京：机械工业出版社，2008.

[16] 龚仲华. 数控机床维修技术与典型实例 [M]. 北京：人民邮电出版社，2006.

[17] 郑晓峰. 数控机床及其应用 [M]. 北京：机械工业出版社，2006.

[18] 陈吉红，杨克冲. 数控机床实验指南 [M]. 武汉：华中科技大学出版社，2006.

[19] 林宋，田建军. 现代数控机床 [M]. 北京：化学工业出版社，2003.